时装设计的200条设计准则

时装设计的200条设计准则

强化技能和实现创意的必备指南

[英] 艾斯琳·麦克弗里　著
孙冰　译

中国·武汉

图书在版编目(CIP)数据

时装设计的200条设计准则/(英) 艾斯琳 · 麦克弗里著；孙冰译. - 武汉：华中科技大学出版社，2020.1
ISBN 978-7-5680-4602-2

Ⅰ. ①时… Ⅱ. ①艾… ②孙… Ⅲ. ①服装设计 Ⅳ. ①TS941.2

中国版本图书馆CIP数据核字(2018)第260791号

时装设计的200条设计准则

SHIZHUANG SHEJI DE 200 TIAO SHEJI ZHUNZE

[英] 艾斯琳 · 麦克弗里 著
孙冰 译

出版发行：华中科技大学出版社（中国 · 武汉）　　电话：（027）81321913
武汉市东湖新技术开发区华工科技园　　邮编：430223
出 版 人：阮海洪

责任编辑：尹　欣　　责任监印：朱　玢
责任校对：杨　森　　美术编辑：张　靖

印　　刷：中华商务联合印刷（广东）有限公司
开　　本：889 mm × 1194 mm　1/20
印　　张：13.5
字　　数：136千字
版　　次：2020年1月第1版第1次印刷
定　　价：238.00元

目录

导　言

我热爱时装设计工作，原因不胜枚举。时装设计的工作节奏快，每一天都全然不同。大家充满激情，共同协作将创意变成现实，这令人倍感兴奋。每当看到别人穿着我设计的服饰，想到自己有一定的影响力，我就感到不胜欣喜。

经常有人问我是如何在时装设计领域取得成功的。我认为，从事时装设计工作确实有一定的挑战性，但并非遥不可及。只要具备正确的技能和坚定的决心，你也可以成功。时装界的人也都是普通人。这个行业可能看起来光鲜亮丽——有时的确如此，同时也和其他行业一样，想要事业成功，离不开自身的努力。

时装业看起来冷酷无情、极力排外、崇尚精英主义，因此让人望而却步。本书将为您一一解构这些先入为主的观念。但从好的方面讲，时尚是包容而非排外，是协作共赢而非相互厮杀。在与我共事的同行中，激励我的是那些曾经帮助我、理解我和培养我的人，而非那些告诉我要安分守己、别自不量力的人。

本书旨在为有意从事时装设计工作的人士提供相关建议和指导。在撰写本书时，我经常问自己："我刚入行时，最希望获得哪些信息？"我深刻回顾自己的学生时期及后来的从业经历，认真思考时装设计工作的实质。希望读完本书后，大家都能勇往直前，锐意进取。

时装设计工作入行的情况各不相同，发展过程中可能也会经历很多曲折。而且这一行业涉及不同门类、职位和产品类型，因此本书不可能面面俱到。鉴于这一点，本书介绍了10个核心技能，基本适用于业内99%的职位。这些技能相对比较抽象，大多是一些行为特征或者工作方法，让大家可以真正了解成功的必要条件。

本书第一章介绍了时装设计过程，包括设计原则、灵感来源、流行趋势和趋势周期，以及关于构建创意和实现应用的实用方法。第二章主要探讨了绘图技能，画好插图对交流观点和保持主导地位至关重要。第三章和第四章介绍了关于服装面料和构造技巧的基本常识，非常全面地概括了相关知识。

在现代时装业中，自我营销、品牌营销和产品营销变得日益重要。因此，在第五章详细介绍了市场营销、品牌建设、业务开展方面的技能——这些都有助于你在行业内脱颖而出。

第六章主要涉及专业技能，为大家提供大量业内工作的信息和建议。本章包含大量的实用指导，例如：本行业内有哪些职业选择，如何结合不同的工作经验成为全面发展的设计师，如何培养和维护重要的人脉关系以助力实现自身目标。最后，概括了时装设计的另一职责——时尚买手，这份工作并不像听起来那样光鲜亮丽，实际上是非常辛苦的。

《时装设计的200条设计准则》概述了想要成为一名杰出的时装设计师所必备的基本技能。希望这本书能够帮助大家认清知识差距，了解时装设计师的日常工作流程。最重要的一点是，我希望本书能够带给大家一些工作上的鼓励。作为设计师，我们有责任勇往直前，锐意进取。所以，请大胆启程，超越自我，不断推动时装业向前发展！

Aisling

2016年春夏伦敦时装周，英国时尚品牌阿西施（Ashish）站。

核心技能

1.

创意才华

创意是时装设计师的内在品质，是最重要的核心技能。当你真的下定决心要成为一名时装设计师时，你可能已经具备了这一品质。下面介绍几种有助于开发和增强这一技能的方法，以便在工作中充分发挥创意才华。

具有视觉想象力和视觉化能力至关重要。简单地说，就是能够想象出尚不存在的物体的能力。大多数人可以在某种程度上做到这一点，但作为设计师，必须将这一能力发挥到极致。思维不要受限于条条框框——要知道，没有做不到，只有想不到。

我们还可以通过其他方式培养这种能力。睁大双眼，随时随地观察周围的一切。即便是在每天上班的路上，都有观察的机会。例如，她拎着什么样的包？他穿的什么鞋子？将这些在脑海中过滤，记住其中的亮点，在适当的时候就可以运用到自己的设计当中。

腾出时间、充分领悟，才能产生灵感，大家可以参加一些展览。作为设计师，有责任让自己置身于各种灵感的源头之中——人物、文化、街头风格、音乐、电影、各种场所及室内设计等。

与此同时，大家要知道：创意才华并不意味着华丽、古怪或者夸张，它也可以通过细节和微妙得以呈现。

场合意识在设计创作中占有至关重要的地位。不要运用各种古怪的创意去冲击客户，而是要收集一些灵感碎片，让创意慢慢成长，学会如何去及何时去运用它。1970年，日本时装设计师，同时也是香水鉴定师的三宅一生(Issey Miyake)在纽约开始了他的时尚职业生涯。他凭借革新的风格、试验性的方法和技术驱动型的设计，成为创意革新的典型代表。大家经常引用他的一句话“设计没有教条，只需贴近生活”。

三宅一生(Issey Miyake)是创意和革新的代名词。他善于将创新技术与作品设计相结合，真正地践行锐意进取、不断创新的精神。

亚历山大•麦昆（Alexander McQueen）——永远大胆地追求突破性设计，从不因构造或工艺做出妥协。

2.

勇于冒险

作为一名设计师，你的使命就是创新——启发大家、创造新奇事物。你必须努力前行，推动时尚业向前发展，因此你必须具备勇于冒险的精神。

这一点说起来容易做起来难，尤其是在高级定制时装店中。假如要为一个相对保守的现代品牌进行设计，且品牌的客户群相对保守、谨慎，你该如何应对呢？创新并不总是意味着狂野、古怪和离经叛道。当流行趋势从T台逐步走向主流，我们需要做的是从T台上选取合适的时尚元素，满足客户的实际需求。你的任务在于掌握流行趋势，并朝着那一趋势推进，即便这意味着为了等待顾客跟上流行趋势，你的买手团队和你的设计可能要等上很长一段时间。

这种情况下，你可以采取一些方法中和你的大胆想法，使之契合客户的需求。即便你知道客户并不喜欢最新的流行趋势，你也可以采取一些小技巧来引导他们，使他们转向正确的方向，而这并不需要彻底改变客户的理念。在此之前，你可能还需要对你的同事进行适当引导。

不论设计什么，即便只是一个基础单品，你都应该致力于革新型设计，炮制旧设计毫无意义。当然，任何100%独特的东西都是有风险的，因为置身于未知领域中。因此，你没有必要不顾一切地往前冲，你可以小规模地验证你的创意，用来测试市场的反应。

当你拥有几个备受欢迎的作品时，或者媒体对你的设计反响良好时，你可能就会开始惧怕冒险。而一旦你拥有更多的经验和更多的成功案例时，你就会更有信心。大胆创新，去突破和挑战吧！

3.

组织能力

组织能力并不是每个设计师或创意工作者必备的技能，它并不是一项与生俱来的能力，但的确是从事时装设计行业应该适当培养和增强的重要能力。

事实上，任何一个设计场景都需要组织能力，从赶项目进度到拍摄宣传图册，从飞到世界的另一端开展未知工作，到为一不小心就会造成几百万元损失的项目拼命赶进度。

尽管设计是关于抽象的创造性技巧，然而恰恰是这些实用的组织能力，对于将创意转化为实体产品至关重要。

如何保持条理清晰

1.罗列清单——逐项勾掉已完成的任务，并添加新任务。

2.注意截止期限。

3.把项目细分为若干步骤。

4.进行时间规划——什么时间完成什么事情。

5.适时下派任务和寻求帮助——你不可能一个人完成所有事情。

4.

自我批判

作为一名设计师，你的工作就是提出创意，而且多多益善。虽然并非所有的创意最终都能转化为实体产品，但是这些创意是工作过程中不可或缺的部分。

因此，你必须具备自我批判的能力，学会客观地评价自己的作品。你的概念有时是个人所见，但假如你拥有自我批判的能力，你就会后退一步重新审视自己的作品，而不会对自己的创意产生过多的情感。

审视自己的一切工作，勇于挑战自我。这并不是消极地否定或贬低自己，而是想办法改进自己的设计。这绝不能拖延，而是要果断。在做出最终决定之前，这种自我质疑和审查往往贯穿整个设计过程。作品完成之后还会进行微调和美学修改。

大部分时装课程均设置了批评自己作品的环节。即使是成熟的设计师，在整个设计过程中也是不断地进行自我质疑和自我批判，在季末收到销售数据后也会重复这一过程。

一些自我提问的问题

1. 这个设计的最终用途是什么？是否适合这一用途？

2. 这个创意的不同点、创新点和亮点在哪里？

3. 方案是否具备可行性？

4. 方案是否符合项目大纲？

5. 这个设计是否适合目标客户？

6. 我的客户能否接受？

5. 倾听反馈

除了用自我批判的眼光审视自己的工作，你还要学会倾听反馈。接受反馈意见意味着放松心态，不让负面的反馈信息影响到自己。

接受反馈

在时装设计课程中，你的项目或者个人作品都会收到反馈。在本科阶段，你的每一件作品都可能会受到批评——你要从批评中学习，并将学到的经验带到下一个项目中。当你进入时装界之后，每一件设计作品都会收到反馈——从一开始的“不，我不喜欢”到不断地修改。即便你在相对独立的情况下，比如经营自己的品牌，你仍然会从客户的反应中获得反馈意见。

当别人要求你修改设计时，不要单纯当成是批评，而是应该共同协作设计出最好的作品。作为一名设计师，你应该思考可以从这些批评中学到什么？如何利用这些批评来提升自己？

时装设计并不是一门精准的学科，整个设计过程并没有对错之分，只是意见同异而已。当然，有时候你很难做到毫不在意，尤其当你刚结束紧张的设计工作，或者你认为你的买手团队和跟单团队(策划和协调)“相互勾结”，而你处于孤立无援的境地时。但应注意你的团队是如何向你反馈信息的，不要选择在错误的场合听取反馈，例如当供应商在场时。另外，也要避免采用不当方式，例如大喊大叫。不能让人感到被贬低，团队里绝不能滋生相互责备的风气。我的建议是从源头解决类似的问题，建立可接受的反馈方式。

销售业绩

销售业绩是反馈的另一种形式，对此你同样需要淡化处理。团队里的每个人都希望产品可以大卖，作为设计师，当销售业绩不好时，很容易将原因归结到自己身上。当然，你需要从成功的和失败的产品中吸取经验、教训，但请记住，有很多因素会影响产品的销售业绩，并不全是你自己的问题。

上述内容可紧密结合“自我批判”(见第12页)的技能来理解。把自己从情绪中抽离开来，客观地看待你的产品——你的设计是否符合项目大纲，产品上市后卖得出去吗？

6.

足智多谋

足智多谋是指快速地找到合适的解决问题的方法的能力。这需要设计师的思维清晰，且善于运用一切资源。纵观全书，其中谈及的很多技能都包含足智多谋这项能力，只是隐藏在其他技能之下。足智多谋大体可分为三个方面：精通财务、善与人谋及思路创新。

精通财务

在成为一名时装设计师的道路上，每个阶段都与财务密不可分。从你第一个项目的供应商到用于最终设计产品的原材料和工艺流程，整个过程涉及的各种材料都非常昂贵。降低成本意味着你要不断寻找低价的替代品来实现你的目标。你可以寻求赞助，要求供应商以批发价出售材料，你也可以砍价，甚至灵活利用手头的各种材料。

善与人谋

要做到这一点，你可以利用创意吸引别人，让他们来帮助你实现设计。好好利用建立起来的关系网，仔细思考谁能够在适当的时间帮你完成哪些事情。尤其当项目时间紧迫时，寻求帮助会使任务变得简单。

思路创新

第三点则是要求你保持创新的思路，以寻求良机。年复一年，你将逐渐积累创意和灵感，但你必须清楚何时运用这些创意和灵感，以及如何将一些看似无关的想法进行整合。

英国设计师克里斯托弗•里博(Christopher Raeburn)是升级改造的代名词，他将军服面料重新改造成全新的设计，将足智多谋这一技能提升到新的高度。

7. 善于决断

时尚不断变化，这意味着“时间”是决定性要素。要跟紧流行趋势，争取先人一步把产品推向市场，这种压力无时无刻不在。此时，善于决断便成了设计师必备的基本技能。

快速、果断地做出决定意味着你和团队能够高效地工作。要知道，你的竞争对手正在虎视眈眈地想超越你，你根本没有太多时间去瞻前顾后。

作为设计师，你要不断构建创意，然后结合美学、流程、成本和第三方关系等因素不断地进行选择和改进。

无论是选择样品、T台照片或者是买手差旅，你都需要不断发现和甄别其中的关键元素，大浪淘沙、去芜存精。你可能需要在一瞬间就决定是否要花几万元购买一个样品，因为一旦错过可能就没有了。

随着经验的增长，你做决策时会越来越有信心。在职业的早期阶段，依靠直觉判断则非常重要。

关于决策的自我提问

1. 其中有多少风险？
2. 这个决定会对最终产品有什么影响？
3. 除了我之外，会有其他人认识到不同吗？
4. 这对我的品牌有何影响？

8. 商业思维

有时候，理想主义者或者纯粹时尚主义者很难接受一个现实——时装业终归是一个产业。除了美丽的创新和前沿的概念，时装业终归是要设计出客户愿意购买的产品。设计师要瞄准目标客户、迎合投资方，还要担负房租。具备商业思维将有助于设计师将创意转化为产品和销售业绩，最终是金钱。而完成这些需要寻找机会。

如何定位

你要善于分析，从以前成功或失败的经历中吸取经验、教训。如何利用这些经验、教训来改进自己以后的设计？

了解流行趋势至关重要。你的产品线并非孤立无援，如何将更大范围的流行趋势应用于你的设计系列中？如何预测流行趋势，进而设定产品需求？

你需要深入了解你的客户群、市场和产品类别。只针对相同的客户群，行业竞争只会越来越激烈。你需要了解客户什么时候需要什么产品？客户的品位达到哪个层次？你如何获知这些信息？不管客户需要什么样的产品——保守也好，前卫也好，你的产品都要满足客户的需求，并超出他们的期望。

商业思维并非要求你放弃自己的追求或原则，而是要求你在必要的时候做出妥协。总体来说，就是把想做和该做的事情区分开来，以做出正确的商业决定。

9. 雄心和动力

事实很简单：时装业并没有足够的职位提供给所有想入行的人。因此，当你还在学习时装设计或开启事业之初，你必须时刻比别人“多走一步”，要实现这一点，就要保持一定的雄心和动力。这些特质来自人的内心，很难传授或学习。

时装界向来充满竞争，你应该将其视为一个良性竞争环境。当你还在学习的时候，大家就鼓励你去参与竞争，向你的同行和朋友“营销”自己。随着职业生涯的展开，你会不断拿自己和同行进行比较：你是否处于一个自己想要的位置，还是需要向前再推进一步？你会发现自己经常碰到与朋友一起面试的情况，特别是应聘实习机会或新工作时。这时，你需要自我调整去适应这种令人不舒服的情况，尝试去接受它。这并不是冷酷无情或争强好胜，而是尽自己的最大努力勇往直前，争取成功。

就动力而言，因为热爱所以工作。说起来容易，但时装界的工作往往不像表面看起来那样回报丰厚和光鲜亮丽，所以你必须真正热爱并且想要从事这份工作。你会遭遇很多用人单位的拒绝，或者在竞争中败给对手，但你必须接受这些挫折，并且要迅速恢复信心，从失败中不断地学习。

就雄心而言，为自己选一个人物作为榜样是一个不错的做法。这个榜样可以是任何人，可以是才华横溢的高级设计师，也可以是某个业界领袖。这些人具备哪些品质？他们取得了何种成就？专注于你要实现的目标，朝着目标努力前进。把你的短期目标和长期目标列出来，这将对你大有裨益。

如果你天生具备内在动力，那么关键就是学会向你潜在的雇主展现这个特质。在各个方面均是如此，比如，针对你所应聘的公司准备一份一页纸的文件，以便在面试时展示；或者确保你的代表作品集能在大量的作品中脱颖而出。

从创意的角度来看，雄心和动力显得尤为重要。任何一个创新设计或项目都不能半途而废。时装设计工作不是说你完成设计之后就可以将作品束之高阁，工作永远没有终点。你需要保持动力，不断追求、尽善尽美。

10.

发展人脉

时装设计是一项需要协作的工作。从一个概念的提出到做出服装成品，整个过程不可能由一人独立完成。单打独斗是一种相当低效的工作方式。

在产品设计阶段，工作往往由某个人独立完成。然而，一旦涉及建立自己的品牌，无论是为零售商或供应商工作，还是作为自由职业设计师——你都需要和众多第三方接触，甚至依赖于他们。你需要和很多人共事，所以要打造一个强大的关系网。这将便于开展日常工作，并且还有很多其他好处。

尽管是一个全球性行业，时装界却是一个很小的圈子。你会发现，圈子里的交叉人脉多得惊人，你经常会发现人还未识，声名已在外。几乎任何雇主都能够联系到认识你的人，从他们那里获得对你的评价。因此，树立良好的职业信誉尤为重要。

有些关系是你日常工作中不可缺少的部分。例如，和打样师、供应商、客户(潜在客户)及跟单员(协调员)打交道。对于其他一些人脉关系，你可能几个月都不会和那些人打照面，然后又需要重新与他们联系。比如，每年合作两次的摄影师，或者偶尔会联系的配件供应商。因此，有必要培养你的人际关系能力，先从和别人聊天并记住他们的名字开始吧。

当你认真对待这件事，你就会发现你拥有一个强大的关系网，这就意味着你可以从中获取很多便利。同样的，在你的能力范围内尽可能地帮助别人，这也是积累人脉的方法。一旦你需要，这些人反过来也会帮助你，有给予才有所得。

沟通也十分关键。请采用适当的方式与人沟通，采取友好、开放且专业的态度。尊重每一个人，即便对方的地位比你低。

任何协作关系中都会存在不同的意见，你需要妥善处理。去劝导别人，不要硬碰硬。努力寻找能实现你设想的解决方案，但有时候也要适当做出妥协，明智地进行谈判和争取。

维特萌(Vetements)，2016—2017秋冬巴黎时装周。

1

设计

11.

获取灵感

作为设计师，你可以从任何东西中获取灵感，最不起眼的东西往往能带来最令人激动的创意。你要养成一个习惯：感受周围的一切，思考如何把你的所见、所听、所闻、所读和你的想法及工作结合起来。

寻求你热爱的东西，思考它们如何能与你的工作产生联系。注重细节，任何一个细小的方面都能成为你整个职业生涯的基础。灵感有时候非常直接，例如某个门上的插销可以变成手袋上的饰件，又或者某个物品所带来的无形感觉让你停下脚步，激发出灵感。

同时，你也要关注不喜欢的东西。确认具体是哪几样材料的结合让你心生厌恶，分辨你不喜欢这些材料究竟是由于自己的品位不同还是这件产品的设计确实糟糕。

解读灵感有助于培养一些技能，让你的工作与众不同。认真地观察、研究、解读、过滤和精炼，能使你更加果断，帮助你实现创意。时装界往往都在追赶流行趋势，但时装设计的核心是打破传统、创新和引领流行趋势。你是如何看待和诠释这个不断产生原创设计的行业，这个促使你挑战传统和开拓创新的领域的？这一点我们将在“确定自己的风格”这一设计准则(见第22页“确定自己的风格”)中深入探讨。

科技和旅行的发展让我们越来越容易去到不同的地方，接触到不同的事物。旅行带来视觉的变化，往往会重新激发我们的创意。突然，一切变得有趣起来——陌生的环境赋予平凡之物新的视点。

互联网改变了我们的工作模式，只需轻敲键盘，各种资料、图像甚至灵感随之而来。然而，互联网上的海量信息也会让人不知所措，根本无法妥善处理。所以别试图去处理所有的信息，只需要吸收那些能够激励你、激发你灵感、引你发笑或者让你震惊的东西就可以了。收集、拍照、画图、用大头针别起来或打印出来。将这些灵感随身携带，和团队一起讨论，把它们当作绘图的基础。

灵感无处不在，随手记录下来。

12. 确定自己的风格

基本上，你的大多数灵感来源，其他设计师也能接触到。几乎所有设计师都会参考每年两季的T台秀，以及期间的假日系列和早秋系列。大多数设计师都关注了相同的博客、阅读相同的社交媒体推送、订阅相同的杂志、受到类似的灵感启发。那么，你区别于其他设计师的地方就在于你如何过滤这些灵感的来源。

你将拥有自己的风格——一种内在而独特的品位。就像一群艺术专业的学生收到同一份项目大纲，在最终收回的项目或作品中，每一个都是不同的。

法国“新波浪”(New Wave)的影视总监让•卢克•戈达尔(Jean-Luc Godard)说过“从哪里获得灵感并不重要，重要的是你要把它变成什么”。勇于创新、挑战常规、颠覆常理、质疑一切，你的风格就会自然突显。在大学时期，就应该探寻并形成自己的设计风格。例如，你的每个设计是否都呈现极简风格？或者你的设计是否都精雕细琢、满地印花、带有装饰和精致繁复？

在时装行业中，假如你足够幸运，你可能会找到一个100%契合你设计风格的品牌并为之工作。当然了，假如你是自行贴标——这在早期非常流行，你的品牌美学便是产品的独特卖点。

有时候你也可能被要求完成与你自身风格不符的设计或项目大纲。比如，你是一名女装设计师，却要求你设计一个男装系列；你是擅长文艺复兴风格花式的平面设计师，却被要求去做一个极简的平面设计。在这种情况下，你就要认真调研，注重产品的最终用途。积极探索消费者的真正想法，以便顺利完成设计工作。不过，你完全可以放心，即便如此，你的个性仍然会影响整个设计过程，最终的产品也定会反映出你的设计风格。

13. 一手资料

当你接到一份大纲或开始一个新项目时，第一步就是认真调研以获取灵感。作为设计师，你必须懂得区分一手资料和二手资料，最大限度地利用这些资料获取灵感。

一手资料指的是设计师收集到的原始元素和资料——你第一眼见到或者一手创建的东西，包括你在调研阶段绘制的草图等。一个例子就是，如果你在展会上看到某个你认为之后可以全部或部分运用到你的最终设计中的东西，要随手画下草图。

一手调研资料可以是视觉图像、环境氛围，甚至是刺激到你的声音或者气味。包括草图、照片、原始物品、服饰、复古件、艺术品、展品、画作、建筑风格、室内装饰和日常用品(从路牌到食物)。很多时候，它以无形的形式存在——老电影、新电影、音乐、小说、诗歌、梦想、随意聊天、口号、俚语、文化活动，以及场合(如节日、话剧、戏剧)等，无穷无尽。

记录一手资料的确是一个好办法，让你有机会将其纳入你未来的设计中，或者是对其进行进一步的研究。记录其实很简单，在手机或日记本上草草记下笔记、进行语音记录、拍照记录或者简单快速地画图。

最重要的是要抓住这个时刻。你随手拍摄的照片可能成为你的“调色板”；在国外看到的某个路牌可能会启发你关于品牌或名片的字体设计灵感；听过的歌词可能是你某个系列产品的设计基础。你需要做的就是让这些一手资料在时尚界呈现出现代感。

14. 二手资料

二手资料与一手资料有什么区别，如何利用二手资料来影响你的最终设计呢？总体来说，二手资料就是对一手资料的解释、分析和评论。二手资料通常包括之前收集到的资料，例如公开发布的图片，其中最常见的就是杂志、书籍中的图片，以及这个数字时代里的博客文章等。二手资料脱离事件本身，可能包含一手资料中的图片、引文或图形等。

二手资料也包括预测时尚的出版物，可以是纸质版的，也可以是电子版的。通过整理大量的一手资料来预测流行趋势。内容包括某一季的总体主题结论，关键形状、材料、质地的分析，平面设计动向，以及流行趋势预测者提出的流行色——他们通过分析一手资料，介绍相关影响，正如你日后在情绪板上做展示一样。

二手资料有时候会被人轻视。一个很好的例子就是人们如何使用Pinterest软件。这是一个视觉发现工具，你可以利用它来寻找项目或灵感。如果设计师或创作者把原始内容上传到网站，这个模式就是可行的，我们反过来也启发了别人。但如果我们只是一味地抄袭和拼凑现有的素材，一手资料将逐渐枯竭，也就没有多少原创性可言了。

我认为，在设计阶段要将一手资料和二手资料结合起来，同时还要结合自己的风格和审美(见第22页“确定自己的风格”)。同样的资源，两个人会做出完全不同的解读，要研究你自己的独特之处。

二手资料是对一手资料的解释、分析与评论。

15.
了解背景

了解背景和一手、二手资料收集同样重要。对艺术史的深入了解将使你在一个更大的背景下进行设计。王薇薇(Vera Wang)曾经说过“我会研究过去，因为我要知道什么才能打破常规”。

一直以来，浮夸和用后即扔是时尚的代名词。然而，全球化、政治、文化因素却直接影响着时尚，塑造下一季的流行趋势。一个典型的例子就是20世纪的裙摆史，裙摆的长度随着战时的困难和战后的放纵时长时短。1947年，克里斯汀•迪奥(Christian Dior)推出其首个系列产品“新风貌”(The New Look)。迪奥的伞形长裙和宽大的轮廓需要使用大量的布料，这是对战时限量配给的反叛。这个系列正式拉开了战后法国闻名于世的时装业复苏的序幕。

我们要增强对艺术史和时装史的了解，同时对时事、政治、经济、社会环境保持感知。参观展览、观看演出，留意周围正在发生什么——街道风格变化、名人效应及正在影响青年文化的各种流行趋势等。

包括林德威•爱德科特(Lidewij Edelkoort)在内的趋势预测家正是通过借鉴全球的文化、社会、经济和政治的变化来预测时尚趋势。他们每半年对社会文化趋势进行总结和预测，涉及的行业包罗万象，包括时装、纺织品、室内设计、汽车、化妆品、零售业和食品等。这些行业及其零售商的方向对趋势有着重大的影响。

有时间不妨研究一下时装周中各位设计师展示的服装系列的灵感来源。Vogue.com是一个不错的开始。

上图：
英国20世纪70年代的朋克风和20世纪80年代的平头风。

下图：
20世纪50年代法国迪奥“新风貌”模特。

两者都对时装产生了极大影响。

16.
提炼创意

研究新旧时尚杂志能够激发灵感。

当你收到一份项目大纲，第一阶段的研究往往漫无目的，需要探索与这份项目大纲相关的一切内容，并在必要的情况下另辟蹊径。

这一步完成之后，就要改进研究了。首先将你的初步研究资料按照大致主题分组整理。这可以是实物版的处理过程，将研究内容打印出来，使用速写本进行分组整理；也可以是电子版的处理过程，围绕每个想法创建相关的文件和页面。当然也可以通过其他途径来完成这项工作。在之后的阶段，使用“情绪板”(见第30～33页的内容)——实际上是用于主题交流的“灵感板”，对于传达想法十分有用。

在你的所有想法中，是否有一两个让你尤为兴奋，你是否有新突破或新开拓？也许某些分组里的一些想法值得进一步探索，不妨将这些想法进行变通，结果又会如何呢？思考每一个想法的优点，设想所对应的最终产品。即便在初始阶段，脑海里也要时刻牢记原项目大纲，提醒自己：我是否满足项目大纲中的要求？

17. 速写本

在整个设计过程中，可以利用各种各样的方法来记录、回顾、改进研究和提炼创意，这些方法并无好坏之分。我个人认为速写本是构建创意时的一个不错的媒介。速写本有助于把研究发现进行分组整理，为你记录整个设计思路的演变过程；此外，它便于携带，可以随时随地记录自己的想法。

使用速写本的目的在于构建各项创意。利用速写本，将你的想法精炼为明确的概念，作为你某个项目或设计系列的基础。这个本子可以是买来的现成素描本，也可以是你用纸张装订起来的简易本子，甚至可以是一本让你受到启发的出版物——你可以在上面加标注、粘贴、涂鸦你的各种想法。

用于记录发现的媒介多种多样，根据个人喜好做出选择，无所谓正确与否。

速写本是非常个人的东西，有可能只有你自己可以看到，而其他人永远都接触不到，也可能作为附件与你的最终项目成果或设计作品一起提交上去。速写本的形式多样，可以包含手写的想法、引文、草图和手工艺品等任何内容；它本身也可以是一件艺术品，因为每一页都是经过你精心设计的。

“研究板”本质上和速写本是一样的，只不过它呈现在板上，包含你在整个研究阶段收集到的各种粗糙和不断变化的图片、艺术品集合。

在你真正进入设计步骤之前，你需要不断地往速写本里添加内容。在设计过程中，你不妨随身携带速写本，不用对内容设置限制。假以时日，你就会形成自己的研究、记录风格。

18. 坚持创意

一旦你确定了创意，并通过速写本(见第27页“速写本”)等工具发展构建，你就应该坚持这一创意。产品的研发阶段可能没有限制，但你要注意把握时间，不要让产品或整个系列的开发、设计和制造超过预定时间。在你研究和记录下来的想法中，哪个最具吸引力和令你兴奋？哪个具有创新性和突破性？时装、艺术和设计的永恒主题是开拓进取，深入未知领域及挑战发展现状。作为设计师，我们的使命就是改造、启发和创新。

坚持创意的关键技能

自我批判——不是所有的想法都能够惊艳众人，也并非所有想法都符合项目大纲上的要求。保持自我批判的眼光，随时舍弃那些相对无用的想法。

善于分析——通常来说，设计师并不一定善于分析，但是他们需要分析目前的研究内容，牢记项目大纲并进行对比，找出为什么某个想法比另一个想法更好。做到这些将有助于坚持你的想法。

坚持自律——在设计过程中的每个阶段都设置截止日期，包括前期研究阶段。在完成项目大纲之前，有大量的工作需要完成,切不可埋头设计而耽误整体流程。

远见卓识——不妨问问自己：“如果沿着这条路走下去，最终的设计成果将会如何？”“这个想法需要什么材料、裁剪方式？”对研究内容的检查和分析将有助你最终实现设计创意。

古驰(Gucci)在2016年米兰春夏时装周中做出重大突破。

19.
回顾和微调

在确定最终创意思路和主题之后，还需要完成一项重要的工作——回顾和微调，然后才能进入情绪板、调色板和最终设计阶段。可以说从研究阶段开始，你就一直在不断回顾和微调，毕竟在研究阶段和速写本阶段，你所收集、整合、发掘和创建的各种素材都是基于自己的某种考虑。磨刀不误砍柴工，在着手开始最终设计之前花一点时间整理素材对你的设计大有帮助。

借鉴上一节提到的技能——坚持创意(见第28页“坚持创意”)，特别是自我批判和远见卓识，确保完成所有的基础工作后，再进入下一阶段。只有以扎实的研究为基础，设计项目和系列产品才更容易成型。

在实现最终创意的过程中，是否有某些道路尚未探索过？当研究到这一阶段，你已经从大量广泛的原始素材中提炼出一个相当具体、原创的概念。此时不妨回过头，看看能否弥补最终创意中的不足之处，同时参照项目大纲，确保你的设计符合要求。完成这一步之后，设计过程的下一个阶段便是制作情绪板——我们如何向观众制作和展示研究发现。

将图片分组整理便于总结研究，以发现其中的不足之处。

20. 情绪板：收集图像

情绪板与研究板不同，它是一个经过精修的图像集合，设计师通过它向大众展现最终的设计思路、概念和主题。它是一种想法演变和传播的工具——有的是半成品，有的仅仅是念头或想法的简介。

情绪板是让观众了解设计师想法的不可或缺的工具。它是给予设计师启发的图像或实物的集合——有些展示情绪、主题、产品、颜色、材质和纹理。在制作情绪板的过程中，设计师要经过几个阶段，整个过程让设计师清楚地看到想法和图像组合起来的效果。情绪板让设计师从各种素材中构建起一个统一思路，并将这个思路应用到新的设计中。同时，情绪板也是一个沟通手段。从初期的研究中提炼、筛选关键元素，情绪板就是一个直观的视觉展示工具，用于交流核心主题、方向和信息。

只要你脑海中有了一份创意或项目大纲，就要以此为导向厘清思路。你可以在任何地方寻找灵感，从杂志到博物馆、展览、电影、建筑、互联网、博客、各种社交媒体、T台、面料、装饰、辅料店、一手资料和自然艺术品……享受这一过程，花时间收集灵感，将它们与你最初的想法结合起来。

创造原创内容的重要性不容小觑，在可能的情况下，设计师都必须寻求并创造第一手灵感。拍照、寻找原创作品(可能是一张老明信片或者一个老式花边等)，将这些素材囊括到你的研究板上以彰显自己的个性。如果使用已知或标志性图像，则需要经过适当的过滤和筛选，使最终形成的图像符合你的整个设计基调。通过原创内容，你也在为业界做贡献并回馈他人，因为可能有一天，你也会在别人的研究板上看到自己的原创作品。受启于人，乐于启人。

情绪板的基本功能

1.设计项目的起点。

2.季节趋势展示板。

3.经典系列。

4.形状和裁剪方式。

5.展示类别的细节(例如脚后跟)。

6.表达思路。

各类工具

1.泡沫板，一种又大又厚的白色展示板，上面可以随意使用别针和打钉。

2.别针和迷你订书机，别针用来规划布局，订书机可以将图纸钉到展示板上。

3.喷雾黏胶，可以将东西固定到板上，操作时确保佩戴面罩，保持室内通风。

4.用于修剪边缘的剪刀、剪纸器或美工刀。

5.标尺，最好是金属材质的。

6.带直角标志的切割垫。

7.打印机、扫描仪、复印机，用于制作和处理图片。

8.相机或智能手机。

9.电脑和桌台(是制作情绪板时不可或缺的工具)。

21. 情绪板：筛选过程

无论你想要将多么出彩的素材添加到情绪板上，如果没有经过编辑和适当的展示，最终结果可能会适得其反。

情绪板图像筛选时需考虑的因素

1.相关性——想想为什么要采用这些图像，每张图像有何影响和重要性？确保每张图像都有价值。这张图像会给大众带来什么情绪？它向大家传达了什么信息？

2.细节——观众是否需要看到整张图像？还是某个特定细节或某些方面就足以体现你的观点？假如是后者，请放大这些细节，并重新裁剪图像(需要花大量时间用于放大或缩小图像)。

3.图像大小——在比例方面，如果你想要呈现多张筛选后的图像，请使用尺寸大致相同的图像，尽管有些是细节拍摄有些不是。同样，如果你的情绪板很大，所用的图像尺寸便不能像邮票般大小，不然情绪板将显得十分混乱。

4.景观和肖像——最好将两者结合使用。

5.颜色——稍后我们将讨论系列设计中调色板的编制(见第34～35页)。在筛选过程中，考虑图像的色彩问题也非常重要。有些图像是全彩色的，有些可能是黑白的。注意你所选的图像的整体色调，有助于提升情绪板的整体性，吸引大众的注意。同样，假如你的系列设计主题是关于里约狂欢节的，但你的图像却是黑白的，那么你的情绪板很难传达出欢快的氛围。

巧妙利用色调提升情绪板的整体性。

22. 情绪板：布局

从图像筛选开始，情绪板的布局对于项目的最终成功至关重要。你要仔细选择和放置图像，向大众传达情绪和信息。每个图像必须互补，要对大众有所启发。

你需要不断地调整你的情绪板布局，最终才会呈现出想要的效果。这是一个反复布置、审视、调整的过程。在每个阶段你都要牢牢把握选用每张图像的初衷及每张图像相对于其他图像的重要性。

关于制作情绪板的小贴士

关键图像——将那些明确表达主题的“关键”图像放置于情绪板上端1/3处。如果想要大众能够轻松地理解并参与到你的主题中，则应该巧妙地将最重要的图像放置于情绪板的上半部分，这样有助于大众的理解。

首行图像——首行图像一定是最关键的图像。我们的眼睛通常都是从上往下看，因此第一行一定要给人留下深刻的印象。

混搭产品——假如你准备在情绪板上展示一些混搭产品，如鞋子、手袋、珠宝等，不要按产品类型对图像进行分组，而是要将不同类型的产品搭配起来。

示例归集——如果你准备在情绪板上展示“额外”信息，比如将“漂白牛仔裤”作为夏季节日情绪板的主题时，就要将各个示例图像归集在一起。当你需要传达某个信息时，大众可以把注意力集中在这个区域，目光不需要跳来跳去。

精简至上——图像不要太拥挤。检查情绪板时，不要怕删除图像，只保留重要图像即可。把图像一张张地排列起来，只需在情绪板边缘留下一点空白。

仔细裁剪——裁剪图像时，不要剪得过于紧凑。主题四周留下一些空间，以避免图像喧宾夺主。

情绪板上的每个图像都应该互补。

23. 线上情绪板

线上情绪板与实体情绪板的功能一样，只是线上情绪板允许更多的自发行为，提供更多样化的图像编辑工具。相比笨重的泡沫板，线上情绪板的主要优点在于它的便携性。另外，从共享、更新、编辑、剪裁和环保角度而言，线上情绪板的优点更加突出。

当你整理好图像，使用诸如Adobe Illustrator和Photoshop之类的软件编辑情绪板时，请参照“情绪板：筛选过程”(见第31页“情绪板：筛选过程”)和“情绪板：布局”(见第32页“情绪板：布局”)，这些内容同样能帮助你制作线上情绪板。

对设计师而言，Pinterest、Instagram和Tumblr这些软件是非常宝贵的工具，这些平台上的内容不断更新，资源丰富。但是，使用这些资源时需要注意：你需要上传原创内容，然后将从这些平台上收集到的二手资料(见第24页“二手资料”)和原始研究整合起来。假如你将Pinterest、Instagram和Tumblr作为全部的材料来源，别人可能也是这样操作的，这将不可避免地产生各种非原创性的、片面性的研究成果。

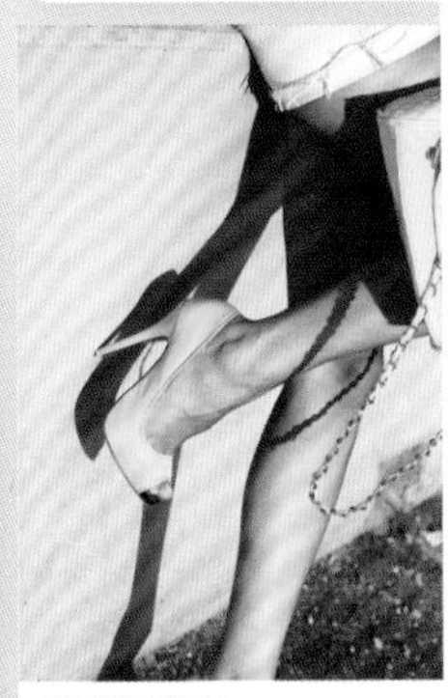

线上情绪板中的佼佼者

Pinterest——这个平台就像一个仪表盘，你可以在上面进行图像分组，共享图片来源，引导用户找到图像的原始出处。

Instagram——图片共享的社交媒体。

Tumblr——你的个人博客，上面可以有图像、视频、引文和他人的博文。当然，资源是共享的。

将从在线平台上收集而来的二手资料和原始的一手资料结合起来。

24.
颜色

颜色是一门科学，复杂多变而又机械刻板，光是这一话题就足够写一本书了。人眼通过视网膜细胞探测到颜色，视网膜负责区分不同波长的光。不管你是否具有这种天赋，下面列出的是设计师必须知道的关于颜色的基本知识。

三原色

三原色分别为红色、黄色和蓝色，如果是颜料或其他染料，通常被称作品红、黄色和蓝绿色。通过混合这三种颜色，可以调出所有颜色。黑色和白色通常被称为第四原色和第五原色。

次生色

将上述三种颜色中的任意两种混合起来，将得到另外三种颜色，也就是次生色。

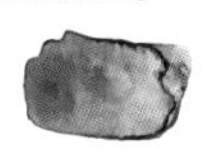

黄+红=橙

红+蓝=紫罗兰或紫

蓝+黄=绿

第三色

按基本色环的排列，将某一原色和与其位置最近的次生色混合，得到的六种颜色叫作第三色。

黄+橙=橙黄

红+橙=橙红

红+紫=紫红

蓝+紫=紫蓝

蓝+绿=蓝绿

黄+绿=黄绿

三原色、次生色和第三色总计十二种基本颜色，通过混合它们可以产生无限种颜色。

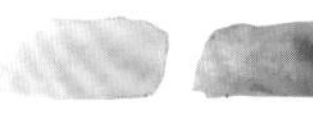

彩通(Pantone)是全球公认的颜色系统供应商和色彩沟通工具。

25.
采购并创建调色板

调色板是一组指定的颜色，方便艺术家或设计师顺利开展工作。

与很多设计阶段一样，创建完美调色板的方法没有好坏之分。当然，有的颜色相互之间很搭配，有的则相互冲突，这背后又是另一门科学了。比如，互补色是在色环上直接相对的两种颜色，如蓝色对橙色，或红色对绿色。如果采用互补色，可以突出强调某个部分，但会使背景弱化。

组合调色板时，需要一些小样。布料店是采购布样的好地方，在这里你可以用相对便宜的价格买到丝带卷和纱线球。专营T恤和袜子的连锁店也是采购布样的好去处。

当你为调色板采购样品时，首先要考虑最终产品的材料。例如，你在设计皮革制品时，不妨尝试寻找一些皮革小样。需要注意的是，不同材料呈现出的颜色有所不同。棉毛、缎子、罗缎呈现的颜色比较鲜艳，相比之下，牛仔布可呈现某种颜色的水洗效果。

剪出大小合适的颜色小样，钉到一块泡沫板上。在后面(见第54～59页)，我们将讨论如何向打样师、供应商和工厂简要介绍你的设计。你可能需要将颜色小样寄给他们，方便他们采购和对照。如果无法寄去小样，可以考虑在彩通色板上匹配作为参考。

小贴士：请注意，当采用数字调色板时，屏幕上看到的颜色可能和打印出来的颜色有所不同。

调色板选色时需考虑的因素

调色板中最终加入哪些颜色取决于个人的偏好，但是下面的因素值得考虑：

1.最终用途——确保所选的颜色适合你心目中的产品或系列。

2.颜色范围——确保调色板上有足够多的颜色以满足各种风格，尤其是在你设计一个产品系列的时候。

3.颜色比重和高亮色——不妨自问：调色板上的颜色是否均匀？围绕同一色彩是否有过多色调？是否需要加入高亮色使调色板更加抢眼？

4.颜色趋势的预测——如果你有访问权限，在制作调色板时可参考一些颜色预测公司的数据。和预测流行趋势一样，颜色专家也会基于社会、政治和全球因素预测下一季节的流行色。

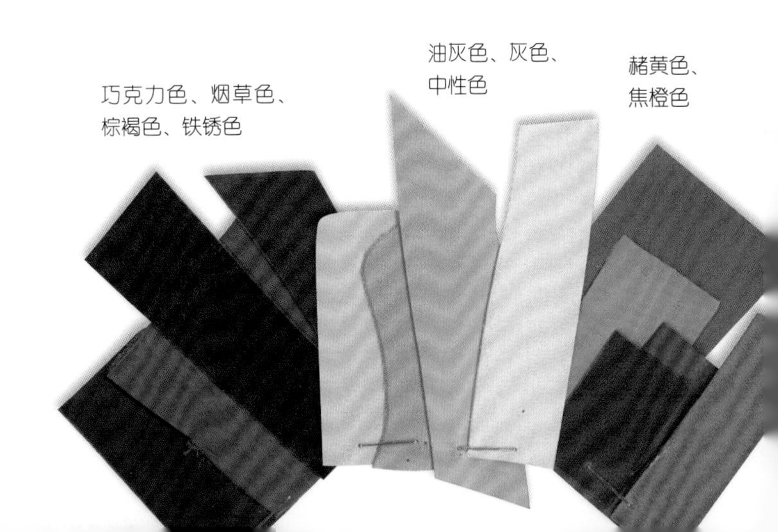

26.
流行趋势周期

作为时装设计师，你有责任了解流行趋势及其周期。流行趋势由很多因素共同催生，包括全球文化、社会、经济和政治环境及这些因素所带来的效应(见第25页“了解背景”)。

当前的全球文化、政治、经济和社会环境在一定程度上影响着设计师和消费者。在这种环境下形成了流行趋势。某个趋势可能需要几年的时间才能显露出来，一旦显露，其变化则会有一个确定的周期。另外，从概念阶段到周期结束期间，一些平行因素也会影响这个项目。

流行趋势循环进展

流行趋势及客户追随流行趋势的速度在不同的国家甚至在同一国家的不同地区也会有所差异。流行趋势从孕育、萌芽到传播，一般是从首都向周边城市和其他地区传播。

记得在2012年我因为穿着膝盖部位有破洞的牛仔裤而被小城镇酒吧的保安当面嘲笑。而到了2015年，这种牛仔裤风靡大江南北，大受追捧。当然，并非每个人都愿意成为流行趋势开拓者或早期践行者，有的潮人愿意了解流行趋势，而有的潮人则会在新事物流行一段时间后再去尝试。

流行趋势周期的各个阶段

1.概念——时尚产品一般是由具有影响力的设计公司对当前环境下产生的流行趋势做出反应的结果。

2.时装周系列——产品在季度设计系列中展示，最终出现在百货公司或设计师店里。

3.现代连锁店——产品受到设计公司的影响，并在他们自己的系列产品秀中展示(见第38页“T台分析”)。

4.主流百货公司——主流百货公司对流行趋势和关键流行趋势元素的反应速度比连锁店慢，并且往往稀释了某些元素，以满足客户的需要。

5.大众零售折扣店——这里的产品进一步稀释了流行趋势及关键流行趋势元素，以最低的零售价提供批量生产的产品。大多数情况下，折扣店的产品在设计上都有所妥协。

6.街市摊位——这里简直就是时尚的坟墓！一般是由于销售情况不佳，被零售商取消订单，就会转移到这里来。

时代精神

时代精神(定义一个时代的精神)对流行趋势的影响在逐渐上升，这对传统流行趋势周期是一个不小的挑战。设计师需要对流行趋势保持敏锐的嗅觉，并努力将其转化为原创作品。

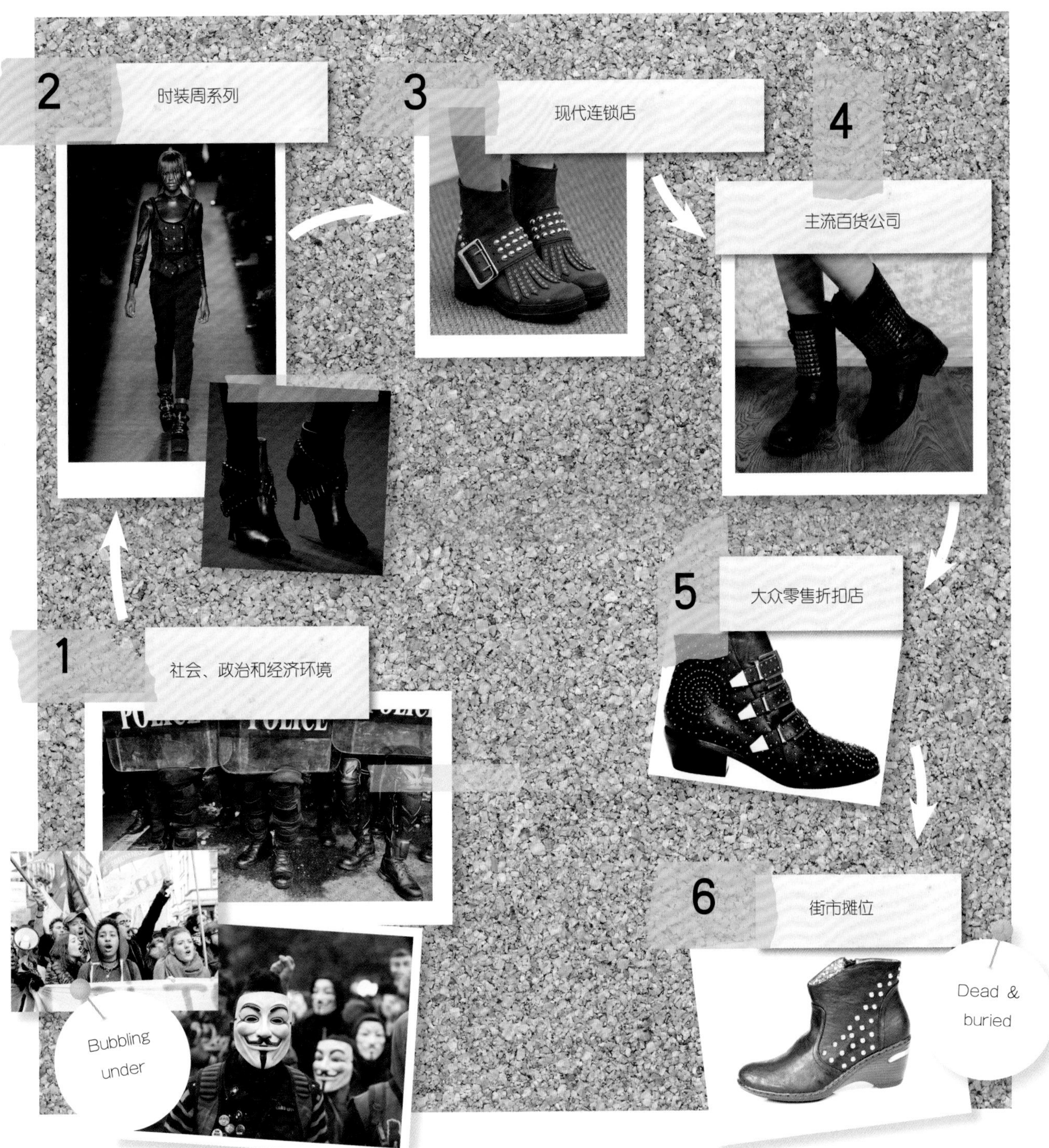
2
时装周系列
3
现代连锁店
4
主流百货公司
1
社会、政治和经济环境
5
大众零售折扣店
6
街市摊位
Bubbling under
Dead & buried

27. T台分析

时装周是设计公司展示当季新系列产品的、最具影响力和导向性的平台。时装周对流行趋势具有重要的影响，反过来也会影响其他品牌为客户提供的产品。

时装周每年举办两次，秋季时装周在2月份举行，春夏时装周则在9月份举行。四个主要举办城市是纽约、伦敦、米兰和巴黎，在其他地区每年总共有大大小小150多场时装周。在这些时装周中间，还有假日系列和早秋系列，它们不像时装周那样在几周的时间内集中展示，而是以照片的形式展示，分别在6月、7月、12月和来年的1月上传照片，为期6～8周。

另外还有很多设计师会进行一些不定期的时装展示，其他的国际时装周也可以对设计师有所启发。

对T台上的流行趋势做出反应

作为一名设计师，你要吸收、消化各种时尚元素，并预测你所看到的设计对时装业的影响，特别是对你所涉及的目标市场的影响。同时你要确定关键元素——你的设计中必须包含的元素。这些元素要么会对产品销售产生巨大的影响，要么体现了当季流行趋势的精髓。将你观察到的这些元素应用到你的设计中。那么第一个问题来了，你的客户是否愿意为这份美学或元素买单？

我并不是鼓励设计师去抄袭T台秀上的设计，这是懒惰的设计师的做法，还可能带来严重的法律问题。在这几个关键的时装周里，你要让自己沉浸于T台上展示的每一种风格中。你的任务是确定每个系列的灵感来源和产生背景。要具有远见、创造流行趋势、引领潮流，而非一味追随。Vogue.com是一个免费高效的渠道，你在此可以获得关于时装周的最新消息。

你可以从确认时装周的总体主题及那些你想运用于自己设计当中的关键元素着手，对比你总结的当季流行趋势，看看最新的时装如何体现这些流行趋势。请牢记，你是在为自己的品牌和客户做设计。

将这些元素及其影响结合起来，你会得到体现当季流行趋势的独特产品。

将自己完全沉浸于T台上展示的每一种风格中。

28. 理解和阐释项目大纲

你完成第一个项目大纲的经历很可能发生在求学阶段。项目大纲和其他很多大纲一样，是一种口头或书面的指示，要求设计师围绕既定的主题，在规定的期限内完成某个项目或工作。

什么是项目大纲

项目大纲有多种形式。有的是规定性表述，有的可能只有一个单词——为了启发你而故意引申。在某些情况下，你可能会得到极少甚至没有方向性的指导，甚至是一张空白的画布，要求你自己创建一份项目大纲。最常见的项目大纲，通常带有一个标题，并附带一段描述性文字，加上预期的工作量和格式及截止期限。

实施项目大纲

实施项目大纲最重要的一步是确保你充分了解里面的要求。收到项目大纲之后，需要反复通读。如果有任何不清楚的地方，需要及时弄清。

在初期阶段，一份项目大纲会引发无数的想法和关键词，要重点思考你喜欢的想法的实现途径。当然，你也要考虑这些想法是否能够实现。

一旦确定了某个想法，你就要开始规划时间。一个重要的方法是确定每个关键阶段及截止日期，这可以帮助你在最终截止日期之前顺利完成项目。其实这很简单，把每周计划打印出来，从截止日期往前倒推开展工作。预测设计过程中每个部分需要多长的时间：研究和速写阶段、情绪板、调色板、设计开发(包括绘制缩略图、面料处理、试验等)、最终设计图和成衣制作等环节。

此外还要考虑作品的穿着对象，是做女装、男装还是中性服装？考虑产品和服装的最终用途及前期成本。也许你想要高档、柔软的意大利皮革，但你却还是一位预算有限的学生。在实施项目之前，仔细思考这些，可以避免项目中断、从头开始或最终设计不得不做出妥协等问题的发生。

项目大纲示例

每一天，我们都在丢弃各种物品。使用找到的各种物品，凑齐下面的东西：

1. 用于展示研究发现的速写本。
2. 一块情绪板。
3. 一块展示颜色小样的调色板。
4. 缩略图或工作草图。
5. 面料试验和处理。
6. 包含6～8套衣服的插图集，可以有女装、男装或者配饰。
7. 最终成衣或配饰。
8. 截止日期。

29.
理解和阐释商业大纲

在工作中理解并诠释商业大纲，需要具备一套有别于你在求学时期处理项目大纲的技能。商业大纲更具规定性，包含更多参数，设计过程的每个阶段要做更多分析，这些都是为了确保最终产品的销售并获得盈利。因此，在每一步工作中都必须考虑最终产品的用途及客户。

什么是商业大纲

商业大纲是关于完成某一项目或工作的口头或书面指示。工作过程包含大纲中所规定的各个环节(见第39页“理解和阐释项目大纲”)：调研、情绪板、调色板、设计开发等。而最终产品通常是一定数量的设计成果，在行业内通常被称为“设计选件”。

你的设计受到流行趋势的影响，最终由你或你的设计团队来完成。设计要能够体现品牌特征，以目标客户的需求为导向。

商业大纲里面往往会给出截止时间，你需要在这个时间之前将设计方案提交给供应商。截止时间是“关键路径”的一部分，它可以更好地确保产品在规定的期限内完成设计、开发、预定和交付。

实施商业大纲

第一步，设计过程的研究和灵感启发阶段从商业大纲开始。你的目标是做出一块趋势板，本质上和情绪板一样。给自己完全的创意自由，花点时间去激发灵感。参考所有可用的一手资料和二手资料(见第23页“一手资料”和24页“二手资料”)，尽量有所突破和创新。

第二步，分析。考虑季节、设计品牌、目标客户、流行趋势预测，参考你在秀场里看到的那些有影响力的设计公司的作品。此外，查看销售历史记录(见第42页“销售历史记录分析”)。根据这些信息，建立起一个趋势板。这个趋势板可以涉及各种产品，适用于整个团队的设计师；或者只涉及具体某个类别，例如，只涉及鞋类设计参考和设计细节。

在处理颜色和材质时，咨询流行趋势预测专家并查阅销售历史记录。去年这个时候流行什么，为什么流行？从买手和跟单员的反馈中确定设计选项，根据项目的关键路径确定设计的交付日期，也就是你把设计方案、设计规格、设计图纸交付给供应商的日期。

商业大纲示例

为SS16品牌设计定向的、前卫的鞋子，目标客户年龄在20岁左右，经常外出。选项数量：30个。所有设计必须在规定时间交付。

30. 构建创意

完成初步研究之后，你需要整合情绪板或趋势板，对设计产品或系列类型形成一个初步想法。现在，是时候拿起笔，开始构建创意了。这是整个设计过程中真正令人兴奋和自由发挥的阶段。

先从缩略图开始(见第85页“绘制缩略图”)，这些缩略图有助于你在反复修改中确定思路。这个方法让你可以快速地获得大量创意。缩略图是一些不甚精确的涂鸦——可能是整件衣服或是衣服内部的某些细节。在设计过程的构思阶段，你要充分利用缩略图让自己的创意思维活跃起来，探究各种可能。

当然，你也不要花太多时间在缩略图上。因为它们只是你完成设计的一种手段，并非是艺术品本身。

缩略图可以帮助你在不断地修改中将概念变得可视化。

31. 销售历史记录分析

在研究新创意时，并非一定要从零开始。特别是在服装零售业中，擅于利用销售历史记录，将有助于引导你寻找下一季的流行趋势。比如，上一季的畅销品是什么？同样重要的是，滞销品是什么及为何滞销？长销系列是什么？所谓“长销系列”就是年复一年都在销售的产品，几乎不需要更新。你必须思考并分析上一季的销售情况，便于你从设计的角度进一步开发产品，以符合客户的真正需求。

分析销售历史记录是一门大学问。你要懂得利用以往畅销品的优点，通过重新设计使它契合当下的流行趋势。你的目标是设计出至少和之前的畅销品一样热销的产品，同时又有足够多的创新让消费者愿意再掏腰包购买。

小贴士：推行设计创意并非易事，最好保持稳中求进。假如你想尝试某个新的裁剪方式，请选用客户喜欢的颜色和面料。同样，假如你想尝试某种新的面料，请在现有的款式上进行尝试。只有这样，你才能真正地了解客户的喜好。

关于往年畅销品的自问

1.是否因为其裁剪方式？如果是，不妨用当季的印花来进行点缀。

2.是否因为其面料？如果是，可以考虑用这种面料做其他款式的衣服。

3.是否因为其颜色？某种颜色是否比其他颜色更加畅销？如果是，可以考虑继续使用这种颜色。

4.是否因为某些无形的因素?该产品在恰当的时机推出，比如正好每个人都需要为衣柜添加一条阔腿喇叭裤的时候。

5.是否因为价格合理?产品的性价比如何?

6.抑或只是因为你抢占了市场先机?干得漂亮!

32.
行业采购包

作为设计开发过程的一部分，你需要寻找各种面料、纱线、辅料和配件，并不断尝试组合，形成最终的成品和系列产品。

在本科阶段，你就要开始积累资源。你要学会精打细算，时刻牢记设计项目和系列产品的成本总是在不断攀升。你可以从逛面料店开始，但也要尝试从其他非常规渠道采购原料。假如你是一名珠宝设计专业的学生，不妨去二手古董市场淘宝，拆开那些古董，再重新组装。你也可以联系感兴趣的公司或供应商，向他们大致介绍你的项目，从他们那里寻求赞助。

在业内工作时，我们不可能经常随心所欲地去各个原料市场寻购材料，所以要利用采购包来获取最新和最具创意的材料与配件。采购包是一个你需要从供应商那里采购的物品的图像或参考的集合，可以是实物形式，也可以采用电子版。采购包可以清楚地传达你的需求。

在设计开发阶段，应尽早将采购包发给你的供应商，让他们有足够的应对时间。一旦你完成当季的趋势板，你就可以向供应商发出当季的采购包了。这意味着在你动笔画设计图之前，材料就已经确定，利于抢占市场先机。

小贴士：尽可能地与供应商明确沟通，提供尽可能多的信息。材料市场十分巨大，应帮助你的供应商确定你所需的材料。

采购包应包含以下内容

1. 情绪板——你可以通过它与供应商分享设计思路(见第30～33页)。如果供应商清楚设计师的思路，会更容易理解设计师需要的材料。

2. 材料小样——包含你寻求的各种素材的样品，例如金银纱面料、蕾丝、透明纱等。请尽量提供大量素材。

3. 颜色基调——包含采购面料和纱线的颜色小样或调色板(见第35页“采购并创建调色板”)。

4. 所需配件——你所需要的拉链或其他装饰的实物样品。

5. 印花图案——尽量明确。例如，不要只是简单地说要花样图案，你要提供你所需要的具体花样图案。

6. 罗列清单——列出主要材料、装饰、配件等元素，在采购包中详细地注明。

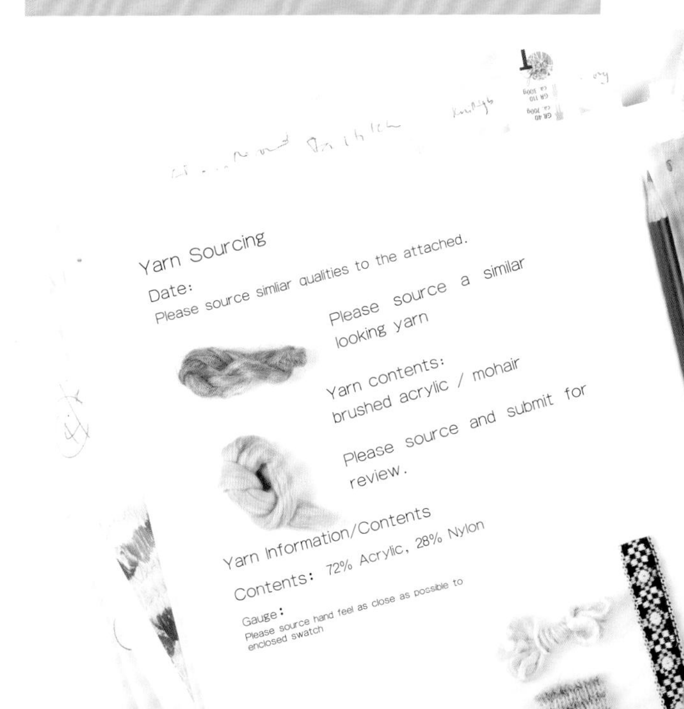

利用采购包中的材料小样向供应商提出你的要求。

33. 采购一手材料

在每个时装设计师的职业生涯中，出差是必不可少的。而出差的任务之一就是收集一手材料，如意大利皮革、印度饰品、中国的合成材料等。市面上有大量的卖家会向你提供成百上千种材料、辅料和配件。有时候供应商会陪你一起采购样品。一旦样品确定，他们就可以返回确定好的店家，批量购买生产材料。

你的目的是为设计寻找最新、最适合的材料和装饰等，但你可能会遇上强势的供应商。右边的小贴士可以帮助你顺利完成出差的目标任务。注意，纱线的采购主要在贸易展会上完成，而非在材料市场里采购(见第147页“纱线采购和行业展会”)。

关于采购的小贴士

1.带上翻译——在可能的情况下带上翻译，让他们协助你沟通和谈判。

2.兑换当地货币——这在市场交易中相当重要，很多地方的市场只接受现金交易。

3.选择正确的楼层——商店通常按照材料类型(例如人造皮毛、牛仔布、金银纱面料等)分配楼层。你不需要满商场地跑，只需前往特定的区域即可。每种材料在样卡上都会有一个编号。

4.每种样品拿三份——一份样品或样卡放到规格表里，一份保存备查，一份提供给供货商。

5.信息——要求提供最低订量，即批量购买时最低的订购数量。同时要求供货商提供单价。

6.名片和拍照——采购时，将商家的名片和购买的饰品一起拍照存档。将商家名片和样品订在一起，避免后续出现混淆。

上图：面料市场上的典型布样。
右图：可以从整卷布上裁下所需尺寸的面料。

34.
试验构思和工艺

一旦你购齐了所有的材料、装饰和配件，你就会迫不及待地想开始你的设计。设计过程的试验阶段将会是一个愉快而又极具创造性的过程。通常来说，你一开始设想的产品很少能成为最终成品。在追求独特设计的过程中，你会不断地发现新东西，从错误中吸取教训，不断地进行整合。

要时刻注意控制成本。设计过程越详细、复杂和耗时，产品的成本就会越高，批量生产的难度就越大。当然，如果是定制设计公司，就不需要担心批量生产的问题。

设计中使用的材料都有一个最低起订量。所以当一个设计产品包含多种不同的材料时，要满足每种材料的最低起订量可能会为你带来不少麻烦。你应及早向供应商提供小样、原型样件或平面图稿，在设计规格表上注明从哪里可以采购到所需的饰件。

试验形式

1.制作布样，处理材料——这个过程包括但不限于：手工或机器缝制、染色、漂白、做旧、撕碎、分层、印染、激光切割和装饰等。你可能想在打样之前完成这个材料处理流程，或者在规格表的细节部分附上布样和工艺详细说明，方便工厂仿照制作。在整个过程中，将各种技术和细节记录在本子上——从染料实验室配方到做旧牛仔夹克使用的砂纸等级，所有东西都要记录。

2.制作样本——制作一个布样或纸样，向工作人员展示你想要的布局、装饰件和工艺(见第193页“装饰品”)。

3.立体试验——这是一个检视、交流、定位尺码的好办法。直接使用现有的鞋、包或其他模板，为了让速度更快，可以用胶水或双面胶直接将饰件或面料定位和固定到现有的产品或衣服上。

计算机辅助设计(CAD)——利用计算机辅助设计软件来试验服装的颜色或印花(见第53页“计算机辅助设计(CAD)”)。

35. 产品系列构建与回顾检视

有了缩略图(见第41页“构建创意”)，并记录下尽可能多的想法和设计细节。在时间允许的情况下，设计的下一个阶段就是改进这些想法。你手头可能有超过200张的缩略图，但由于预算限制或是项目大纲的要求，最终系列里只能包含6套衣服。你要批判自己的作品，挑选、改善，在不影响大纲和原本创意的情况下进行自我批判。这种改善与最初创意对你的最终作品同等重要。

大致勾画出那些你感觉最为强烈的想法。在这个阶段，你要画的是比缩略图大一些的草图，大致能够展示设计系列即可。你可以简单地放大缩略图，也可以重新绘制草图，细化每个细节，加入更多细节。

现在将草图组合到一起，形成最终的设计系列。你可以把每个草图细节剪下来，放到一起。

回顾检视

花点时间检视设计最终的样子，你要根据项目大纲来自我提问，还可考虑以下问题：

(1)轮廓——想一想衣服形状、裙子长度、鞋跟高度之间是否匹配?

(2)面料和印花——采用彩通笔来标记印花和上色，确保颜色的准确性。

(3)最终用途——是否符合项目大纲里规定的最终用途或适合使用场合?

填补系列中的“空白”

在设计过程中，你是否会因为选择了太多某个类型的产品而忽略了其他类型呢？假设你正在设计一款飘逸的波西米亚风格裙子，在完成连衣裙的设计后，要考虑添加其他单品，甚至是阔腿连体裤等。用各种服装款式填补空白，重视审视整个系列，直到你对这个设计系列百分之百满意为止。

36. 确定最终设计

通过无数的缩略图逐渐改进思路，终于形成一系列草图，接下来就是修改或增加细节，之后再敲定设计规格并发送给打样师或供应商，交由他们去制作样品。

从根本上讲，这是设计过程的最终阶段——因为从收到第一件样品开始，设计师所做的任何调整都是尺寸、形状或美学上的微调。所以，在敲定设计规格和交付制作样品之前，要花时间去确保每个设计的最终样式。

确保每一件设计都适得其所。行业里的一个普遍的误解是：一个系列里的设计件数越少，就越容易。然而事实并非如此！因为当一个系列里的件数太少时，每一件都必须做得足够出彩才能实现出色的销售业绩。

考虑技术要素，包括开襟开口处、纽扣拉链、衣服结构等。注意你的设计既要穿起来舒适，又要便于生产。注意细节：这件白衬衫的亮点在哪儿？消费者为什么要选择这双鞋而不是竞争对手的鞋？同样，细节不要过度繁复。有些成功的设计正是以简洁取胜。

考虑生产成本和零售价格，特别是当你在决定布料和配件的时候(见第202页“服装定价”和第210页“参与供应商的成本核算”)。

在用墨水笔定稿之前，用铅笔重描一遍草图，确保图纸在技术和比例上的准确性(见第54～55页“规格表”)。

37.
主打单品

在开发和策划服装系列时，设计师需要确定主打单品——那些你预计市场需求较高或者有望成为下一季畅销品的单品。这些产品能单独体现整个系列的精髓，是整个系列不可或缺的部分。主打单品就如同设计系列的标题，是一个品牌必须有的衣服，也是顾客希望你能提供的衣服。

主打单品包含“孔雀服”(见第206页“孔雀系”单品)，指那些艳丽闪耀但并不实用的衣服，孔雀服专门用来吸引媒体和客户的眼球，引导他们关注整个设计系列。主打单品必须有足够大的吸引力，以推动产品的销售，同时还要足够前卫、有针对性、符合当前流行趋势。

确定主打单品

以情绪板或趋势板为指导，确定主打单品，将它们列出来或画出其缩略图。想象一下，假如一个设计系列要有5件主打单品，那么应该是哪5件？

注意事项

1. 品牌——主打单品应该真实体现你的品牌特色。

2. 客户——确定你的目标客户。他们是习惯穿正装还是穿休闲装？喜欢极简风格还是方向性明确的服饰？

3. 最终用途——是外出服、休闲服，还是特定场合、节假日穿的衣服？你的产品适用于哪些场合？

现在你已经确定了一个系列中的主打单品，接下来只需围绕主打单品打造剩下的服装即可。

右图：春夏系列女装的主打示例。沿顺时针方向分别为钉珠连衣裙、复古牛仔夹克、绣花贴片、带珠片装饰的高跟鞋。

FRIES

38. 运用主流趋势和细节元素

除了紧跟季节趋势周期，另一个开发产品的方法是利用当季的流行趋势，或者提取流行趋势中某个关键元素，应用到现有的产品中，实现巧妙地结合。

如何运用主流趋势

假设现在你已经明确20世纪70年代的流行趋势将要卷土重来，那么下一步就是确认这个时期的哪些经典元素可以应用到女装、男装、鞋类或配饰上。注意不是所有的流行趋势都适合每一个服装类别。

假设你选定了连衣裙、牛仔服和鞋类。首先，分析销售历史记录(见第42页“销售历史记录分析”)，确定每个服装类别的关键元素和畅销品，然后进行重新设计，加上20世纪70年代的经典流行元素。你在想方设法重新设计的同时，要使设计立足在消费者能够辨认出来、熟悉的东西上。

接下来就是见证奇迹的时刻。当你做完上面这一切，将品牌标志加入产品之后，你的产品会马上呈现令人惊喜的效果。这就是组合运用各种流行趋势的影响，结果往往能够创造出品牌独特的产品。

应用关键细节

应用于流行趋势中的关键细节元素是可以运用到其他设计中的。比如，你受到狂欢节的启发，用绒球装饰平底鞋，结果这双鞋受到市场的热捧。利用这个销售历史记录，既然客户喜欢绒球，那么将它用在其他类型的产品上如何？比如高跟鞋、踝靴或者运动鞋。你也可以在热卖的平底鞋上尝试加上其他颜色或大小的绒球。将这个绒球放在其他东西上面又会怎样，比如放在手袋或衣服上？

尝试各种混搭，挑战常规，发挥思维想象力，才能将自己与竞争对手区分开来。

利用销售历史记录，运用流行趋势和关键细节元素改造畅销款。

39. 样品改造

产品开发的方法之一是通过购买样品作为辅助。作为设计过程的一部分，设计师在全球范围内寻找可以激发灵感的东西，进而发展出自己的想法。灵感有多种形式，一条漂亮的波斯地毯可以启发印染图案的灵感，军装上的某个细节可以成为一件外套的口袋设计。设计师看到任何东西，无论是一件成品衣服还是某个细节，将它买下来或者拍照记录，之后可以通过这些细节图片设计出全新的衣服。

启发性采购

人们通常会误解，以为设计师将一些能够激发他们灵感的样品买回去之后，就是全盘照抄。事实当然不是这样！正如标题所述是启发性采购，设计师的职责是迸发灵感，如果我们简单地复制以往的创意，那就是一种懒惰的行为。此外，时装界也不会容忍公然剽窃的行为，并且这种行为已经构成了犯罪。

在购买能够启发灵感的样品时，设计师需要有所选择，不能每样都买。选择那些能让你停下脚步的东西，创新的、让人兴奋的东西。同时，像那些基本款——独一无二的T恤等，也可以成为你设计创意的基础，省去你在打样师或供应商之间来回奔波调整样式的时间。

改造购买的样品

在过往和当季产品中寻求设计灵感，将两者合二为一应用于新设计中。但请牢记，过往的设计不意味着你可以随意复制。版权可以有效地保护设计或设计师，需引起重视。

你可以参考那些激发你灵感的服装的特征，但要加上你自己的创意。利用购买的样品开发设计时，缩略图(见第85页“绘制缩略图”)是很好的辅助工具，可以让你在提交最终作品之前，确保新的设计相比样品已经做出足够多的改进。

根据购买的样品所绘制的原创设计缩略图。

40. 手绘

尽管技术创新对时装设计领域的影响越来越大，但手绘设计仍然非常重要。在下一部分(见第53页“计算机辅助设计(CAD)”)我们会介绍计算机辅助设计(CAD)。

推崇手绘的原因之一在于其灵活性。徒手绘图可以在任何地方进行，飞机上、火车上，甚至在供应商会议的休息时段等，无论你是为了赶进度，还是只是因为突发灵感。

掌握手绘的小贴士

1. 描摹和模板(见第80页“描摹与模板”)——描摹和使用模板绝对是没问题的，这可以让你的设计图比例更加准确。

2. 工具——自动铅笔是首选，它精确、可靠且使用简单。如果要上色，可选用彩通笔。

3. 细节——展示基本细节即可，没有必要画上阴影，你不是要画一幅逼真的画像，只要能够清楚表达设计的关键细节即可。为了体现造型，可以画上缝线、拉链、口袋等细节。通过画出折痕或悬垂等细节来提示用料类型，但没必要在草图上画上纹理。记住一切从简。

4. 注释——见第54～55页“规格表”，了解需要添加的注释。

5. 熟能生巧——即使是在压力比较大的情况下，也要抽出大量的时间练习，这可以增强信心，画出更加精妙的图纸(有时候压力可能来自老板的敦促)。

手绘所需的材料要方便携带，方便你在灵感来临的时候随时记录。

41. 计算机辅助设计(CAD)

顾名思义，计算机辅助设计(CAD)是一种使用现代技术辅助设计的手段。主要有以下两种模式：

1. 手绘模式

在这种模式下，先手动绘制草图(见第27页“速写本”)，然后将这些手绘图扫描到选定的设计软件中，你就可以在软件中编辑这些设计图。常见的做法是利用CAD软件给草图上色。如果将扫描图像转成黑白图像，软件会识别你画的线条，你就可以利用填充工具对各个部分进行填色。这是一个适合反复试验的好方法。

2. 完全的计算机辅助设计模式

在这种模式下，计算机软件从一开始便介入设计。连接到电脑的手写板和触控笔是很好的工具，在手写板上的任何涂鸦都能直接显示在电脑屏幕上，设计师用触控笔在手写板上描点画线，构建图像。

计算机辅助设计的优缺点

CAD非常适合于构建组件库。当组件库建立起来之后，库里的组件可以重复使用，大量减少画图时间。例如，牛仔裤设计师经常要用到纽扣和拉链，他们平时可以收集并保存这些元素，当有需要时就可以直接调用。珠宝设计师也可以将各类链子保存起来，画图时可以使用。

利用CAD给图像上色也比传统方法要快得多，同时，修改图像也十分方便，不需要总是从头开始。复制、粘贴功能也能大大节省你的时间。利用CAD添加面料质地，你就可以看到不同材质在衣服上的真实效果，检查尺寸和印花图案的位置也十分方便。

利用CAD软件来检查整个设计系列，你可以看到整个系列的设计效果，并进行任意修改。比如，你可以检查整个系列所使用的颜色比例，作出必要的调整。

使用CAD软件的另外一个好处是：现在都是数字媒介办公，资料都要求用电子邮件发送，如果你的供应商或工厂和你使用同款软件，那么你们就可以直接交换CAD文件了，方便你们之间的协作及修改。

采用计算机辅助设计的主要缺点是你不可能时时刻刻都携带电脑，这也是手绘在设计领域始终没有被淘汰的原因。

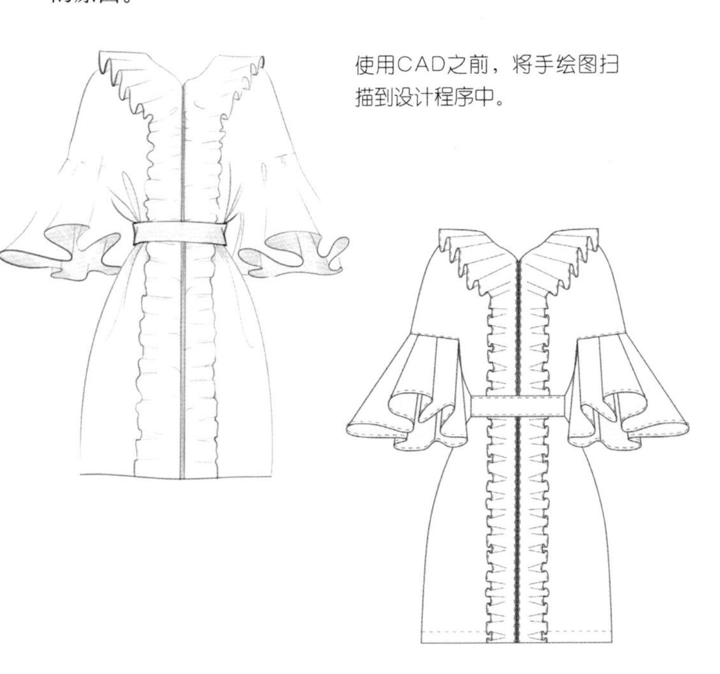

使用CAD之前，将手绘图扫描到设计程序中。

42.
规格表

规格表是一个全行业通用的工具，用于向供应商或工厂说明如何制作原型样件或首个样品。规格表通常采用信纸文件，或相同尺寸的电子版本，其中包含了产品的手绘图或CAD文件、详细的测量数据，以及与设计、用料、结构相关的关键细节。其他信息，如布样和需要采购的配件等，也可以作为规格表的附件一起发送。设计师应该留存规格表及随表格发送的所有文件的副本，以便日后在接收原型样件时作为参考。

规格表必须包含的信息

所有的规格表都必须包含以下信息：

1. 公司或品牌名称——加上“版权所有”字样和版权标志©。

2. 供应商名称——既定供应商的名称。

3. 风格名称和编号——有助于内部人员之间，以及和供应商之间交流风格。

4. 品牌。

5. 类别——例如，半身裙、连衣裙等。

6. 日期。

7. 季节——秋冬系列、春夏系列。

8. 设计师——姓名及亲笔签名。

9. 指定面料。

10. 指定里料。

11. 扣件——纽扣、拉链等细节。

12. 标注——任何上面没有提到但需要特别注意的细节。

13. 补充图片或样品——供应商可参考的样品或图片，展示产品的形状、细节或工艺。

右图：女装规格表。

© 品牌名称 版权所有	样式名称：坦斯特尔 自行车手夹克	品牌：XXXXXXX	趋势：《来自地狱的美女》
		供应商：XXXXXXX	季节：XXXXXXX
	原型样件编号：XXXXXXX	日期：XXXXXXX	设计师：XXXXXXX

请用水牛皮革制作样品

类别：女性外套+夹克

注意：青灰色金属拉链、
青灰色金属扣

	测量部位	cm
A	颈肩点至衣边	142.24
B	胸围	127
C	腰部	127
D	上臂围	/
E	下臂围	/
F	衣边	121.92
G	肩宽	101.6
H	肩缝	31.75
I	前宽	77.47
J	后宽	96.52
K	袖长	142.24
L	袖窿直量	58.42
M	二头肌	45.72
N	袖口	31.75
O	后领宽	45.72
P	前领深	19.05
Q	后领深	38.1

43. 包袋规格表

包袋规格表的作用类同于服装规格表(见第54页“规格表”)，上面是关于产品的技术图纸，加注了关键的美学、材料和结构细节。必要时，包袋规格表还要附上纸样。

包袋规格表必须包含以下信息。

1.袋体材料

(1)皮革、聚氨酯(PU)或者纺织物。

(2)从材料卡上选取特定的材料小样提供给供应商，并附上零售商信息，方便供应商采购材料或提供回样。

(3)使用一般材料，可用彩通国际标准色卡作为参考。例如，PU用标准色卡13–2805 TPG。

2.里衬材料

皮革、PU或纺织品。一般来说，中档包袋基于成本的考虑，会使用PU或纺织品作为里衬。帆布、棉布或者格栅衬里也是比较常用的材料。

3.包边、嵌条

(1)指定包边、嵌条的材料。

(2)包边是指用宽约5mm的材料包住袋体接缝处，盖住原材料的边缘。沿着包边的边缘缝线。

(3)嵌条是指用宽1～2mm的材料夹在袋体接合处中间，将袋体材料翻过来，缝出整齐的边缘，沿着主料的边缘缝线。

4.包带

指定材料。

5.饰件表面

指定金属镀层——铜、古铜、锡、银、金、古董银、古董金、玫瑰金或其他涂层等。

6.边缘染色

指定边缘涂染的颜色。

7.缝线

匹配或对比。当缝线具有装饰性时，要指定线迹，如鞍形针缝等。

8.内衬拉链袋

指定口袋的大小和拉链的类型。

9.内衬手机袋

一般规格为7.5cm×11.5cm。

附上图片或样品，帮助供应商制作首个样品，也能充分说明规格图里的重要细节。

规格表上的附加说明

1.包袋的设计图通常是从3/4的角度去绘制，没有完全按照比例。如果是按比例，规格表中应附带按照尺寸比例制作的纸样。1/2大小的纸样已经足够，供应商可以进行相应放大。

2.为了准确起见，测量尺寸精确到厘米。

3.包袋部件均用术语表示，例如插袋。

4.需要更多信息的包带或其他细节，提供画图。

5.包袋构造——正式的包袋一般会通过在外层和衬里之间安放夹板，让包袋立起来。

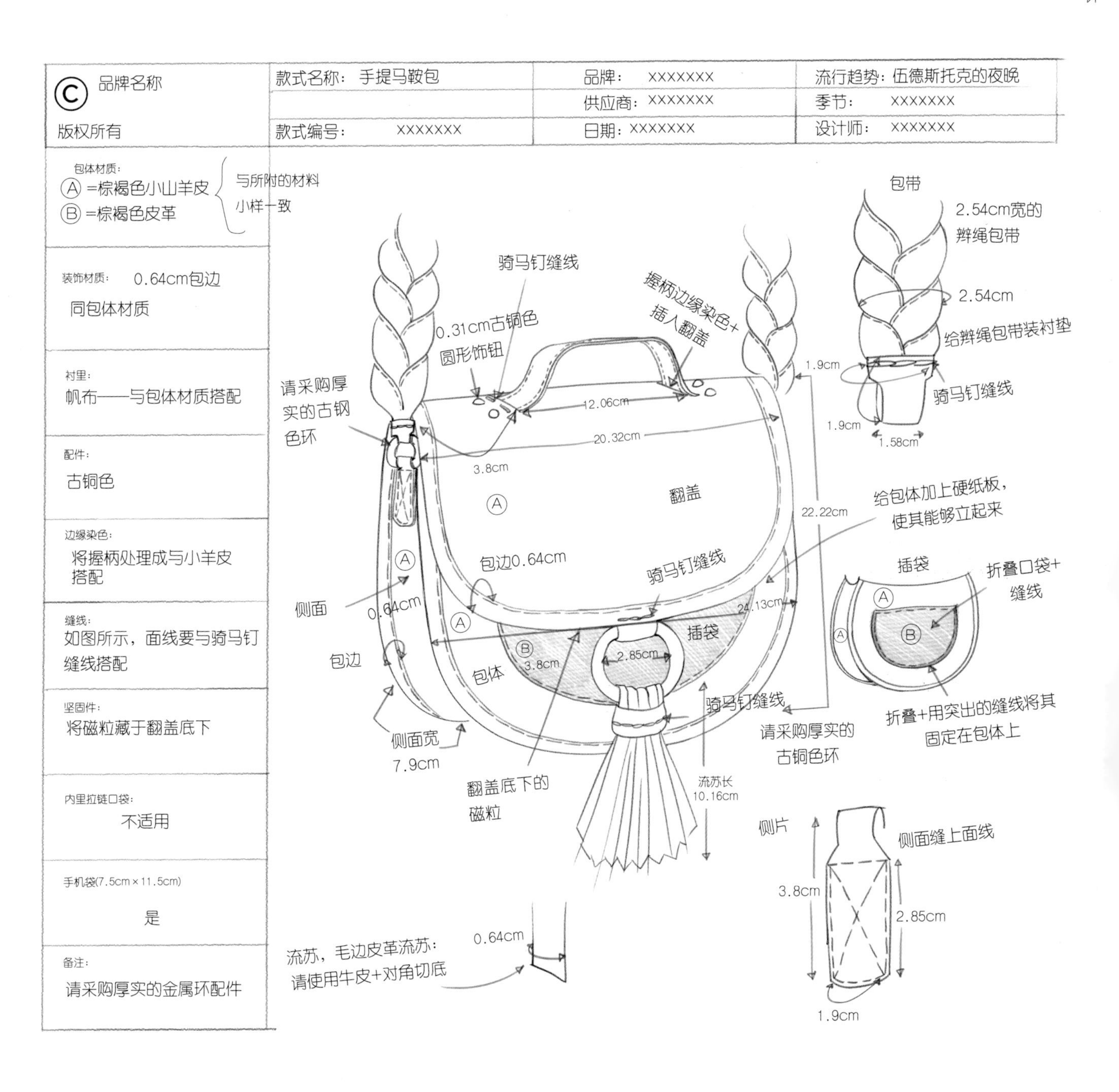

Ⓒ 品牌名称 版权所有	款式名称：手提马鞍包 款式编号：　XXXXXXX	品牌：　XXXXXXX 供应商：XXXXXXX 日期：XXXXXXX	流行趋势：伍德斯托克的夜晚 季节：　XXXXXXX 设计师：　XXXXXXX

包体材质：	Ⓐ =棕褐色小山羊皮 Ⓑ =棕褐色皮革 与所附的材料小样一致
装饰材质：	0.64cm包边 同包体材质
衬里：	帆布——与包体材质搭配
配件：	古铜色
边缘染色：	将握柄处理成与小羊皮搭配
缝线：	如图所示，面线要与骑马钉缝线搭配
坚固件：	将磁粒藏于翻盖底下
内里拉链口袋：	不适用
手机袋(7.5cm × 11.5cm)	是
备注：	请采购厚实的金属环配件

44. 鞋类规格表

鞋类规格表是设计师用于与工厂交流关键信息和提供指示的行业通用手段。

鞋类规格表必须包含以下信息。

1.组件

(1)原型制作的结构。

(2)组件是指决定鞋子风格(见第138页“鞋履”)的主要部件，包括鞋子塑形的鞋楦、鞋底及鞋跟等。

2.鞋面

(1)皮革、聚氨酯(PU)或纺织品。

(2)你希望供应商采购的材料样品。

(3)使用一般材料，可用彩通国际标准色卡作为参考。

3.衬里

PU或纺织品。中档鞋子基于成本考虑，一般使用PU或纺织品作为里衬。帆布、棉布或者格栅衬里也是比较常用的材料。

4.鞋舌

PU或纺织品。指定鞋舌的颜色，提供需要印上去的品牌标志——称为“中底烫金”，必要时附上图片格式的图片。典型的中底烫金采用印刷、绣花、压花的形式，然后进行套印。

5.中底滚边

在插入鞋舌之前，用特定材料将中底纸板包起来。指定中底纸板的用料。

6.包边、嵌条

(1)指定包边、嵌条的材料。

(2)包边是指用宽约5mm的材料包裹在鞋口的边缘，盖住鞋面或衬里原来的边缘。缝线应沿着包边的边缘。

(3)嵌条是指用宽1～2mm的材料夹在鞋面和衬里中间，将鞋面和衬里材料翻过来，缝出整齐的边缘，缝线沿着鞋面材料的边缘。

7.饰件表面

指定金属镀层——铜、古铜、锡、银、金、古董银、古董金、玫瑰金或其他涂层等。

8.扣件

(1)拉链——全拉链、半拉链、内侧或后拉链；普通鞋带、搭扣、钩环或内侧弹性固定带等。

(2)请提供扣件的细节或照片作为采购参考；如果要求供应商使用指定的扣件，最好提供相应零售商信息。

(3)使用金属扣件时指定表面镀层。

9.鞋底

(1)中档鞋一般采用树脂外底，黑色、原色或彩色。使用红色时要注意，克里斯提 · 鲁布托(Christian Louboutin)拥有红底鞋的专利。

(2)高端系列一般采用皮底。

规格表上的附加说明

鞋子通常按比例绘制，侧视图是最常见的画法，并加上如下信息：

1.为了准确起见，测量尺寸精确到毫米。

2.使用鞋类术语——削边、内鞋腰等。

3.详细说明各种硬件、装饰和其他细节。

4.脚趾形状的顶视图。

5.鞋跟接地部位。

(3)运动鞋外底适用休闲风格，常见的颜色有黑色、白色和灰色。

10.边缘染色

(1)鞋底边缘可以染成和鞋面匹配的颜色，也可以染上对比色。在鞋底边缘染色即可。

(2)指定想要的颜色。

11.鞋跟、楔形鞋跟、防水台

(1)指定鞋跟、楔形鞋跟、防水台的表面覆盖效果，以匹配鞋面或与之形成对比。

(2)自然木纹效果——用仿造手段制造出逼真的木纹效果，成本也比较低。

©品牌名称 版权所有	款式名称：高跟骑士靴	品牌：XXXXXXX	流行趋势：
		供应商：XXXXXXX	季节：XXXXXXX
	款式编号：XXXXXXX	日期：XXXXXXX	设计师：XXXXXXX

鞋面：	黑色水山羊皮 请在鞋舌处中上衬垫
衬里：	将5cm宽的、加衬垫的黑色小山羊皮的领衬插入黑色材质的鞋舌：黑色PU衬里
跟座垫：	黑色材质 见所附的跟垫
中底包边：	不适合：全跟座垫
包边、嵌条	不适合：上翻+缝线 衬里毛边+缝线
饰件表面：	闪亮的锡方形环
坚固件：	腿内侧拉链 锡拉链 尼龙搭扣带
鞋底：	黑色防滑大底 黑色沿条+黑色骑马钉缝线
鞋跟、沿条：	黑色抛光叠层鞋跟
鞋台：	黑色抛光叠层鞋台

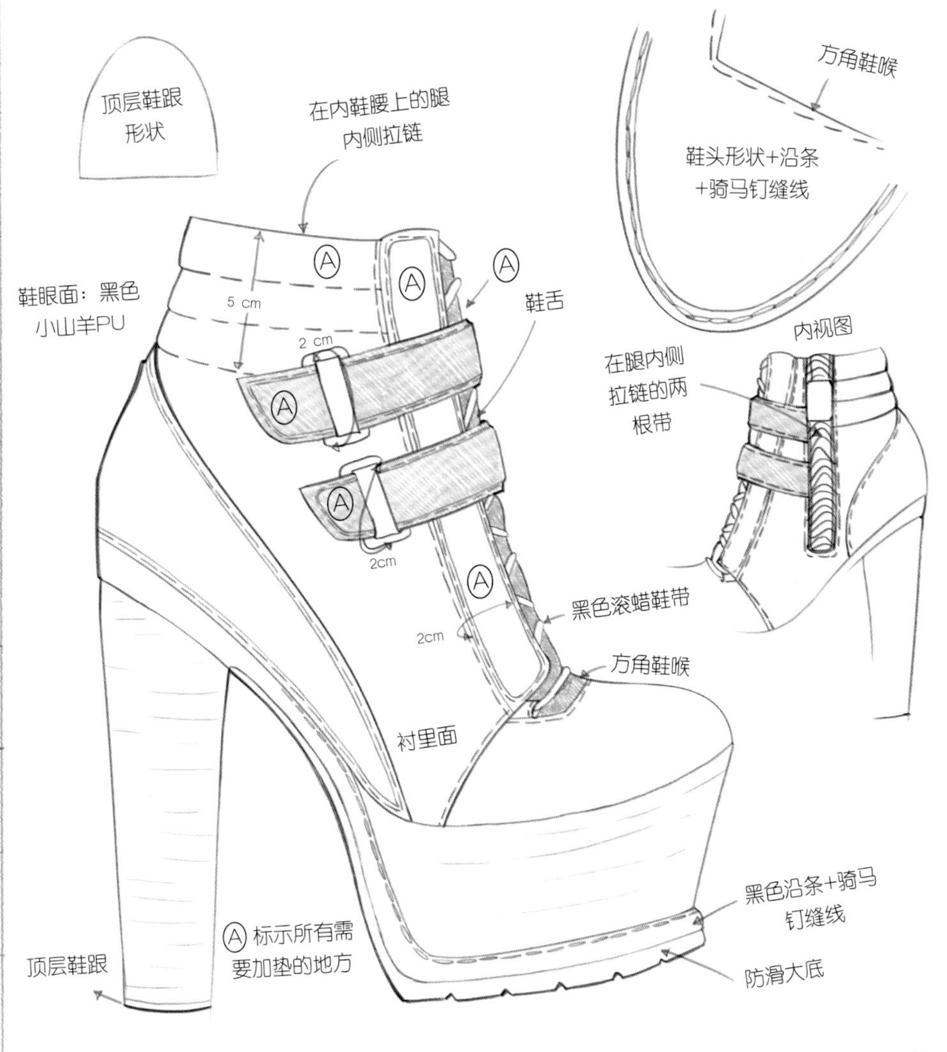

顶层鞋跟形状
在内鞋腰上的腿内侧拉链
方角鞋喉
鞋头形状+沿条+骑马钉缝线
鞋眼面：黑色小山羊PU
5 cm
2 cm
Ⓐ
鞋舌
内视图
在腿内侧拉链的两根带
2cm
黑色滚蜡鞋带
2cm
方角鞋喉
衬里面
黑色沿条+骑马钉缝线
Ⓐ 标示所有需要加垫的地方
顶层鞋跟
防滑大底

45. 3D打印

3D打印技术是未来发展的新趋势。与普通打印将墨水印上纸张不同的是，这种快速发展的技术是将其他材料一层层地叠加，造出各种物品。这是一种基于计算机的技术，通过3D建模软件设计打印对象。然后这些软件将设计好的物品切割成成千上万个切片，一层层地将这些切片打印出来。

打印采用的材料多种多样，可以是塑料、玻璃、金属、聚合物、蜡，甚至是可食用材料或者人体组织等。3D打印最常见的用途是打印建筑模型或者义肢等。

3D打印技术在时装界受到了广泛欢迎。3D打印技术包括很多种类，这些技术的发展日新月异，在这里不再赘述细节。我们将重点关注3D打印技术在时装界的应用及其发展潜力。

3D打印技术有助于设计师创造出独特、个性而漂亮的衣服。然而，目前使用的材料都是刚性材料，对于日常服装来说这些材料不够舒适、透气。3D打印技术在时装界的下一个大飞跃将是打印出更加舒适、更适合穿戴的衣服。目前科学家正在研究如何使用丝绸、棉花及天然纤维等材料进行打印。

在达到相应技术层次之前，目前3D打印在时装界已经具备一定的实用性。某些公司采用3D打印制作贴合用户脚形的运动鞋中底。3D打印适合制作原型样件，直观地展示一个设计的理想效果，同时也可以帮助设计师与生产团队进行交流。你也可以利用3D打印制作模具。例如，工作室可以根据要求打印出一个太阳镜的模型，然后发给制造商进行批量生产。

3D CAD模型

切片

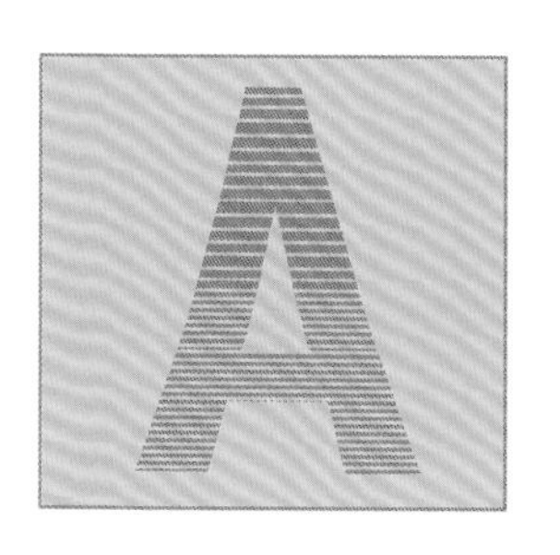

层层叠加

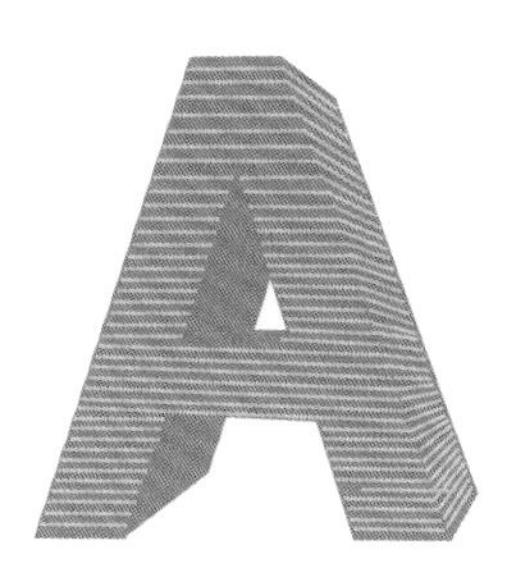

完整的部分

家庭3D打印

有人预测在未来家庭中也会出现3D扫描仪和打印机，我们可以扫描自己的身体，下载设计样式，打印出合身的衣服。如果这个设想成真，将会对服装领域带来深远的影响。

优点：

1. 生产交货时间将大大缩减。

2. 小规模生产运行成为可能。

3. 环境保护——减少购物、运输和包装成本。

4. 减少材料浪费——因为打印是一层层地进行。

面临的挑战：

1. 对制造业的影响——制造业会不会被淘汰？

2. 关于版权的法律问题。

3. 可能会导致产品真伪难辨的问题。

4. 目前3D打印设备非常昂贵。

谁都无法预测未来，但这的确是一个值得观望和期待的领域。

上图：英特尔公司通过3D打印技术制作的连衣裙。
右图：3D打印的鞋子。

46. 配饰原型样件

设计时装配饰时，有时候传达设计的最有效办法是直接制作一个模型或样品。然而，对于鞋子、包袋、太阳镜等物品来说，这个方法不大切合实际。因为这些产品制作中技术要求较高，需要经过多道工艺，并且需要用到各种昂贵的机器设备。而对于配饰和珠宝而言，制作样品有助于设计师更好地把握产品的外观，并且可以在向供应商提交设计之前，解决比例和结构上的问题(见第63页“珠宝原型样件”)。

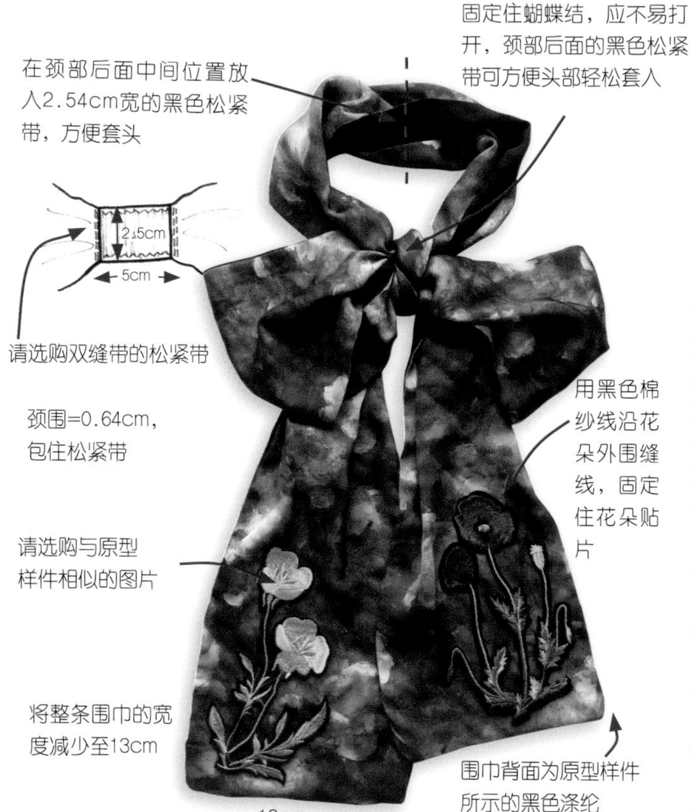

不同配饰的原型

大部分配饰的原型都是立体的实物，而非平面图纸。根据不同的产品类型，需要采用不同的技术和工艺。

1. 硬衬帽子——例如，帽子或毡帽。补丁或配饰可以直接胶合或缝合在现成的帽子上，明确标出位置和类型。

2. 针织帽子、围巾和手套——在规格表中附上针织原型样件，无论是手织的还是机织的，都有助于说明纱线类型、针法、技术或工艺，例如填绒或者刷毛纱线。

3. 领带、围巾类——衣领、围兜、胸花、靴带等。收集配件，做出原型，用针线缝接或胶水粘贴至相应位置，然后再发给供应商。给供应商提供饰品或配件的细节，以方便寻找货源。

4. 装饰品——袜子、内衣、丝巾等。你可以制作纸样(见第193页“装饰品”)，也可以将实物缝接或粘贴到现有的产品上。

将原型发送给制造商时，请提供尽可能多的信息，包括制作原型的关键方法的详细说明，以及各组件的采购来源等。

这是手工制作的实物配饰原型样件，一般需要将实物连同注释一起发给供应商。供应商可以据此采购组件，制作第一个样品并提交给你。

47.
珠宝原型样件

珠宝设计师往往都是多面手——就像多面切割的宝石。珠宝设计工作涉及很多方面，无疑在所有设计工作中是最需要亲力亲为的，需要从零开始手工制作实物或各种立体组件。向供应商或加工厂说明产品设计最简单的方式，就是制作设计原型样件。下面我们将对此进行详细的介绍。

珠宝设计师必备的技能是心灵手巧和具有远见卓识。原型样件的制作往往从零开始，你需要从各种东西中寻找可能有用的组件。你可以在装饰市场或古玩市场上搜罗，也可以购买成品回来拆解；考虑机械组件、织物饰品、胸花等形式，你可以有多种选择。

产品原型样件通常在设计师的工作室或办公桌上完成。与美工设计流程(见第193页“装饰品”)一样，你也可以画在纸上。

成品草图可以用实物组件粘贴，也可以直接画到纸上。如果所有组件齐全，用钳子、烙铁和胶枪等工具制作出完整的样品，随后交付工厂用于生产。

设计和制作高级珠宝原型样件时，过程则大为不同。需要使用计算机辅助设计软件(CAD)进行设计，以提高精准度。珠宝设计师都有一个巨大的电子组件库，库里的组件可以重复使用。设计一件作品，先雕出蜡模，铸出原型样件，检查无误之后才把原型样件发给工厂用于大规模生产。

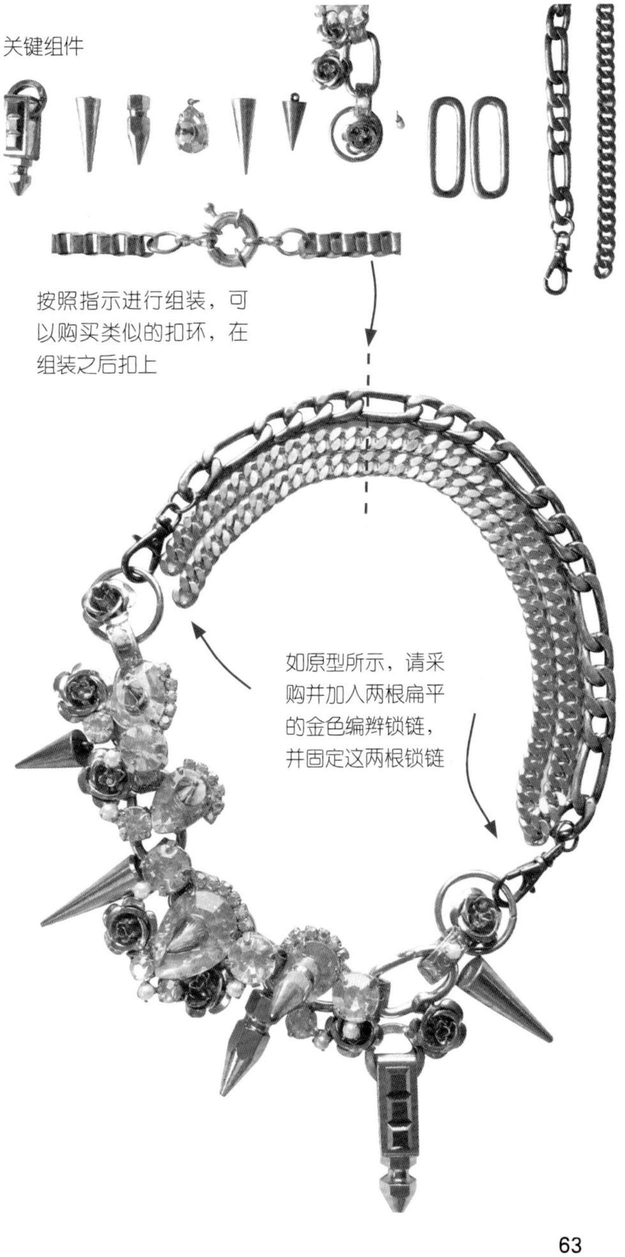

关键组件

按照指示进行组装，可以购买类似的扣环，在组装之后扣上

如原型所示，请采购并加入两根扁平的金色编辫锁链，并固定这两根锁链

一个手工制作的实物首饰原型样件，包含关键组件。

48. 设计中兼顾成本控制

无论你是想降低项目成本还是受项目预算限制，在设计中兼顾成本控制都是一项重要技能。时装设计是一个可以自由发挥、充满无限想象的领域，但成本是限制之一，你需要尊重成本限制，才能创造出在商业中可行的产品。

随着经验的积累，你能够根据目标零售价快速地做出决定，比如是采用皮革还是合成材料。

你将非常清楚如何对产品做出调整，以及这些调整是否会对消费者产生影响。这些经验可以帮助你将大部分设计都控制在预算成本之内或仅超出一点。同时，考虑以下的因素可以让你的设计更加高明。

一、检视每个设计细节

它是否真的必要，每个特征是否对于设计的精髓而言必不可少，是否可以去掉一些浮夸的特征？时常这样反问自己。一个经典的设计意味着保留必要的、实在的特征，以符合成本预算要求。

设计应从简单开始，然后逐渐添加元素，好过一开始就设计得非常复杂，然后需要不断删减特征——做加法总是比做减法要容易得多。如果确实需要某个特征，仔细思考性价比最高的实现办法。

二、熟悉生产工艺

生产工艺的每一阶段都会产生成本。当缺乏成本控制经验时，你会以为自己对项目拥有完全的主宰权。

例如，设计一款带有多根鞋带的凉鞋时，每根鞋带都必须分开切割、抛光和组装。这种鞋子的制作成本远远高于那些只有一两根鞋带的鞋子，也比简单的皮革踝靴需要更多的人工成本。尝试解构一下你的创意。

不同生产技术也会造成成本差异。例如“完全成型”针织品需要分别将每个部件依照各自的形状进行编织，其成本就相对比较高。“裁剪和缝制”生产模式将较大面积的针织物剪裁成想要的形状，然后再将各部分缝制到一起(见第133页“女装”)，成本则较低。

有时候，各种组件为了配色需要，需要喷上涂层。例如，将产品喷成亚光黑，则会增加额外费用。

三、控制材料消耗

为了降低成本，需要尽可能地减少材料消耗。方法之一是多用缝接。假如你设计一款高膝皮靴，很多中低价位的产品采用的是多面拼接的方式——正面、背面和两侧拼接。因为在排料的时候(见第168页“排料”)，单片材料的面积越小，灵活度越高，生产过程中产生的废料也越少。

相比之下，高端的靴子上接缝较少，因为它通常是采用大块的皮革裁剪而成的，这意味着生产过程中产生了更多的边角废料。了解了这一点也有助于你理解高档产品的质量及定价高昂背后的缘由。

另一个例子是要求斜裁面料的连衣裙，这种裁法可以取得想要的垂坠效果，但也会导致额外的废料，因为整条连衣裙由一大块从面料某个特定方向剪下来的裁片做成。

四、材料数量

在用料方面设计越复杂，产品的成本就越高，因为每种材料都有最低起订量。如果某款凉鞋具有多种不同颜色的带子，每种颜色的皮料，供应商都必须采购至少达到最低起订量的数量，这些成本最终都会反映到产品定价上。假如只用一种颜色的带子，那么只需要满足一种材料的最低起订量就可以了，产生的废料也较少。

五、材料和组件的质量

精明的设计师会保留设计细节，稍微降低组件材料的档次，对整体的质量不会有明显的影响。例如，人们普遍认为磨砂皮价格比普通皮革高，但其实它们的成本差不多。

近年来，远东地区出现了一个快速发展的行业——专营合成皮革和磨砂革，质感可以与真皮媲美。

同样地，牛皮与小马皮的质地也相差无几，但前者的价格只有后者的几分之一。塑料拉链的价格比金属拉链要低得多，除非你想用金属拉链充当卖点，不然一般都会采用塑料拉链。

六、不必斤斤计较

一名设计师不可能完全了解每个组件的成本对于整个设计造价的影响，所以在考虑成本时不必面面俱到。不是说用一个0.7元的组件去代替一个1.4元的组件，最终产品的单价就能降低0.7元这么简单。别忘了，供应商还要收取人工费和利润。

斤斤计较抠成本或整天抱着计算器不是一名时装设计师的工作，你要做的是把握成本控制的整体方向。

设计中兼顾成本控制

1. 考虑每个设计细节。
2. 了解基本的生产工艺及其成本。
3. 牢记目标预算。
4. 选择最合适的材料。
5. 控制材料消耗。

2 绘图

49. 线条画法

绘图是研究、记录、调查、开发和传达设计师思路的重要方法。设计师拥有娴熟的绘图技能，就能轻松地将思路绘于画纸上，便于开展创意开发工作。

先确定自己喜欢的画风和流派：古斯塔夫•克林姆特(Gustav Klimt)那种极具表现力的线条风格，或是大卫•霍克尼(David Hockney)的极简风格。你可以受不同画技的影响，但最终要创建自己独特的风格。

一、利用线条表现材质

创建自己的线条画法来表现不同的材质，如编织物、毛皮、亚麻或悬垂布等。关于面料的介绍会在后面的章节中提到(见第86～89页)。

二、线条之间保留间距

你要了解线条之间间距的重要性及不同间距所形成的不同效果。

三、利用线条表现手感

你要了解不同表面的不同手感：硬面、光滑、粗糙、柔软等。思考光线如何在不同的表面上被反射或吸收。建议考虑材料表面的手感，如果材料表面粗糙，则用比较粗的画笔和比较粗的线条去描绘。

四、利用线条表现光源

考虑如何利用线条在纸上表现光源，你可以用橡皮擦出亮点，或者用白色蜡笔或颜料涂画来表现高光。

五、使用不同的力度画线

练习用不同的力度在纸上画线。如右图所示，练习画轻淡的线、中等浓度的线和比较粗的线。

六大核心线条画法

练习和实践下面各类画法，理解何时采用何种画法来表现色泽及质地：

1.短破折号。

2.影线。

3.交叉影线。

4.点画。

5.擦出痕迹。

6.涂鸦。

1

2
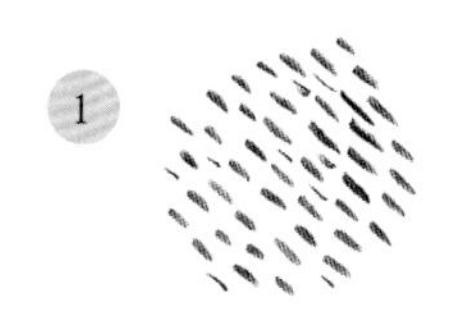

3

4
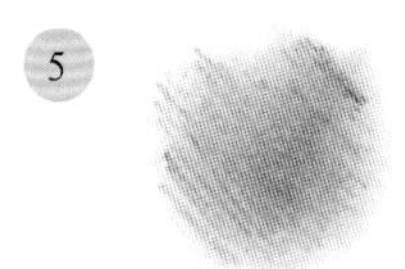

5

6

50.

绘图工具

一、铅笔

铅笔是最方便携带、便利和廉价的工具，是大多数艺术家最常用的绘图材料。根据墨芯的等级不同，铅笔可绘出不同的效果——H代表“硬”、B代表“黑”。9H铅笔的墨芯硬度最高，绘出的线条浅浅的，也不需要经常削笔。而6B铅笔则相反：笔芯较软，绘出的线条较深，需要经常削笔。

下面会提及各种类型的铅笔，但对于大部分时装插画师而言，拥有2H、HB、2B和4B铅笔已经足矣。最好用小刀削铅笔，因为削出来的效果比用卷笔刀更加精准。自动铅笔可以保证精准度，适合用于绘制工艺效果图，而绘制时装美工图则需要呈现质感和层次感，铅笔更适合。

二、水笔

在便利性和可携带性方面，水笔仅次于铅笔。不起眼的水笔可以实现绝妙的效果，但需要注意，一旦下笔就不可更改。绘图、做标记、画美工图最受欢迎的水笔是绘图笔、圆珠笔和钢笔。采用哪一种笔取决于你想要实现的质感和浓密度，以及希望呈现的线条流畅度和可控程度。

笔尖粗细从0.05到08不等(从小到大)，对于大部分插画师而言，拥有0.5、02、05、07的笔外加一支马克笔就已足矣。在绘制时装图纸时，往钢笔的墨水里加水能够让图纸呈现意外的效果，也是画阴影时一个特别有用的办法。

三、炭笔

炭笔采用一种焦炭有机材料制作，画出的线条比石墨铅笔粗得多。传统的炭笔呈炭棒状，近年来出现了铅笔状的炭笔，可以像石墨铅笔一样削笔。

炭棒有两种类型：葡萄藤炭笔和精炭条。葡萄藤炭笔相对较软，绘出的线条较淡；精炭条碳含量较高，绘出的线条较深。炭笔是画人体素描的绝佳工具，能够方便、快捷地画到纸上，轻轻绘制时也很容易擦掉。比如，当你需要画个草图或构图，或者需要完成一个十秒姿态速写时，炭笔就是个不错的选择。

四、马克笔

马克笔颜色各异，有各种不同粗细的笔尖，可绘制出无数种类型的线条。但在使用马克笔时必须细心，因为一旦落笔是擦不掉的。非永久性的马克笔可以和钢笔一样添加墨水，以实现突出画面的效果。

在马克笔当中，彩通笔最适于绘制服装美工图和工艺图的阴影与着色。这套笔有国际标准色卡上所有的300种颜色，笔尖分为细、中细和粗。彩通笔与其他普通马克笔的区别在于，你能够一层层地叠加颜色，用起来和水彩颜料差不多。

小贴士：完成绘图或插画之后，建议在纸上喷上密封喷雾剂，以固定各种笔迹，这样你的作品才不会出现污损。

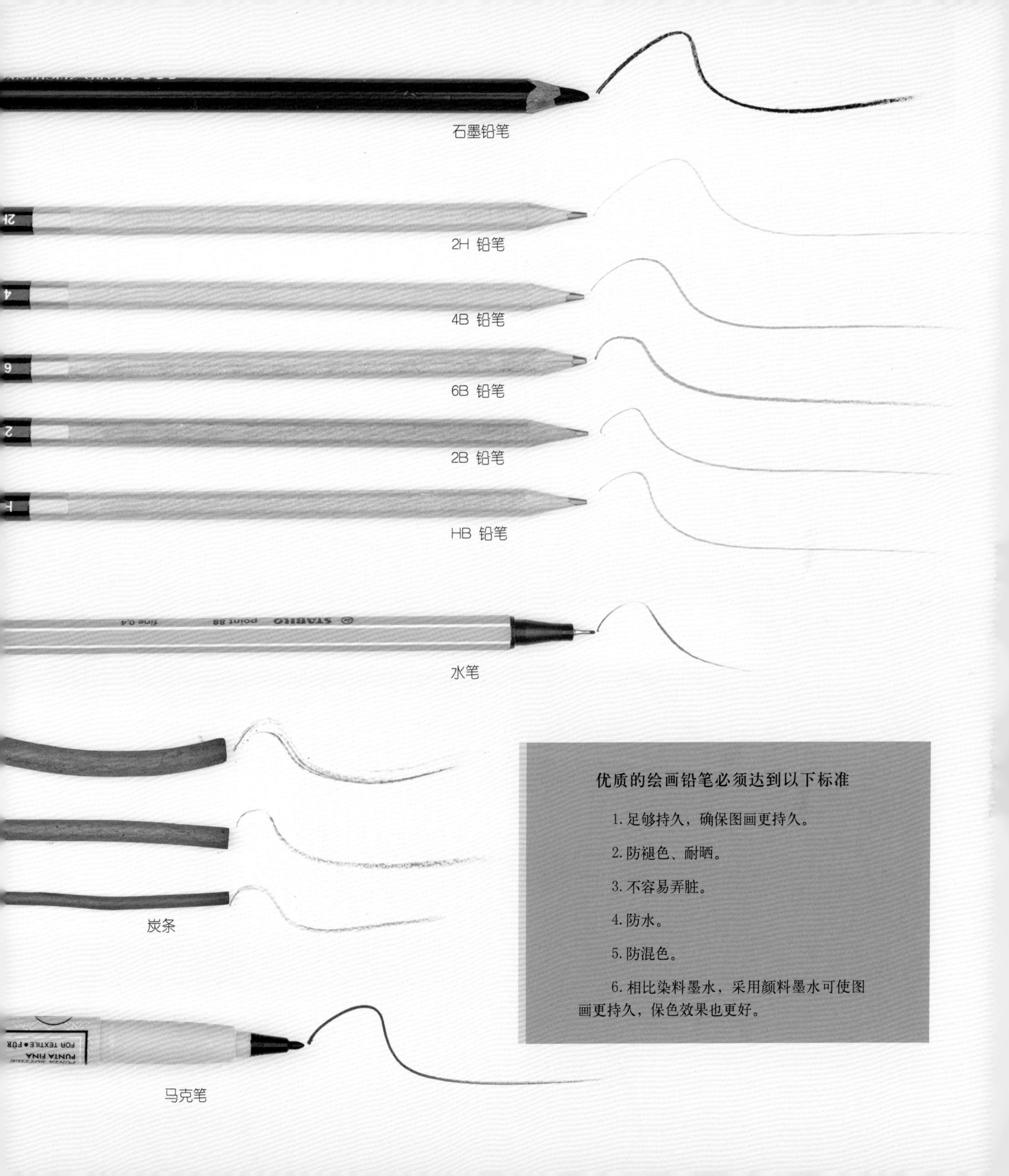

优质的绘画铅笔必须达到以下标准

1. 足够持久，确保图画更持久。

2. 防褪色、耐晒。

3. 不容易弄脏。

4. 防水。

5. 防混色。

6. 相比染料墨水，采用颜料墨水可使图画更持久，保色效果也更好。

51.
人体素描

在任何设计课程中，人体素描都是核心。这是一项必不可少的技能，有助于你了解人体及如何把衣服挂在人体上，同时通过绘制时装美工图来传达设计理念——这一点我们会在本章中进行深入探讨。

关于人体素描的小贴士：

1.尽可能用真人临摹

你可能有很多选择，但我希望你的课程里设有真人临摹项目。如果没有，尽量报名参加夜校，或让朋友为你摆姿势，反过来你再给朋友当模特。此外，利用从电视上看到的人体姿势，进行十秒姿态速写训练，这也是一个积累经验的好方法。

2. 不断练习

与很多技能一样，你必须不断地练习才能熟能生巧。另外，在正式画画之前，可以先通过一些小速写来热身，这一点也是很有必要的。

3. 画你所看到的

这可能听起来有点傻，但最关键的技能之一便是画出你实际看到的，而非你认为你应该看到的东西。

4. 观察细节

准确地记录形态，关键在于观察——你的双眼必须不停地在纸上和物体上来回切换。这点应该成为画人体素描的习惯。

5. 关注比例、透视和消失点

我们会在“理解透视”(见第72页“理解透视”)和“理解比例”(见第74页“理解比例”)部分进行详细解说。

6. 关注阴影、质地和细节

你必须强化我们在“线条画法”部分所谈及的技巧(见第66页“线条画法”)。

7. 选择适当的工具

画人体素描时，有一定的时间限制，因此你要选用适合你的工具(见第68页“绘图工具”)。

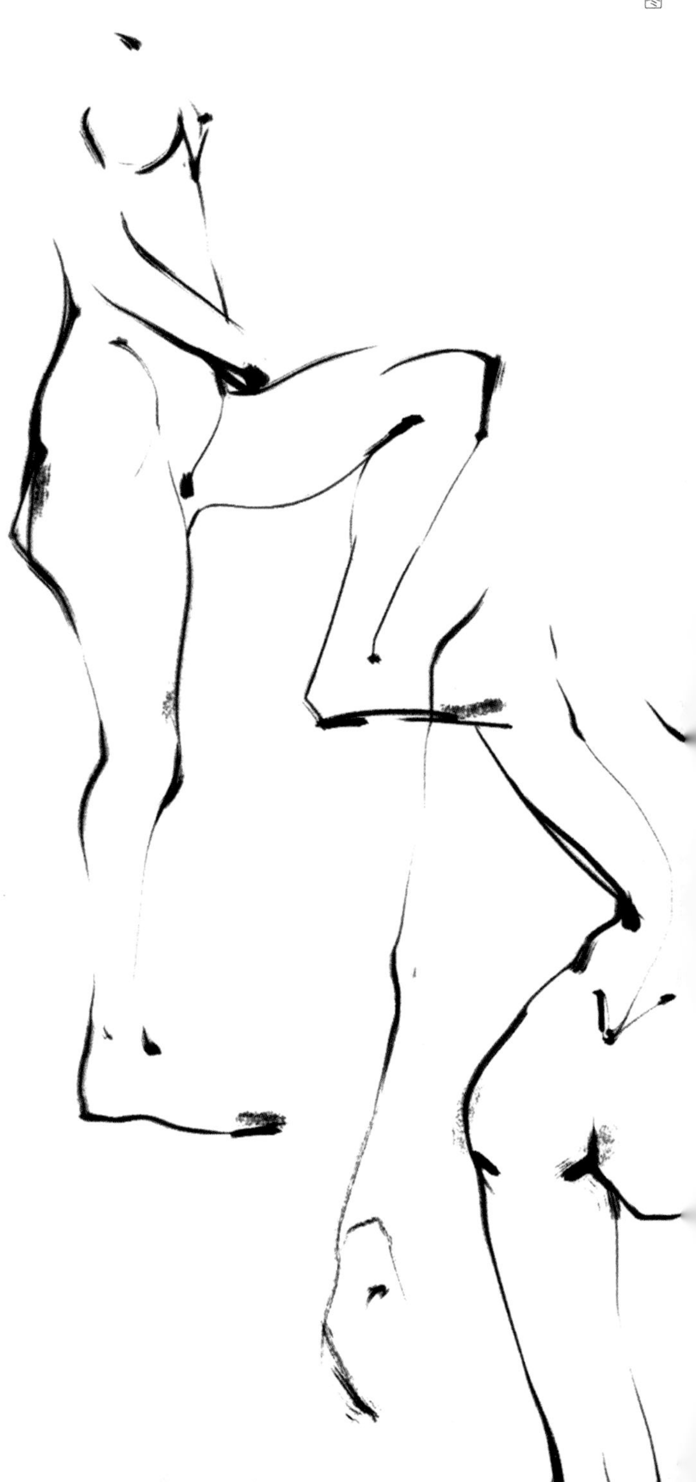

52. 理解透视

理解透视——特别是在交流景深印象时，透视是一个重要的绘图技巧，掌握透视的基础知识能够帮助你设计、绘制美工图和工艺图。

学习透视的时候，要注意以下几点：

一、水平线

水平线即观看者的视线高度，在这个高度以上的东西都高于观看者的视线，这个高度以下的东西都低于他的视线。

二、消失点

在观看者眼中，一组平行线在水平线上会最终相交，最简单的例子就是两条火车轨道。现实中火车轨道并没有相交，而是人眼看不到远方的两轨之间的距离，所有表现深度的线都应汇集于一个消失点。

三、单点、两点和三点透视

所有带有平行线的图像或图画都有视角和消失点。理解单点、双点和三点透视将有助于你描述和掌握绘图技巧。

四、单点透视

长度线汇集于一个消失点；高度线与平行线保持垂直，彼此平行；宽度线保持水平，彼此平行。

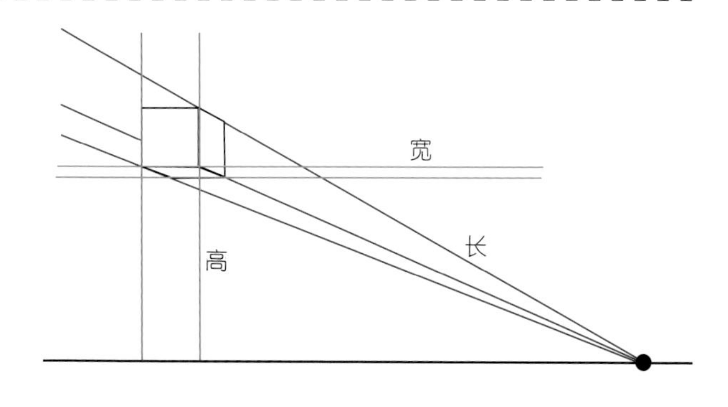

五、两点透视

长度线汇集于一个消失点；宽度线汇集于第二个消失点；高度线保持垂直，彼此平行。

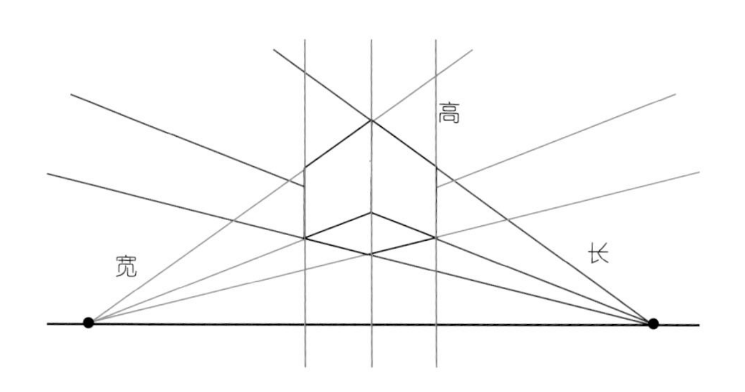

六、三点透视

长度线、宽度线和高度线分别汇集于三个不同的消失点。

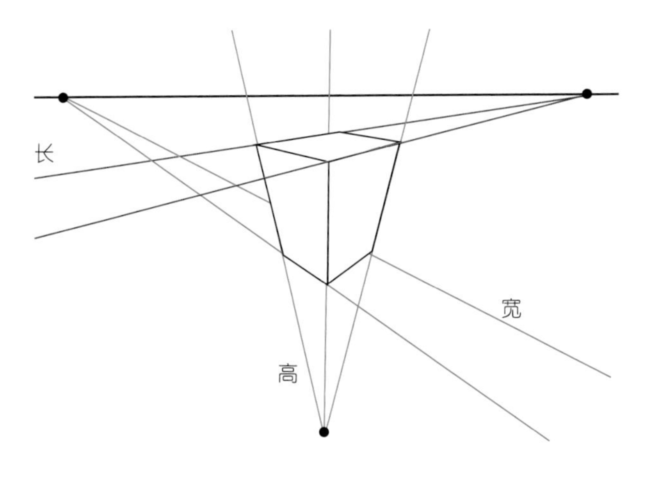

七、运用透视

绘制时装美工图和工艺图，仅仅理解透视是不够的。关键是要观察你周围一切的透视，多练习画透视图去提升这项技能。你的目的是要制造深度感，在纸上引导观看者的目光。

在练习画服装美工图时，把物体或肢体相对而放，观察其透视变化，观察两个物体之间的关系。在解读和描绘透视的时候，可以使用阴影；阴影的长度可帮助观看者体会物体之间的距离。

小贴士：在处理透视时，要使你的头保持不动，仅移动眼球。如此你才有一个恒定的水平线，你所看到的一切都以它为中心。

53.理解比例

比例能够确保构图的各组成部分之间的相对大小是正确的。测量一个物体相对另外一个物体的大小和位置及物体之间的“负空间”，对于理解比例十分重要。比例和透视密不可分，当物体消失在远处或背景中，你要能够正确地绘制出它们的大小。如果某个部分的比例错了，整个构图就会有失偏颇。下面的小技巧能够帮助你正确理解比例。

一、铅笔加拇指法

把铅笔当成尺子，比划测量物体的高度和长度，将测量的结果转画到纸上。

步骤1：稳住手臂并伸出来，保持水平。

步骤2：闭上一只眼睛。

步骤3：用笔头对准你想要测量的物体顶端。

步骤4：把拇指放在笔身对准物体底部的位置。

现在你已经有了初次度量的数据——基础度量，在纸上进行标记，可以放大或缩小，这取决于图画的大小。而后每次往这张图里添加任何东西，使用该基础度量来对比该物体相比其他物体的长度。

小贴士：基础度量可以是垂直方向的，也可以是水平方向的。我们只是为了得到一个相对尺寸。重要的是比例，而非实际尺寸数据。

二、网格法

想要扩大或缩小比例，这种方法尤其有效。比如，你想把画的物体放大至2.5倍，在纸上或工作平面上绘出尺寸为参照图片里方格2.5倍大的方格。在下面的例子里，也就是6.3cm×6.3cm。

步骤1：在参照图片上绘出网格，所有方框必须是大小一致的正方形，比如2.5cm×2.5cm——就是绘制网格线。

步骤2：在纸上或工作平面上绘出相同比例的网格。

步骤3：将参照图片上每个方格里的东西誊画到纸上相对应的方格里。

关于比例的小贴士：

你可以试试这两个方法，也可以运用任何适合你自己的方法。解决比例问题最简单的办法就是，在开始画图之前，脑中要呈现出整个图像的影像。粗略绘出整个图的线条，然后再添加细节。这样做是为即将要画的物体设定边界，确保图画位于纸上的正确位置，不会画到纸外去。现在你可以去描绘一些小细节了。

铅笔加拇指帮助你确定比例。

测量

测量时必须定下：

1. 物体的中心线。

2. 物体之间的距离。

3. 物体之间的大小关系。

4. 物体的边缘位置。

54. 夸张比例

除了掌握人体素描和将想法真实呈现在图纸上的能力，绘制时装美工图还需要掌握各种惯例。美工图可用来交流设计理念和精髓，但与现实中的衣服、人体看起来大不一样(见第78页“服装美工图vs工艺图”)。核心宗旨就是“更长更瘦”，所以手臂要拉长，腰围和躯干要掐瘦。

由于这些行业惯例，不可避免地要使用又高又瘦的模特，这又招来批评，说创造了一些不现实、不健康的形象。但是，惯例所突出的是优雅的感觉，特别是修长的四肢所产生的动态感和活力感。不管你是否遵守惯例——这取决于个人，你一定要对其所有了解。

一般来说，人体素描有一套关于比例的惯例。一般人体是8头高，2头宽。在时装设计行业，更常见的是9头或10头高(极端情况下，可能是11头高)，身宽仅有1头或1.5头。通常多出来的这些“头”的高度都被加到腿上。

一、女性身材

如图所示是女性身体的服装美工图。请注意被拉长的四肢和图里各部分的比例。

头在0~1	臀部在4
脖子在1~1.5	胯部在4.25
肩膀在1.5	指尖在5.5 (一般处于大腿中部)

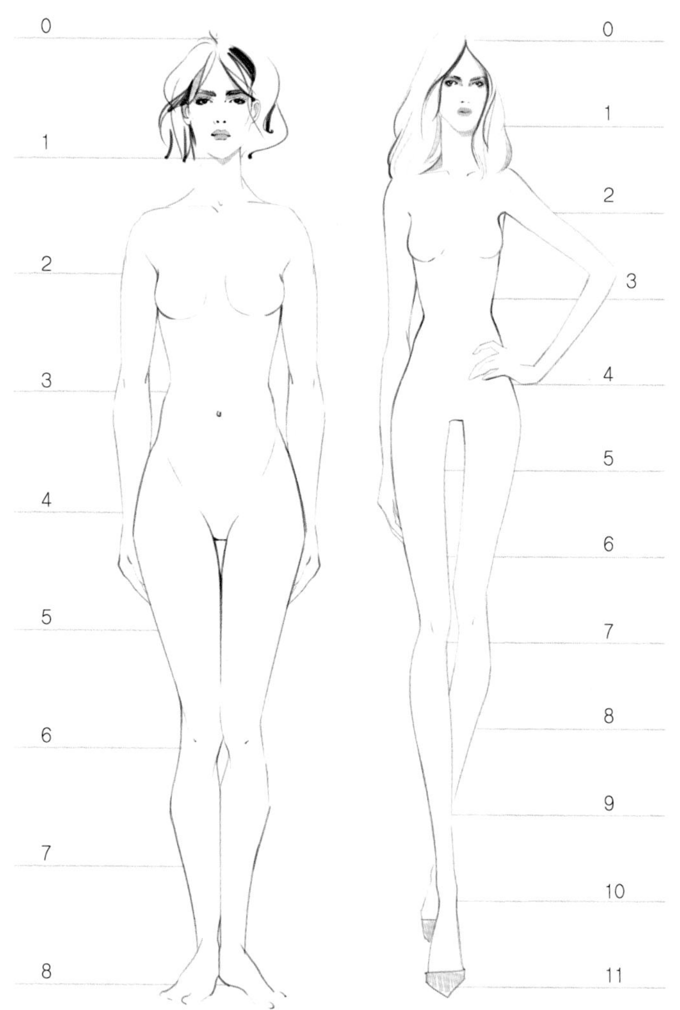

女性身材比例图

左图：人体素描，惯用比例是8头高，2头宽。
右图：服装美工图，11头高，1至1.5头宽。

乳峰在2	胸线在2.25
腰部和手肘在3	小腿肚在7.5
上臀围在3.5	脚踝在10

二、男性身材

如图所示是男性身体的服装美工图。请注意其与女性身体图在比例上有何不同。

头在0～1	臀部在4
脖子在1～1.5	胯部在4.25
肩膀在1.25～1.5	指尖在5
胸肌在2.25	膝盖在6.5
腰部和手肘在3.25	小腿肚在7.5
上臀围在3.5	脚踝在9

三、服装美工图的比例模板

两幅图均采用了服装美工图的比例画法：加长四肢，缩小身宽。这两幅图可作为模板，当你需要画一组人体图或修改比例时特别有用。你也可以尝试在这个比例上夸张人体身材来为你的美工图增加动态，直至找到你自己的风格。

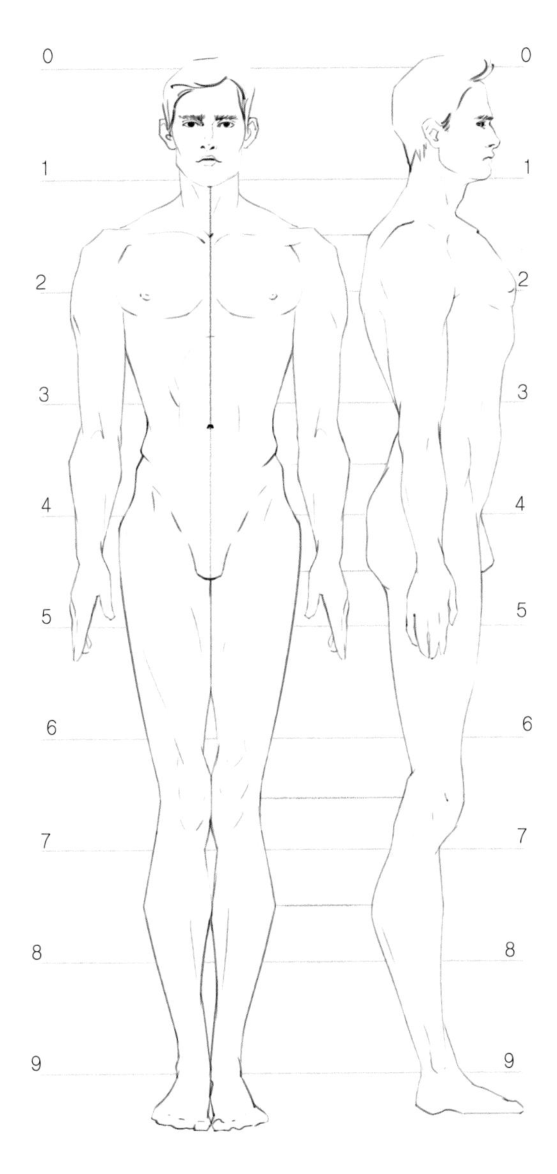

男性身材比例图

55.

服装美工图vs工艺图

作为时装设计师，你需要掌握画服装美工图的艺术和画工艺图的技巧。这两种图纸在风格和画法上完全不同，但是在帮助你把设计理念转换到成品方面却都是十分关键的。

一、服装美工图

画服装美工图是为了捕捉衣服的感觉，也就是，呈现一件衣服的概念化、理想化的感觉。美工图要能够呈现衣服的最佳感觉，甚至比现实中的衣服看起来还要美。为了实现这种效果，需要采用夸张的比例——身材高且瘦，骨架廓形如剃刀般锋利。只有借助这种夸张的形体，时装才能呈现出最美的状态。

这种画法是为了捕捉设计创意的精髓。当你需要推销你的创意时，无论是向投资者推销、为工作室工作还是为品牌商或零售商工作，服装美工图都十分有用。你需要争取采购团队和营销团队的支持，让他们愿意投钱支持你的创意。但如果你是要把图纸发给打样师、生产商或生产团队，你就要用完全不同的方法去阐释你的创意，因为要确认你的设计是不是可行。这个时候，我们就需要工艺图了。

二、工艺图

工艺图有时也被叫作“平面图”，因为它绘出来的感觉就像衣服被平摊在桌子上一样。工艺图是帮助你向整个团队解释设计创意的重要手段，它可以确保团队里的每

服装美工图　　工艺图

个人都接收到一致的信息。工艺图是衣服的准确呈现，主要用于两种用途。

视觉辅助：设计师通过计算机辅助设计软件(CAD)给平面图添加色彩或质地，将单件衣服或整个设计系列视觉化(见第53页“计算机辅助设计(CAD)”)。

技术规格：加标注的工艺图是说明如何制造和组装衣服的蓝图。不同行业和不同公司对规格有不同的标准和要求，但最重要的是工艺图中必须包含所有相关信息，让打样师无须询问设计师就能把一件衣服做出来(关于常规的详细信息，见第54页“规格表”)。

工艺图可以手绘，但现在越来越多地使用CAD软件制图。上面的插图呈现了服装美工图(左图)与未加标注的工艺图或平面图(右图)的差异。

56. 描摹与模板

正如我们所讨论的，掌握绘图技巧是成为一名出色的时装设计师的必要步骤。然而，当你产生一个新的概念，或者要展现一件衣服的技术要素时，很多时候你没有时间去聘请一位人体模特，然后花一整天时间去制作一幅巨作。所以，你要知道应该如何及何时运用描摹和利用模板。需要清楚的一点是：这并不是投机取巧，也不意味着你不用画图，而是为了速度和效率着想。描摹和模板在业界被广泛使用。

一、服装美工图模板

你可以制作一套自己的服装美工图的模板，并重复使用。一开始可以用T台上的形象或模特照，要注意身材特征——比如，胯骨在哪个位置，手肘在哪个位置。观察面料的呈现效果，将其作为其他面料的基础。描摹这些重要特征，你就可以得到一个基础模板，这个模板可反复用于描摹，让你快速得到效果图。

二、工艺图模板

下图是典型的工艺图模板(见第78页“服装美工图vs工艺图”)。使用比例正确的人体作为模板(见第74页“理解比例”)，在模板上画上基础方块。这些方块是绘制衣服的基础，再添加关键细节，如衣袖、剪裁线、口袋等。

鞋子和装饰品的模板就没多大用处了，因为这些东西的设计需要近距离展现细节，也不需要人体模特。鞋子有各种款式，平底鞋、高跟鞋和运动鞋。如果你在设计一系列形状相同、只是颜色或装饰不同的鞋子，那么绝对可以运用描摹的方法。

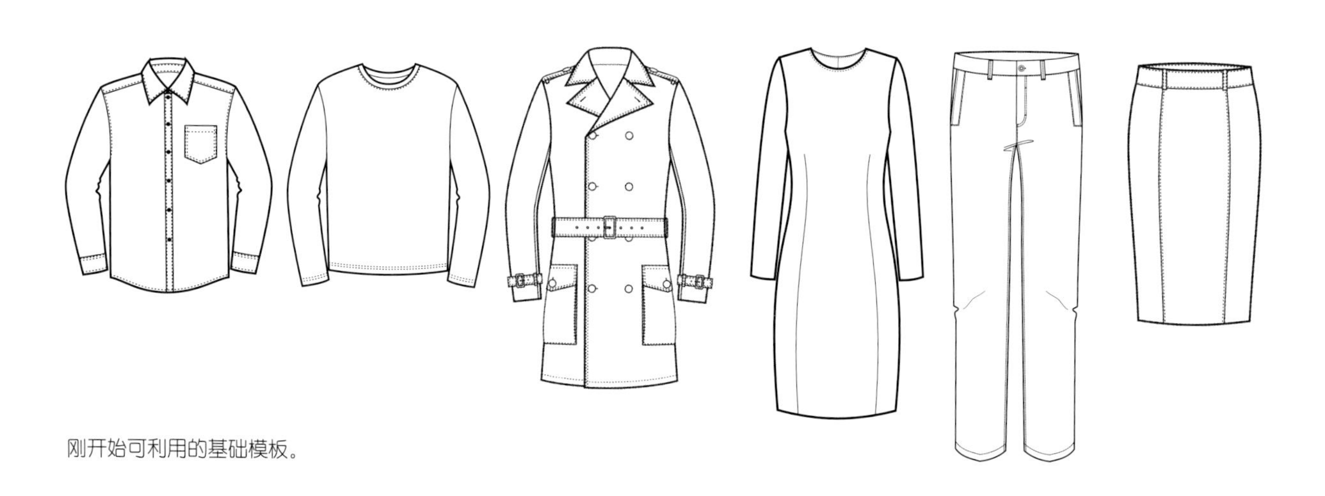

刚开始可利用的基础模板。

57.

选择正确的媒介

在设计的不同阶段，你都需要绘制创意和设计：从在信封背面用铅笔简单勾绘出草图到使用CAD软件绘制工艺图(见第53页“计算机辅助设计(CAD)”)。

先要确定你要表达的东西是非具象性的(指要传达某种感觉或印象)还是技术性的，是以美感为导向的服装美工图还是打样所需要的准确规格。问问自己：观众需要知道什么，是需要技术性的信息和指引，还是想得到启发？抑或是两者皆是。你要根据过程的不同阶段来选择正确的媒介。

你所选择的媒介必须结合目的，符合具体情景、时间期限和最终用途。有时候是情景或环境为你选择了媒介。比如，你在去巴黎做调研的路上，为了赶时间，需要记录一些想法，更适合的选择是铅笔、钢笔和纸，而非CAD软件。

使用媒介

你要根据实际情况选用不同的媒介。在零售服装业工作，案头工作要求你掌握使用CAD软件的技能；在供应商会议上或者出差途中没法使用CAD软件时，则需要你有强大的绘图能力。在这行工作，通常为了赶进度，没有时间使用CAD软件制作草图或上色。

实际情况会影响你的媒介选择。有时候你的选择仅仅只是出于时间限制的考虑(截止期限临近或是需要抓住转瞬即逝的机遇)。有时候，你可能只有几秒钟的时间去让别人对你的创意留下深刻印象。在这种情况下，快速勾绘出草图，展现整体印象，抓住这笔生意。

说到这一点，时装设计师必须要有自信，能够在压力下工作，因为我们经常需要在闪光灯下或面对一群观众开展工作。而自信是来自于不断的练习和经验的积累。慢慢来，不要给自己太大的压力。人们习惯用不信任的眼光去看待别人的设计作品，而并非在对你评头论足。

媒介选择指南

1.工艺图——用铅笔或钢笔把灵感快速记录下来。

2.草拟——在用钢笔定稿之前，使用铅笔画草图更便于修改。

3.定稿——可以手绘或使用CAD软件。

4.细节图——彩通笔或是CAD软件都可用于在设计图上描绘阴影或表现色彩比例(见第53页“计算机辅助设计软件(CAD)”)。

5.服装美工图——在画非具象的图画时，有各种各样的材料可供选择，毕竟服装美工图是一种艺术形式。试验性的绘图可使用钢笔和水笔；彩色画可用水彩颜料、水粉颜料或油画颜料；你也可以拼贴或混合使用这几种材料，创造别具一格的形式。

58.
画出褶皱

在设计和绘制最终设计效果图时，能够准确地画出衣服上身的效果十分重要。掌握一些褶皱的构造原理，有助于让你的服装美工图看起来更加真实。褶皱体现的是深度、容量、视角和动态，运用线条技术还可以展现面料的质地。因此，为了准确地表现你的设计创意，有必要练习描绘褶皱。

下面介绍七种主要的褶皱：

一、管状褶皱

这是最简单，也是最常见的褶皱，主要包括两种：

1.自然状态的管状褶皱(1a)

最明显的就是面料从一个集中的区域(如连衣裙的腰部)自然散开。请注意：这种管状褶皱是重力作用的直接结果，细心观察厚重的面料和较轻面料的悬挂效果和褶皱样子的不同。

2.不规则的管状褶皱(1b)

集中部位是不规则的，形成的褶皱也是不规则的。想象一下薄纱芭蕾舞短裙。

二、螺旋状褶皱

最常见的就是运动衫的衣袖捋起来时面料堆积的样子。

三、Z字形的褶皱

最常见的就是当你坐了很久之后，裤子的膝盖后侧出现的褶皱。注意Z字形褶皱间的“平面”——面料在各个方向上折叠所形成的水平的、钻石状的部位，观察当光线打在Z字形的褶皱上时这些不同的“平面”所展现的明暗。

1a 自然状态的管状褶皱

1b 不规则的管状褶皱

2 螺旋状褶皱

3 Z字形的褶皱

四、菱形褶皱

我们可以从历史上的圣徒或古希腊人的服装中看到这种褶皱，现代的服饰，如斗篷的领口也会出现这种褶皱。

五、垂坠褶皱

垂坠褶皱是另外一种相当常见的褶皱，最明显的就是面料挂在一个点上自然垂落形成的褶皱，比如把上衣挂在挂钩上。

六、静态褶皱

最常见的就是大片布料垂落或堆放在地上，比如一堆待洗的脏衣服形成的褶皱。静态褶皱会体现人体所在的方位。

七、半固定褶皱

常见的是管状的布折成直角或不自然的角度，比如腿弯曲时裤子形成的褶皱。

画褶皱的小贴士

画褶皱就像画艺术画，看起来颇有难度。尽量保持简单的形式，不要偏离设计本身。只画那些与你设计相关的褶皱。掌握了绘画技巧，不断地练习才是关键。

1.创造、观察和描绘褶皱——注意你的衣服悬挂、产生褶皱和垂坠的样子。看到有意思的褶皱时，对它进行照相，作为日后绘画的参照。观察布料的哪些部分是水平面、哪些是斜面、哪些是垂直面。

2.光照试验——将一盏台灯照向布料以突出明暗，观察灯光是如何落在褶皱间的不同面上的。

3.考虑张力——张力来自哪里？布料形成的褶皱是什么形状？

4.重力作用——注意重力作用和所有支撑点。

注意相同的褶皱在不同布料上的形态——薄布料更容易形成褶皱和折痕，较厚的布料产生的褶皱较少。

5.特别注意大小——布料是紧贴着身体还是单独放置？粗略画出草图，直至自己满意为止，然后才开始细致描绘褶皱。

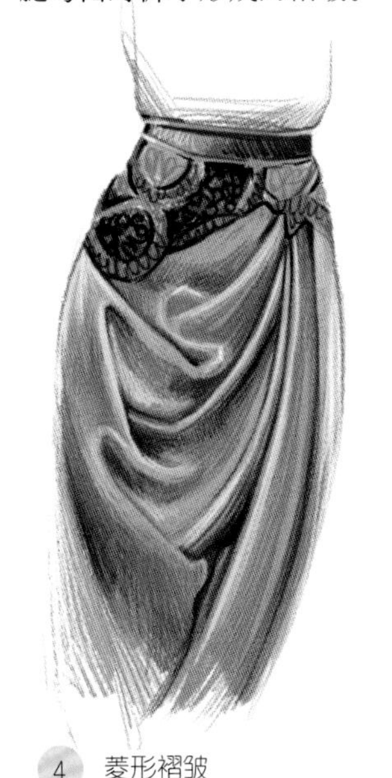

4 菱形褶皱

5 垂坠褶皱

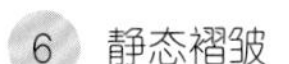

6 静态褶皱

7 半固定褶皱

59.

画出动态

为你的图画增添活力和动态，让你的服装美工图更加栩栩如生。在人体素描中，这是一项需要不断练习的技能。记得在着手画美工图之前，快速地画一组人物姿态来热身和松松手筋。

描绘动态的小贴士：

1.像绘制动画那样去绘制服装插图

每一个动作都有起点、中点和终点。比如，模特走T台时腿的位置。注意这三个点分别在哪里，用比较淡的线条画起点和终点，用比较粗的线条画中点。

2.观察身体如何弯曲和移动

你可以通过研究运动员或动物的躯干加以练习。注意对比他们走路和跑步时手臂姿势的不同，跳舞时脚的样子，在这些动作的起点、中点和终点上四肢的姿势。你所画的物体或人是否倚靠着物体？如果是，注意人体骨架和人体直立时的不同姿势。

3.夸张动作

人走路时不一定会摆臂，但可以通过将手臂画在各种动作中所能到达的最极端的点向观众暗示动作。

4.尝试不同线条

用单线、双线、波浪线、狂舞的线和粗线暗示动作从静态到动态顶峰的各个阶段。另外，你画线条的速度也能表现动态。

5. 在人物周围添加线条

这是画出动作的最快速、最简单的方法。

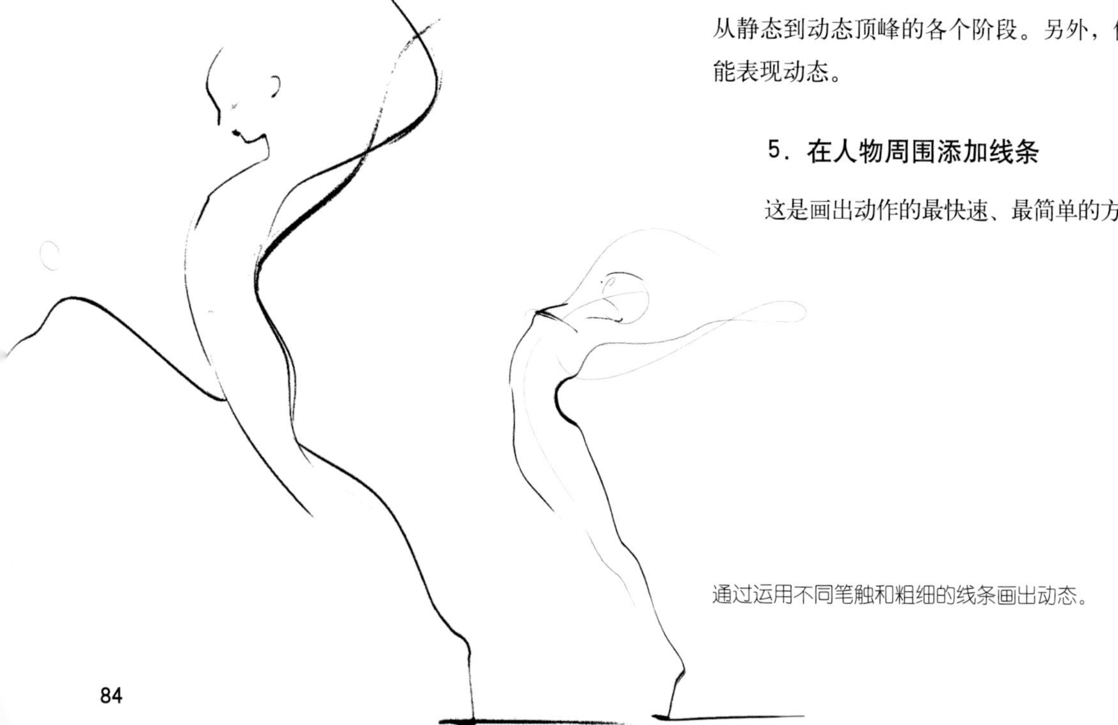

通过运用不同笔触和粗细的线条画出动态。

绘制缩略图

缩略图是快速探索各种想法的有用工具(见第41页“构建创意”)。缩略图一般是用笔绘于纸上，它是一幅图的缩略版，通常只有几厘米大小，因此得名。画缩略图的关键是快速和简略，不需要修改。你要养成经常快速画缩略图的习惯，把缩略图当作辅助记忆工具和设计工具。随身携带小本和铅笔是最简单的办法，促使你随时记下一些日后可用于设计的印象。

设计师在设计过程的不同阶段都会画缩略图，比如在灵感阶段捕捉创意，在设计阶段试验形状和细节，在描线阶段画出每个物品的缩略图，有助于核查比例和最终用途。要确保廓形的多样性，避免过多的重复。

需要注意的是：缩略图不能用于最终设计稿，尽管它们本身可能就是漂亮的艺术品。我们应该把它看作简图——在绘图和添加细节之前用于记录和试验想法的手段。

同样地，画缩略图无须对手头的材料过于挑剔。在纸巾上匆匆绘制的草图，用口红画在收据背面的想法，最后都有可能变成畅销的产品。

为了速度更快，画缩略图可使用模板。你可以为目标模块(比如T恤)制作一个简化的、可重复使用的基础版本，然后在上面大致勾勒出衣袖、口袋或衣领等细节。但我还是建议你徒手画草图，这与服装设计过程中其他很多程序一样，熟能生巧。

如何绘制缩略图

1.去除所有细节——用最快速和最简单的方式为你的想法勾画出草图。勾勒出关键形状，很多人徒手画缩略图，但你会发现使用模板会更加简单。

2.仅添加关键细节——比如，你已经有了一件衬衣的轮廓，画上衣领、衣袖、口袋和纽扣即可。

3.在正式画设计图之前，多尝试几种不同的想法和风格，把出现的问题解决掉——服装设计需要美观，令人观之愉悦，同时也要注重功能性。在这个阶段，你可以为缩略图加标注——比如在绘图时需要注意的事项或可能存在的构造问题。你也可以为关键细节画单独的缩略图，比如衣领。

4.现在该考虑颜色了，可以很正式地为缩略图上色，也可以简单地用黑白明暗来展现色彩比例。

3

研究面料

61.

纺织品设计的四大科目

艺术设计课程提供了探索各门学科知识的机会，从绘图插画到立体设计再到纺织品。若下定决心走时尚之路，你将不可避免地接触到纺织品设计大学科下的四个主要科目：时装设计、针织品、梭织品和印花。本技能主要在于你要做出选择，即选择哪一科目作为专业领域，了解每一科目需要掌握的关键技能以及日后的就业方向。

一、时装设计

在上述四个科目中，时装设计是最光鲜耀眼的，既涉及平面工艺，也涉及立体工艺，涉及从设计到打样，再到服装结构和实现成品的各个环节。

1.关键技能

(1)服装设计。

(2)裁剪。

(3)技术能力。

(4)服装美工图。

(5)充分的材料知识。

2.主要就业方向

(1)创建自己的品牌。

(2)为零售品牌或供应商设计。

(3)自由职业。

二、针织品

针织是一种立体工艺，也是四个科目中技术含量最高的。你可以参考古德龙(Gudrun & Gudrun)和拉罗(Lalo)这两个牌子的创意针织品的设计。

1.关键技能

(1)技术能力。

(2)纱线和材料知识。

(3)服装美工图。

2.主要就业方向

(1)成为针织品设计师，可以创立自己的品牌，也可以为品牌或供应商工作。

(2)自由职业。

(3)在布料公司工作，开发新针织技术。

三、梭织品

梭织是一种立体工艺，是把两层或更多层纱线交织在一起。这个过程与针织一样，同样需要耐心和精细。莫阿•霍尔格伦(Moa Hallgren)正在不断拓展梭织品领域内的创新。

1.关键技能

(1)技术能力。

(2)纱线和材料知识。

(3)服装美工图。

2.主要就业方向

(1)主要工作是创造可供服装设计师使用的新材料、纺织品或图案。

(2)典型的工作包括设计正装和定制产品、饰品，如帽子和围巾等，以及家具内饰。当然，你也可以选择到布料公司当设计师。

四、印花

印花是一种平面工艺，是四个科目中技术含量要求最低的，但要求有很高的技艺。你可以看看玛丽•卡特兰佐(Mary Katrantzou)的创意印花和布局，再看看阿西施(Ashish)是如何把印花工艺和装饰工艺带入21世纪的。

1.关键技能

(1)绘图技术。

(2)有较强的辨色能力、样式设计和布局能力。

(3)有视觉化能力，从零开始进行印花或设计的能力。

2.主要就业方向

(1)创建自己的印花品牌。

(2)为零售品牌或供应商设计。

(3)在打样公司工作。

(4)印花设计师通常是优秀的艺术工作者，在总体布局和印花设计方面拥有高超的技术。

上述四种工艺结合使用，可以创造出令人惊叹的产品。你要记住：永远不要因为你的专业不属于一个领域就对其关上大门。我学的专业是针织品，但我现在是一名鞋履设计师，还设计各类饰品。你在学校里学到的很多核心技巧和工艺，都可以在其他领域得以应用，各个科目之间是相互联系的。

上图：织布机正在生产梭织布料。
下图：印花设计师正在工作。

62.

天然动物纤维

纤维是纺织品产品链的根，它构成布料，布料进而被做成衣服。纤维主要分成两大类：天然纤维和人造纤维。在接下来的两节里，我们来看看最常见的天然动物纤维和天然植物纤维。

一、丝绸

丝绸由蚕茧中的蛋白质构成，纺成一股股丝线。世界上大部分丝绸产自中国和印度。丝是非常坚韧的纤维，其内部构造让它能够折射光线，因此表面光滑亮泽。

丝绸的质地光滑柔软，垂坠感好，手感柔顺，因此常被用来制作连衣裙、衬衫、领带、围巾、内衣和睡衣。价格相对昂贵，使用和洗涤都要小心，避免损坏。丝绸可以和其他纤维混纺以增加光泽度。

二、毛料

毛料是动物(最常见的是绵羊)身上的毛经过加工形成的天然纤维。除了绵羊，还可以取自山羊毛(马海毛、山羊绒)、兔毛(安哥拉兔毛)，甚至骆驼毛和羊驼毛也可以。从动物身上将毛剪下来，然后进行清洗。

卷曲、波浪状的纤维结构意味着，纺线的时候，多根线相互交缠变成一股纱线。这样的质地意味着毛料能够阻挡空气、保温，但看起来会比较臃肿。将纱线针织或梭织成用于制作衣服的布料，常见的针织品有毛衣、围巾、保暖袜和保暖外套。

毛料的质量取决于精细度，从超细的美利奴羊毛到家用地毯的粗毛料。世界上大部分毛料产自澳大利亚、中国、美国和新西兰。

上图：真丝斜肩连衣裙。
下图：针织羊毛衫。

天然植物纤维

棉和亚麻是服装制造业中最常用的植物纤维。

一、棉

棉取自棉花植株上长出的柔软蓬松的纤维。从植株上采下棉花，纺成纱线，再利用针织或梭织加工成面料。大部分棉花产自中国、印度和美国。

棉柔软、透气、不会刺激皮肤、体感舒适，可以机洗，无须费心打理，比较吸汗，用途广泛，适合印花。棉质面料的特性取决于其结构。

二、亚麻

亚麻取自亚麻植株上的纤维。沤麻、加工、纺成纱线，再经过梭织加工成面料。

亚麻手感顺滑、冰凉，常用于制作夏季服装，但容易产生压痕和起皱。常见的亚麻服装包括凉爽的夏季衬衫和休闲裤。

上图：梭织的棉料家纺。

下图：镜头下亚麻梭织布细部。

64.

人造纤维

19世纪末科学家们试验各种方法改进天然纤维，人造纤维开始出现。从那时起，出现了很多创新材料。而每一种创新都有其优劣。人造纤维的生产成本较低，因为它无须经过人工耕作和收割的过程，在工厂里就能制造。这意味着人造纤维可制作大量廉价的、真正意义上的“一次性”时装。

最常见的是人造纤维和天然纤维的结合。比如，用涤纶和棉料混合布料制作衬衫，既有棉料的凉爽感，又有涤纶的抗皱性。莱卡或氨纶也可以和棉结合做牛仔布，使紧身牛仔裤既有弹性，又十分舒适。

一、人造丝、纤维胶

人造丝和纤维胶非常相似，被普遍用于替代丝绸，因为其光泽度非常好。这两种面料手感好、透气。但洗涤时要十分小心，因为其耐用性不强，也容易起皱。常用于制作衬衫、连衣裙和衬里。

二、涤纶

涤纶材质十分坚韧，抗皱性强，可很好地保持衣服的形状，洗涤方式简单，但不耐热。涤纶不透气，有时候会产生一种廉价的闪亮感。它不吸水、干得快，适合制作雨衣。

三、腈纶

腈纶常被当作羊毛的人工替代品，耐用、柔软、不褪色、易清洗，但保暖性不及羊毛，而且会刺激皮肤。腈纶经常用于制作线衣。

四、尼龙

尼龙坚韧、重量轻、有弹性。它韧性好，无须费心打理，但容易起静电。有时作为丝绸仿料，最常用的是取代丝绸制造丝袜。它还常被用于做防水夹克、运动装或泳装。

五、金银丝面料

这是一种具有金属外观的面料，可给衣服增加闪耀的光泽。

六、氨纶、莱卡

氨纶、莱卡的弹性大，可用于制作紧身衣，同时还能让人活动自如。许多运动装、内衣、泳装都含有氨纶或莱卡。它重量轻、坚固耐用，但不透气。穿上它，你将行动自如。

人造丝、纤维胶

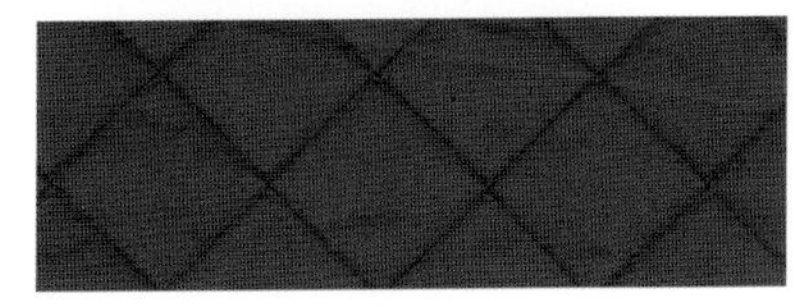

涤纶

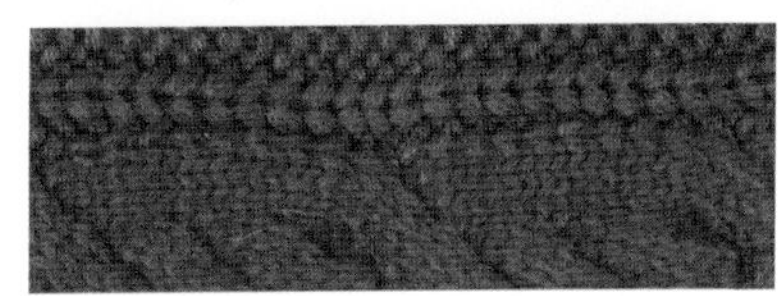

腈纶

尼龙

金银丝面料

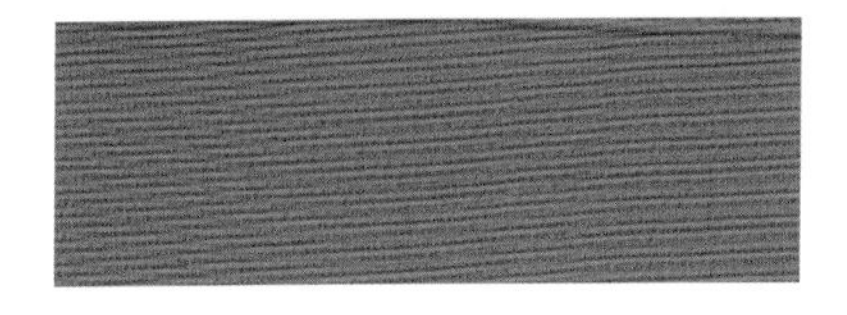

氨纶、莱卡

65.

深入了解：皮革

皮革是经过处理的动物皮，质地耐用而柔软。除了牛皮，还可以用鹿、山羊、鸵鸟、猪、蛇，甚至鱼皮制成。皮革在时尚界具有标志性地位，身穿皮夹克的马龙•白兰度或詹姆斯•迪恩简直让人一见难忘。

皮革制品始于生皮——也就是动物的皮，最常见的是牛皮。处理好的牛皮要经过一个被称为鞣制的流程，运用化学品来固化生皮，使其保持柔韧性和不易腐烂。

虽然大多数皮革产于意大利、印度、巴西和中国，但是大多数国家都有制革厂，因为人类使用皮革制作服装和鞋子的历史已经超过5000年。

皮革品质

皮革常用于制造鞋子、帽子、夹克、腰带和奢侈品手袋，有时也用于制作裤子和裙子。

一、全粒面皮革

全粒面皮革是质量最好的，皮面保持原有的纹理，每张皮都具有其个性化特征，像一块质地细腻的木料。它的透气性好，极其坚韧，弹性耐用。时间越久越好，也就是随着时间的推移，会呈现更多的特性。很多皮鞋是用全粒面皮革制成的。

二、顶粒面皮革

顶粒面皮革表面经过打磨、抛光和加上涂料，如此可以降低每张皮料的独特性，呈现出统一的表层。顶粒面皮革更薄，更柔韧，但透气性比较低，不耐用。经典的用途就是制作光滑的软皮革手袋。

三、修饰粒面皮革

经过打磨和染色的皮革可隐藏皮料原本的缺陷，表面涂上一层人造颗粒，使其看起来像是全粒面皮革。

其他主要的皮革类型

1.纳帕皮——十分柔软，来自小山羊、羔羊或绵羊皮，通常需要染色。

2.漆皮——由于加上塑料或涂漆层，表面如玻璃般闪亮。通常用于制鞋，特别是正式的男士皮鞋或用于配饰生产，如女士手拿包。

3.磨砂皮——在皮面的二层起绒，表面有微微凸起、毛茸茸的绒毛。磨砂皮没那么耐用，相比皮革更加柔软、易脏，也更容易吸收液体。常用于制作鞋子和夹克。

4.牛巴革——由顶粒面牛皮经过打磨或抛光，产生带有绒毛的表面，类似磨砂皮。因为用皮面的头层制作，因此比磨砂皮更持久坚韧，也更厚。

5.平面皮——表面有涂层的硬皮革，质地极硬。通常用于制作工地靴、马靴和书包。

66.
深入了解：牛仔布

牛仔布是由棉料经过斜纹纺织而制成的，因此布料呈现出斜罗纹。一条经典的蓝色牛仔裤，只有经纱经过染色，纬纱是白色的，这就是为什么你的牛仔裤表面和反面是不同的颜色。

使用牛仔布时，另外一个需要考虑的关键问题是水洗。牛仔生布(未经过处理的牛仔布)容易缩水和渗色，我们在商店里买到的大部分牛仔裤已经经过了几轮的水洗和干燥，颜色已相对稳定。

最强力的水洗是漂洗，其他的方式还有石磨洗和酸洗，同时可运用其他技术进行做旧，比如喷砂和打磨。

牛仔布用途众多，几乎随处可见，从建筑工地到时尚红毯。牛仔布几乎可以用于制作任何服装，包括衬衫、裙子和夹克。

牛仔布的历史

“denim”这个名字来自法语“de Nimes”，意思是“来自尼姆”——尼姆是一个法国城市，牛仔布最先出现的地方。由于牛仔布耐用，最初用于制作工作服。

1853年，在加州淘金热期间，李维•斯特劳斯(Levi Strauss)开始进口牛仔布，制作结实、耐磨的裤子，也就是后来的牛仔裤，这些裤子成为矿工和牛仔的理想选择。到了20世纪50年代，“摇滚青少年”开始穿上牛仔裤。此后牛仔裤不曾过时，并随着流行趋势的发展不断有所创新改造。

牛仔裤主要通过轮廓剪裁来适应、甚至引领潮流，如从20世纪50年代的烟管裤到20世纪70年代的喇叭裤，再到20世纪90年代的超宽松牛仔裤和21世纪的紧身牛仔裤。

通过不同漂洗工艺生产的牛仔裤。

67. 针织面料的应用

由于织造的技术不同，针织面料和梭织面料的特性也大相径庭(见第104页“梭织面料”)。梭织面料是由垂直纱线(经线)和水平纱线(纬纱)交织成的，这种织法使得织物在两个方向上都较为稳定。

针织面料由一排排相互穿套的线圈和纱线构成，每个线圈都能够“活动”，所以面料能够拉伸。梭织物和针织物之间的差异意味着你必须清楚知道你要制造的衣服是适合用梭织面料还是针织面料。

针织是一种立体工艺(相对于平面结构的梭织物而言)，通常运用多针交织的方式去缝制衣服。针织工艺用途广，特别是各种小物件和服装。设想一下如何用针织工艺制作一双袜子，如果使用梭织面料，那得需要多少块布……即便做出来了，梭织布不具备针织布的延展性，根本也没法穿上。

用针织面料缝制衣服

了解面料的纹理对于剪样十分重要(见第159页“了解布纹”)。当采用针织面料时，尤其要注意检查布料的纹理，因为针织面料的定向拉伸性更加明显。

大部分针织物可以双向拉伸，也就是在水平方向上拉伸。在这种情况下，你要确保做出来的衣服可以横向拉伸，因为衣服必须在水平方向上具有延伸性——比如，毛衣要能够撑开让头通过。与此同时，衣服长度又要保持相对稳定，毕竟你也不想重力使你的毛衣晚上回家时比早上出门时长出一大截。

缝制针织物时要使用圆头针，圆头针不会刺穿成股的纱线，而是会滑进纱线之间的线圈里。同时要用锯齿状的缝纫方式，而非直线缝纫，因为缝线要能够和面料一起移动和拉伸而不是被撕裂。

缝制衣服之前，先将针织面料水洗晒干，让面料提前收缩。剪裁之前要放置一段时间，这是为了保证使用时纤维的完整性，否则面料会变形。现在的针织面料都是用这种方法处理过的，但如果面料是你自己针织做的，一定要注意这一点。

承受很多重量或是衣服连接的部位，比如肩部等位置，通常需要加上布带或松紧带。

左上图：在巴黎时装周上模特穿着嘉拉•法拉格尼(Chiara Ferragni)的针织衣服。
左下图：针织布料相互穿套的针线。
右下图：羊驼毛制成的针织开衫。

针织面料的特性

1.简洁性——通常无须拉链、纽扣或其他门襟，因为针织面料有足够的弹性让你可以穿上衣服。

2.延伸性——针织面料的衣服让人活动自如，穿起来特别舒服。它也可以用于紧身设计的服装，很多运动服装都采用针织面料。

3.回弹性——针织面料的回弹性比较好，具有弹性特征(当然其弹性有一定的限度，如果拉伸过度，衣服就会变得没型)。

4.易于打理——特殊的织造方法使得纤维之间存在空间，因此针织品比梭织品更不易起皱，也就更容易打理。

5.保暖性——布料构造所产生的纤维之间的空间能够把温暖的空气“关住”，形成一层保暖层。

68.

针织品的基本原理

无论是手工还是机器针织，都是通过纱线相互穿套的方法编织成用于制造衣服的面料。这一个个线圈就叫作“针脚”，一个个针脚连续不断地相互穿套。随着一排针脚的结束，一支针穿过前排的一个或多个线圈，绕上线产生一个新线圈，就这样，前排的线圈从另外一支针上退到这支针上来。

手工编织者使用这两支针从右到左地编织，谓之“正针”，然后把织件转过来，从右往左织回到原来的起点，谓之“反针”。

总而言之，编织的关键步骤就是打活结，起针编织第一排。之后就是一排正针和一排反针交替向下编织，最后一排收针锁住，防止脱线。

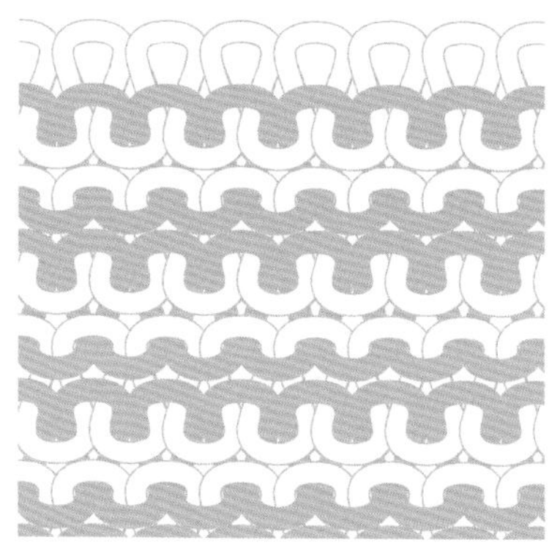

针织品上相互穿套的线圈。

一、增加或减少针脚

想要改变织品的幅宽，织出有趣的形状和样式，你要懂得如何增加或减少针脚。增加针脚就是在针上加入额外的针脚，增加织件的幅宽。

减少针脚就是将现有的针脚从针上退出，就能够缩小织品的幅宽。

二、密度或针寸数

简单地说，针织品的密度或针寸数就是指你所织的针织件在水平方向上每英寸(1英寸≈25.4毫米)的针脚数及在垂直方向上的排数。“针寸数”的英文缩写为“GG”(机号)，从最小到最大有：12GG、7GG、5GG、3GG、1.5GG和手织。

69.

机器针织

家用针织机发明于19世纪70年代，当时任何一个比较体面的家庭都拥有一台针织机。如今，市面上有各种类型的针织机，从简单的单针床针织机到复杂的电子机器。兄弟(Brother)、银笛(Silver Reed)和百适(Passap)都是著名的针织机制造公司。

家用针织机和工业针织机的工作原理是先将纱线穿过拉紧装置，然后再穿过机头，机头喂纱给织针进行编织。机头经过针床，使织针移动，织出下一个针脚。

纺织品的样式和针法是通过选择或不选择针织机上的某些织针来实现的。机头上的各种按钮、旋钮和操作杆可以移至不同位置，可以利用机械穿孔卡片、电子样式阅读器或计算机控制织出各种样式——特别是通过弃用某些织针。常见的针法有集圈、拱针、蕾丝、费尔岛式和嵌花(见第144页“十种基本针法”)。

针织机类型

1.单针床、平床针织机

最常见的就是单针床针织机，适用各种粗细的纱线，能够织出各式针脚。标准的单针床针织机用一个针床就能编织出不同针寸数的织品，一台细针寸数或标准针寸数的针织机能够织出可用于制作布料精细的球衣、T恤的细纱，而中针寸数或大针寸数的针织机适合用于较厚的纱线纺织。

标准针寸数的单针床针织机的针床上有200支针，针与针之间大概有4.5mm的距离，即为5GG针织机。而细针寸数的针织机的针床上有250支针，针与针之间的距离是3.5mm，这是7GG针织机。

中针寸数的针织机针与针之间的距离是6～7mm(4GG针织机)，而大针寸数的针织机针与针之间的距离是9mm(3GG针织机)。针距是从每针的中心点到隔壁针的中心点的距离。所有机器都有一个密度范围，可在机头上的表盘上进行调节。

2.双针床针织机

双针床的针织机有两个固定在一起的针床，能够织出罗纹、平针、止针和集圈。

3.圆形针织机

圆形针织机能够连续不断地编织，织出无接缝的圆筒状织件。

4.百适牌针织机

百适牌针织机有内置衣服样式，主要用于针织件的样式织造。

5.杜比德牌针织机

杜比德牌的双针床针织机有多个机号可供选择，从最普遍的10GG到12GG。家用针织机的底部针床可以拆卸，可织出平纹布和罗纹布。杜比德牌针织机能够织出比家用针织机更细腻的布料。

70.

手工针织

所有的针法都可归类为“正针”或“反针”。明白了基本原理，你就可以着手编织了。你只需要拿起针和线，依照下面的分解步骤进行手工编织。

一、打活结

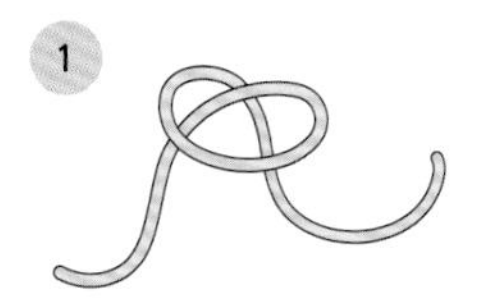

(1) 打一个左图中所示的线圈，确保线的末端从圈的中间穿下去，拉到后面。

2

(2)然后轻轻拉住线尾，拿一支针穿过去。

(3)最后，把绕在针上的线拉紧。至此，你已经打了一个活结，可以起针编织第一排了。

二、起针

(1)左手拿住套有活结的那支针，右手拿起另外一支针，通过活结把这支针推到另外一支针的背后。用线绕上右手上的针和两针之间(如右图所示)。

(2)将绕在右针上的线拉着穿过活结——这可能有点难，但用点力，然后把线拉过去(如右图所示)。

(3)现在你的两支针上都有一个线圈，左针上是一个活结，右针上有一个线圈。将右手拿着的针上的线圈套到左针上来，这样左针上就有两个线圈了。

(4)做出下一个线圈，把右针插入左针上的两个线圈中间，将线绕右针一圈(如下图所示)。

(5)将线拉过离针端最近的那个线圈，右针上就有了一个线圈(如下图所示)。

(6)最后将右针的线圈套在左针上，此时左针上就有三个线圈。重复这个过程，直至织出你想要的针脚数为止。

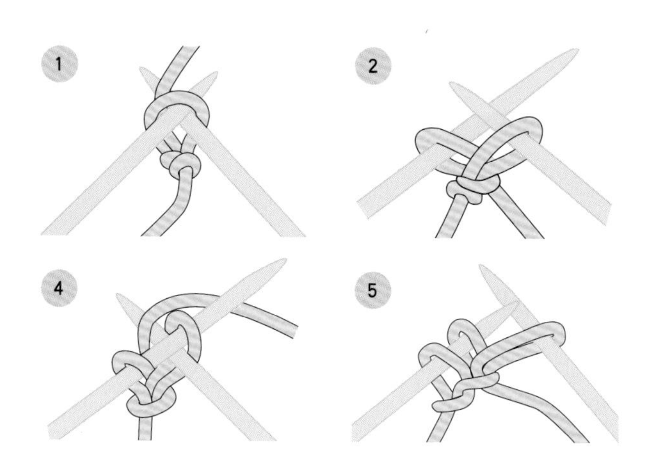

71. 制作针织小样

在织一件针织品之前，先制作一个针织小样是不错的主意。小样就是你要织的针织物的小样本，这一步在制作针织品中尤其重要，因为你在织布料的同时也在制作衣服，这与用梭织面料做衣服不同。

制作小样的主要目的是测量针寸数(见第100页“理解密度”)，检查织针和纱线是否合适、尺寸和比例是否正确。它还能让你对要制作的针织件有一个直观的把握，并且给你一个练手的机会。

下面介绍如何利用小样来测量针寸数：

大部分的业务伙伴都会给你一个针寸数要求。比如，20针数×20排数=10cm，使用8号针。你要根据要求的针头大小、纱线和针法来编织一块小样。如果没有数据，需要徒手编织，那么最好还是先编织一个小样，让你有机会在开始真正编织之前检查和调整针寸数。

测量针寸数最准确的方法是织出一块比要求的针数和排数大一点的小样，然后用标准的皮尺或直尺去测量这一块小样中心区域的垂直方向和对角线，从而得出确切的针数和排数。测量小样的时候，要把小样从针上取下来，因为布料别在针上尺寸会失真。最后和你在织一件真正的衣服一样，收针、完成编织。

我希望你的测量结果是准确的，那么你就可以着手编织真正的织件了。若不是的话，你需要调整织针的大小，想要针脚更加紧密，可以使用更小、更细的织针；想要质地松一点，就要使用更大、更粗的织针。

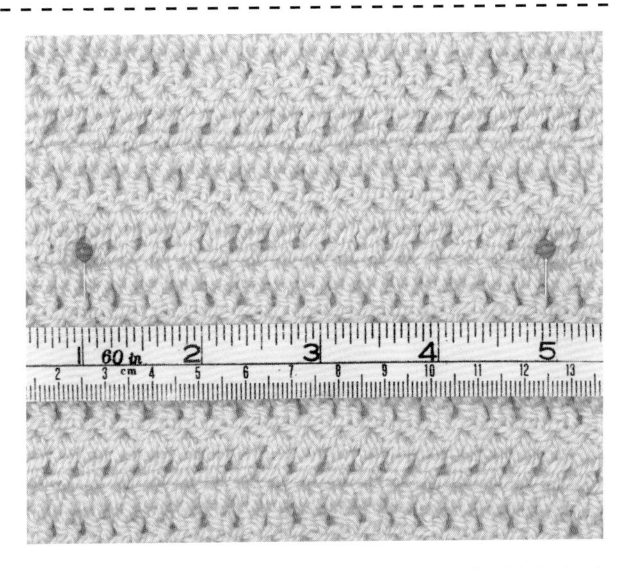

温馨贴士：要注意考虑重力作用，因为编织好的衣服最终会被人穿上。比如毛衣，在测量的时候你要尽可能地模拟衣服挂着的状态。最简单的方法就是把小样在木板上挂一段时间。而袜子或套罩等织件，就不用考虑这些了。

72.

理解密度

成为一名技术娴熟的针织件设计师的关键是要理解密度——更普遍的叫法是针寸数。“针寸数”的技术术语的英文缩写为“GG”，指的是每英寸的针脚数——水平方向上每英寸所包含的针脚数及垂直方向上每英寸的排数。无论是手织还是机织，都是用针寸数作为度量单位，它是选择针织机必须考虑的规格要素。

无论是手织还是机织，在开始编织之前，最重要的事情是考虑织件或小样的针寸数，因为它不仅决定织出来的布料的大小，还与布料的特性及处理方式相关。大多数的针织件样式都有固定的针寸数。但如果你手里没有数据，那么最好在开始真正编织之前先织出一个小样（见第 99 页“制作针织小样”），然后测量针寸数。

影响针寸数的因素有以下几个：

一、针法

采用不同的针法在相同的幅宽内会得到不同的针脚数。麻花和罗纹需要拉得比较紧，每英寸的针脚数会比简单的桂花针要多。

二、纱线

比较粗的纱线织出来的针脚比较细的纱线大，所以每英寸的针脚数较少。

三、织针

用比较粗的织针或毛衣针，织出来的针脚比较大，每英寸的针脚数和排数比较少。织针的直径范围从2mm到25mm(1/16～1英寸)，而织针的直径会影响针脚的大小，从而影响针寸数。总体来说，纱线越粗，你要用的织针也就越粗。

四、针织机的密度

没有哪两台针织机能够织出一模一样的织件。在使用相同粗细的织针、相同纱线和相同针法的情况下，一台针织机可能每英寸织出7个针脚，另外一台可能织出9个，织件的密度也就不同。确实，你当下的心情也会影响你在编织时纱线拉得有多紧，因而影响针寸数。

关于针寸数的备忘口诀

1. 纱线越粗，每英寸的针脚数越少。
2. 织针越粗，织出来的针脚越大。
3. 针脚越大，每英寸的针脚数越少。
4. 纱线越细，每英寸的针脚数越多。
5. 织针越细，织出来的针脚越小。
6. 针脚越小，每英寸的针脚数越多。

针头尺寸转换表

公制尺寸(mm)	美制尺寸	英制尺寸	日制尺寸
0.7	000000	—	—
1	00000	—	—
1.2	0000	—	—
1.5	000	—	—
1.75	00	—	—
2.0	0	14	—
2.1	—	—	0
2.25	1	13	—
2.4	—	—	1
2.5	—	—	—
2.7	—	—	2
2.75	2	12	—
3.0	—	11	3
3.25	3	10	—
3.3	—	—	4
3.5	4	—	—
3.6	—	—	5
3.75	5	9	—
3.9	—	—	6
4.0	6	8	—
4.2	—	—	7
4.5	7	7	8
4.8	—	—	9
5.0	8	6	—
5.1	—	—	10
5.4	—	—	11
5.5	9	5	—
5.7	—	—	12
6.0	10	4	13
6.3	—	—	14
6.5	10 ½	3	—
6.6	—	—	15
7.0	—	2	7mm
7.5	—	1	—
8.0	11	0	8mm
9.0	13	00	9mm
10.0	15	000	10mm
12.0	17	—	—
16.0	19	—	—
19.0	35	—	—
25.0	50	—	—

73.

针织品和社交媒体

社交媒体在时装界的重要性不可小觑，我们会在后面讨论如何利用社交媒体推出新产品系列(见第236页“利用社交媒体”)，但为什么针织品设计师也需要经营好社交媒体呢？将针织这项古老的工艺与现代科技结合起来，可以为我们带来什么？

针织界有自己的社交媒体环境，Pinterest、Instagram和Twitter都占据一席之地，更别提YouTube和博客了。你可以去www.yarnharlot.ca看看。另外还有一些专门的针织品交流平台，针织品设计师可以从中得到启发，同时也启发别人，上面还有各种品牌针织品的信息。

Ravelry网站(www.ravelry.com)

Ravelry是最大的针织和梭织的在线社区网站。截止到2014年，拥有注册用户400万。如果你想成为一位成功的针织品设计师，这是你不能错过的网站。在这个平台上，你可以寻找潜在的生意机会，出售可下载的针织样式，或者推销你的针织作品。

建议在这个网站上创建自己的设计信息，为你的作品创建小组，将你的作品链接到这个小组，邀请你的联系人或其他Ravelry用户加入你的小组，与他们进行交流。你也可以加入其他感兴趣的小组，很快你就拥有一个线上的针织品社区。

建议你到https://www.ravelry.com/groups/designers上看看。这是一个很不错的平台，你可以开展与设计相关的对话，话题涉及Ravelry的设计师、版权、侵权问题，以及设计、样式制作和样式发布等方面。

Etsy网站(www.etsy.com)

Etsy网站被视为介乎亚马逊和eBay之间的网站。作为一个P2P电子商务网站，它主要售卖手工制作的、独特的个人设计作品，以及一些不错的经典作品。它不仅是第一大创意作品销售平台，还能让你足不出户在全球范围内搜罗材料、纱线和能够带给你启发的优秀经典作品。

在2015年初，Etsy就已经拥有5400万用户，联结着140万创意作品销售人员和1980万活跃的买家。在Etsy上注册、购买或销售的操作十分简单，你需要给自己创建一个用户名或是创建一个店名。不过要注意的是，用户名一旦创建，就不能更改。在Etsy开店是免费的，但你需要付小额的“上架费”，每卖出一件“货架”上的商品，Etsy都会收取一笔比例很小的费用。

74.

重塑传统的针织品

1.米索尼(Missoni)

米索尼是由一对夫妻——奥塔维奥(Ottavio)和洛西塔(Rosita)在1953年创建的，可以说是全球最著名的针织品品牌。这个高端的品牌总部位于意大利，以颜色缤纷的锯齿、条纹和波浪纹的针织品广为人知。

意大利时装杂志*Arianna*的前主编安娜•皮亚姬(Anna Piaggi)和*Vogue*杂志的前主编戴安娜•弗里兰(Diana Vreeland)对米索尼大为推崇，该品牌在20世纪70年代初就已经颇具影响力。这些年来，米索尼已经发展出25个副产品系列，包括副线“M米索尼”(M Missoni)和“米索尼家饰”(Missoni Home)，有传言该品牌即将推出“米索尼酒店”(Hotel Missoni)。2014年，莫斯奇诺品牌(Moschino)的前创意总监罗赛拉•嘉蒂妮(Rossella Jardini)受聘成为米索尼的顾问。

2.索尼亚•里基尔(Sonia Rykiel)

这是与设计师索尼亚•里基尔同名的品牌。索尼亚•里基尔属于“摇摆的60年代”，属于纽约的国王街(Kings Road)。20世纪60年代初，她重塑了针织品的形象——将其从肥大、无型、笨重的毛衣变为贴身的、针织细密、颜色鲜艳的衣服。在此之前，从未有人将针织衫当成外衣来穿，也没有人穿过带有口号装饰的毛衣。这些针织衫受到了名人的追捧，包括奥黛丽•赫本(Audrey Hepburn)和碧姬•芭铎(Brigitte Bardot)。

索尼亚在1968年创立了自己的时装公司，此前她一直默默无闻地在丈夫的女时装店“劳拉”(Laura)工作。近年来，她更多地与一些市场巨头合作，比如H&M。她影响了整整一代时装设计师，从川久保玲到山本耀司。

3.凯菲•法瑟特(Kaffe Fassett)

凯菲•法瑟特出生于20世纪60年代，最广为人所知的是他色彩斑斓的服装作品——无论是针织件、针绣花边或是拼布。1988年，他在伦敦的维多利亚和阿尔伯特博物馆(Victoria and Albert Museum)举办个人秀，这是该博物馆首次为还在世的纺织品艺术家办展。

20世纪60年代后期，法瑟特遇到苏格兰时装设计师和他后来的长期合作伙伴比尔•吉布(Bill Gibb)。法瑟特一开始的主要工作是教授设计，特别是关于作品的色彩。米索尼公司曾使用过他早期的设计作品。

法瑟特与乐施会(Oxfam)合作，致力于在印度和危地马拉社区宣传发达国家出售的服装。同时他也是罗恩拼布和绗缝公司(Rowan Patchwork and Quilting)的面料设计师和罗恩纱线公司(Rowan Yarns)的首席针织品设计师。

模特在2016年春夏米兰时装周的米索尼时装秀上走秀。

75.

梭织面料

梭织面料存在已久。在全球各地的大多数文明的早期都能找到梭织品的存在，最早的梭织布可追溯到公元前7000年，它出现在现在的土耳其地区。起初，梭织面料由亚麻、丝绸、羊毛和棉花制成。而现在，很多合成纤维用于梭织布纺织。18世纪后期的工业革命带来了机器纺线的革新，出现了织布机。于是，出现了梭织布的大规模生产，英格兰北部的许多城镇的经济围绕新纺织工厂发展起来。

一、梭织原理

任何规模的梭织，其原理都是一样的：两套或多套纱线相互交织。每一套纱线都有名称(下图粉红色标示的部分)。

1.经纱

织布机上固定着的纱线，织物的纵线。

2.纬纱

以正确的角度穿过经纱，在经纱的上下方穿过，相互穿套。

3.布边

布料的边缘，纬纱绕过线圈从另一个方向穿回去，防止织物脱线。

最基础的纺织方式如右下图所示，纬纱从一股经纱下穿过，再从下一股经纱上面经过，如此交替反复。这是最基础的织法，实际上现在有各种织法(见第106页“梭织面料类型”)。

二、梭织布的优点

一般来说，梭织布比针织布更加坚固。针织布由众多在外力作用下可伸展或收缩的、相互穿套的线圈组成(见第94页“针织面料的应用”)，因此伸展性更好。一块梭织布里，经纱的延伸性比纬纱差一些，因为经纱在纺织的过程中已经被拉伸过了。

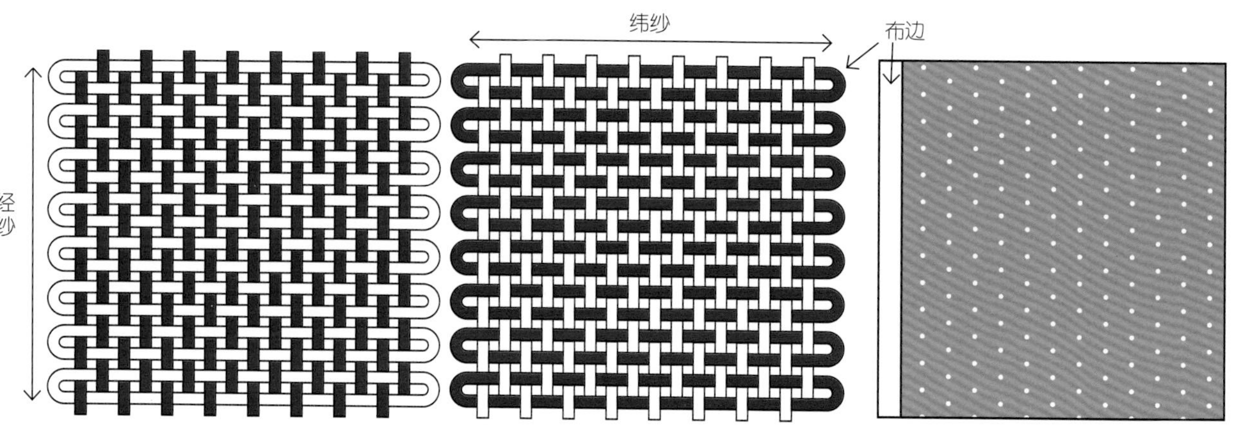

上图：这台简单的机器展示了梭织的原理。经纱拉紧固定在机架上，呈纵向走势，纬纱一上一下地穿过一股股经纱。

左图：工业厂房运用各种纱线来生产各种复杂的样式(见第108页“梭织图案”、第120页“梭织提花和挂毯图案”)。

76.

梭织面料类型

一、平纹

顾名思义，平纹织是最简单和最常见的梭织类型。纬纱一上一下交替穿过一股股经纱(一对一)。白棉布、平纹细布、格子布、粗棉布、密织棉布、薄纱、雪纺和塔夫绸都属于平纹面料。纱的重量、使用的材料和编织的间距决定了织布的特征。平纹织物相对便宜、坚固耐用、用途广泛、表面均匀，通常可印染图案。

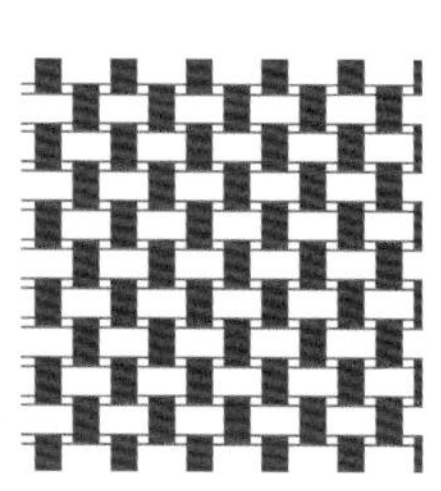

平纹

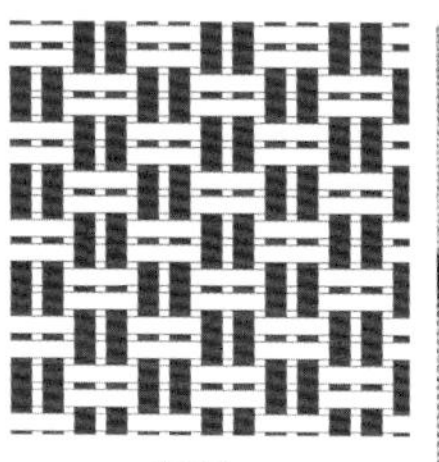

方平

三、方平

这是平纹织的变形，纬纱一上一下地交替穿过每两股经纱(二对二)。这种织法让布料表面更加有质感，呈现方格效果。通常用于制作衬衫的牛津布就是方平织的一个典型案例。

二、斜纹

这类布料表面有明显的斜纹，纬纱一上一下地穿过两股或多股经纱，而每一排纬纱都与上一排错开一目，如此编织下去，织出了斜纹。

斜纹织布比平纹织布的垂坠感更好，在自身的重量作用下，显得更加挺阔。粗花呢、牛仔布和华达呢都是经典的斜纹织布。

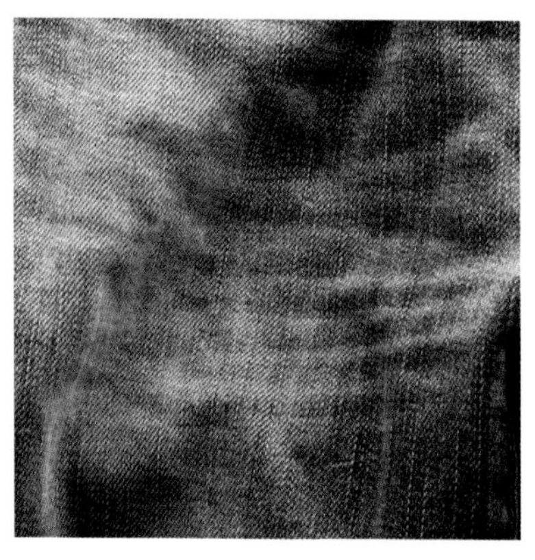

斜纹

四、缎纹

缎纹织——经纱或纬纱的大部分都在布料的正面。如右图所示，纬纱从一股经纱上方穿过，然后从后面连续四股经纱下方穿过，于是我们看到四股连续的经纱。

纬纱连续穿过更多纱股，让缎纹布看起来更轻薄，比平纹布更能折射光线，因为纱线交叉重叠的地方打断了光线的折射。

缎纹布——通常用丝绸、涤纶或尼龙织造，质地柔软顺滑，垂坠感极好，因此常用于制作礼服等奢侈品。由于构造原因，经纱和纬纱相互穿套没那么紧密，所以缎纹布没有其他织布那么耐用和稳固，容易勾丝。

缎纹

绒布

五、绒布

天鹅绒、灯芯绒和其他绒布的编织过程复杂一点，用另外一套经纱穿过原本的纱线，然后再剪掉。天鹅绒，是把多余的线圈剪掉，所以表面平整，绒毛粗短。最豪华的天鹅绒用丝绸制成，十分昂贵。棉花、羊毛、黏胶丝绒价格低廉，特征各不相同，例如毛巾就是没有剪掉线圈的绒布。

77.

梭织图案

除了各种编织构造，运用不同的颜色和纱线组合也能够创造无限种样式的编织图案。下面是一组最为常见的编织图案。衣服上的图案有编织和印花两种方式(见第118页“重复印花设计”)。

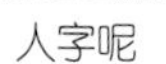

人字呢

条纹厚棉布

格子呢或苏格兰格子呢

方格纹棉布

犬牙花纹

格子呢(plaid)与苏格兰格子呢(tartan)的区别在于，后者是有代表苏格兰家族特定图案的布料，而前者虽然有相似的图案，但却没有家族的象征意义。

78.

现代面料的应用

新材料和新面料的研发是一个不断发展的过程。通过设计师的创新和混配，很多新面料实现了从试验室到T台的跨越。很多设计师积极地使用新材料，新材料越来越多地用于制作功能性服装——这也是设计系列改造和革新的方式之一。

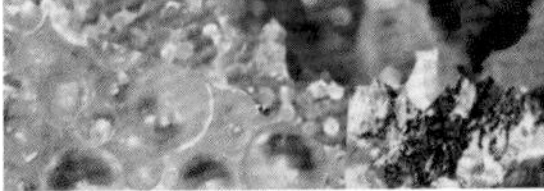

潜水料

摇粒绒

现代面料的种类如下：

一、氯丁橡胶(潜水料)

这种人工合成橡胶常用于制作潜水服，右图所示的例子是品牌设计师王大仁(Alexander Wang)利用潜水料制成的时装。

二、摇粒绒

刷毛经编涤纶传统上用于缝制绒粒夹克，唐娜可儿(DKNY)品牌在2015年的秋冬季采用上好羊毛面料制作夹克。

三、金属丝纱线

金属丝纱线一直以来被用于增加针织服装的闪亮感。最近的创新设计中用长股的金属丝纱线，让衣服呈现隆重的节日气氛和华丽的摇滚风格。总部设在伦敦的针织品设计师品牌蒂姆•瑞恩(Tim Ryan)，用高明的方法推出这件用金属丝纱线、波浪状流苏装饰的上衣。Tim品牌专门从事手工生产限量版的针织品。

金属丝纱线

亮片

四、亮片

亮片有各种形状和大小，如平面的、多面的、可逆的和超大亮片。在2016年春夏伦敦时装周上，阿西施(Ashish)推出在薄纱上钉满亮片的运动装。

五、金银丝面料

菲拉格慕(Ferragamo)这件引人注目的2014年秋冬连衣裙，从头到脚均采用金银丝面料，并设计了渐变色和腰褶。

六、热敏变色面料

热敏变色面料能感应热而变色。在2014年秋冬纽约时装周上，王大仁(Alexander Wang)推出的一件采用分层激光效应面料的外套就带有热敏性。

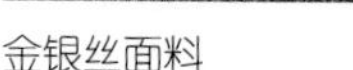

金银丝面料

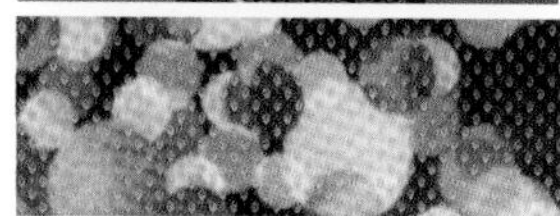

热敏变色面料

科技创新的好处：

技术革新有助于时装业减少对环境的影响，可能很多人没有意识到：时装制造业需要耗费大量的水。水处理和抽水可能导致水荒、水源污染和高能耗。例如，如果你把种植棉花和染色过程的用水通通考虑进去，制造一条牛仔裤需要消耗大量的水。

AirDye和DyeCoo等服装制造商正在研发无须使用水或危险化学品的生产技术。采用诸如此类的技术，服装设计师可通过制作具有可持续性能的产品来减少对环境的影响，同时对于具有环保意识的顾客来说也是另一个卖点。

艾玛•沃特森(Emma Watson)在2016年纽约大都会艺术博物馆慈善舞会上穿着一条用回收面料缝制的CK牌礼裙。

79. 钩针织品和“结艺”

这两种传统的手工编织技术再度复兴并出现在T台上，不再只出现在教堂盛典上。下面是关于曾一度过时的工艺如何启发时装设计师创新的例子。

一、钩针织品

“crochet”(钩针)一词源自法语单词“hook”(钩)，因为编织过程中使用的是钩针。这种工艺与针织相似，纱线形成线圈，相互穿套，从而织出布料。织物通常有网状的镂空图案，花边图案粗大。传统的钩针织品包括装饰桌巾、桌布、背心裙等，但现代设计师们越来越多地将它用于其他用途。

二、“结艺”

“结艺”是指使用打结——而非针织或梭织，来编织装饰物品。传统上用于家居用品，如植物托架等。近来，设计师将这个工艺应用到服装和鞋类上。

上图：朱莉·艾伦伯格(Julie Eilenberger)在2011年春夏柏林时装周上展示的“结艺”裙子。

左图：巴尔曼(Balmain)在2016年春夏巴黎时装周上展示的钩针织连衣裙。

80.

丝网印花

丝网印花是最传统的在面料上印制花纹的方式。这是一种模板印花，每次只能印一种颜色。复杂一些的图案可以有多种颜色，但每一种颜色印在不同的层上，多层颜色叠加后形成最终图案。

一、丝网印花的流程

(1)将光敏乳胶涂到由丝做成的筛网上，做成一个丝网印花模板。这一步要在暗室中进行，以避免乳胶曝光。

(2)将图案模板放到丝网上，放置在你想要油墨印染织物的区域。传统的做法是用卡纸剪出模板，但现在的通用做法是将图案印到透明的醋酸人造丝上。

(3)将明亮的光照到乳胶上，暴露在强光下的乳胶开始硬化，但被模板盖住的区域仍是软胶。用喷水冲洗掉软胶后，丝网上形成网孔让油墨可以渗透，设计图案就印到了织物上。

(4)在丝网上使用刮板，将墨水压入网孔。

二、丝网印花工艺的优点

丝网印花的优点是，制作一个模板可多次重复使用，非常适合批量生产T恤之类的商品。20世纪60年代，安迪•沃霍尔在艺术界大力推广丝网印花工艺，将之用于标志性图像的复制。

丝网印花是使用广泛的工艺，既可以用于工业生产，也可以在家里进行。丝网印花可以自己动手做，20世纪70年代的朋克乐队和粉丝，大量使用这种工艺独立、小批量地制作独特的T恤。很多学院也有丝网印花设备可供使用。

三、丝网印花的工业应用

丝网印花工艺也运用于工业用途，用于生产印花织物。通常使用旋转式丝网印花机来完成，用连续的滚筒将颜色一层层地印上去，形成多种颜色的图案。

需要的用具

1. 木筛网——用于将丝网张开，就像画油画时需要张开画布。
2. 丝绸——丝网被紧紧地撑在木框上。
3. 光敏乳胶——在暗室中把光敏乳胶涂到丝网上。
4. 模板——在暗室中将模板放置到丝网上。
5. 强光——使用强光照射，使光敏乳胶曝光。
6. 喷水管——冲洗乳胶，让墨水透过网孔渗入布料。
7. 墨水——用墨水将图案印上布料。
8. 刮板——用刮板将墨水经网孔压入布料。

韩国模特朴秀珠(Soo Joo Park)在2016年秋冬纽约时装周中，在DKNY的秀台外穿着一件DKNY的毛衣。这件毛衣采用手工丝网印花工艺制作，限量150件。

DAZED
KIDS
NEW
YORK

81.

热转印花

热转印花是一门非常容易掌握的技术，常用于制作小批量的印花，如T恤等。虽然方法简单，但效果一般，颜色缺乏活力。在操作过程中，最重要的是要遵守温度和时间要求。

一、热转印花的流程

(1)家用最简单的形式，就是用电脑和打印机把设计图案印到一种特殊的纸上。

(2)把这张纸盖到面料上，在家里可以用电熨斗去熨烫，把纸上的图案转移到布上。

二、热转印花的工业应用

与大多数印花技术一样，热转技术也应用于工业生产，当然也可使用更复杂、昂贵和高效的机器。印花店都会有热压机，与普通的家用熨斗相比能更均匀地施力，热转印花效果自然也更好。

反面印刷

最重要的是把图案反过来印刷(镜像)，印出来的文字和其他图案才会呈现出设计师想要的样子。

82.

数码印花

数码印花是时装行业应用越来越多的新技术，从在服装上印花(称为“成衣直接印花”技术)，到生产印花衣料都有使用。它是一种喷墨打印，从原理上来说，数码印花的技术与大多数家用打印机相似。

三、数码印花的优点

1.通用性高

数码印花技术通过不同化学品组合，开发出多种在各种质地的面料上印花的方法。也就是说，这种技术通用性高，可在不同面料上印出相似的效果。

2.自然垂坠

采用数码印花技术印出来的图案比丝网印花的图案凸起小，面料的垂坠感不会受到影响。

3.兼容性

印花与计算机技术的直接结合，意味着数码印花特别适合印制使用图形设计软件程序绘制出来的图案或设计。

4.色彩与清晰度

有多种颜色和组合，图像清晰度好，可以印刷照片。

5.简便

在设置方面，数码印花与丝网印花相比非常简单：

大多数修改都可以通过计算机软件快速完成。与丝网印花相比(见第112页“丝网印花”)，你可以想象如果用丝网印花工艺，调整设计需要花费多少时间。

6.印数再少也可以

很多公司在网上提供面料印花服务。设计师可以上传设计图样，订购印数。无论数量多少，都可以下单。如果通过工业丝网印花公司印制，印数太少的话，成本是非常高的，大部分费用都会花在制作丝网上。

四、数码印花的缺点

这种技术的缺点就是印花设备和油墨等材料成本高，这意味着在大规模的生产中，无法通过规模效应实现单位生产成本的降低。在大规模的数码印花中，每件衣物的成本与大规模采用丝网印花时的成本相差无几。

上图：印在丝绸连衣裙上的照片。
右图：工业数码印花机。

83.
裁片定位印花

裁片定位印花就是在衣服的特定位置印上图案。典型的例子就是一件胸前有印花的T恤，在同批生产中，这个图案要出现在每一件衣服的相同位置。典型的裁片定位印花可以是图像、文字或品牌标志，印花在每件衣服的位置相同。

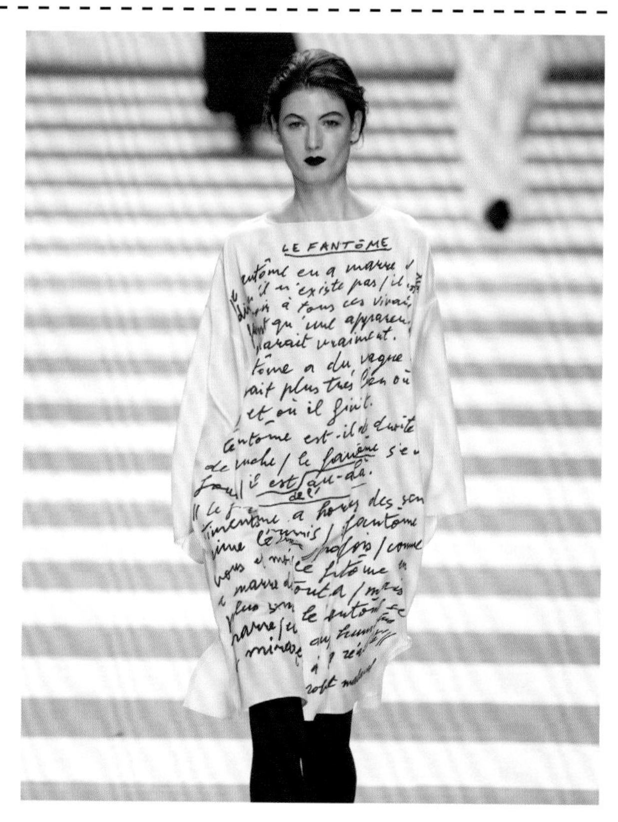

上图：让·夏尔·德卡斯泰尔巴雅克(Jean-Charles de Castelbajac)采用超大裁片定位印花设计。

右图：T恤衫上标准的定位印花图案。

裁片定位印花的流程如下：

一、成衣印花

鉴于裁片定位印花中图案定位的重要性，印花通常在一件衣服制作完成之后进行。比如制作印花T恤，先要做出一件素色T恤，然后使用上述某种印花技术把图案印上去(见第112页“丝网印花”)。这样就可以确保图案在衣服上的位置准确，穿上衣服之后，图案会出现在你想要它出现的地方。

二、衣料印花

裁片定位印花也可以在制衣之前进行，这样做通常是当印花需要覆盖缝隙或连接处时。在这种情况下，就需要先把图案印在布料上。如此一来，在排料和裁布时，务必要确保图案在衣服的正确位置上。

三、超大的裁片定位印花

时装设计师偶尔也会用超大的裁片定位印花设计，大到覆盖整件衣服，整体印象是全面覆盖的重复印花。采用裁片定位印花，每件衣服上的印花设计可以不同，也可以相同。

04. 重复印花

除了裁片定位印花，另外一个选择是重复印花。也就是相同图案在一张布料上无缝地、连续不断地重复出现。带有花纹的布料剪裁后缝制成衣服，设计师不用太在意图案的哪个部位出现在衣服上的哪个位置。

重复印花样式可以是整齐划一的，重复性非常明显；也可以是随意的重复，让人不容易察觉每个重复图案的开端和结束。

正如本书所谈论的很多技能，图案设计是你可以选择的一个从业领域。很多设计公司、标签公司和零售商都会雇人来专门做印花设计。

一、重复印花设计的流程

与裁片定位印花不同，重复印花通常在制衣之前就在布料上印好。服装设计师有时会用已有印花的布料去制作衣服，你也可以通过自己设计特殊的重复印花衣料来制作独特的时装。

二、重复印花的常见例子

(1)花。

(2)条纹。

(3)动物。

(4)几何图案。

(5)波点。

三、版权

与时装设计的众多环节一样，印花设计也是有版权的。如果你想要使用某个形象或图案，你要确保没有侵权。同样的，印花设计人员会出售设计图案版权，高价可获得专用权。

85.

重复印花设计

在设计重复印花时，你需要了解一些基本构型，每一样都可以产生不同的效果。

一、“方块”与镶嵌

暂且不说那些复杂的图案配型，这里我们采用“方块”形式。重复图案由一个个方块放置在一起构成，形成连续的重复设计。

镶嵌是关键。“tessellation”(镶嵌)原本是一个数学术语，指把一些形状构件整齐地拼接在一起，中间没有任何缝隙。既然这里说的是严格的方块，我们完全可以假设：每一个方块都可以与周围的方块无缝地拼接在一起。我们在中间放置一个设计图案方块，然后以它为中心铺设开去，最终将得到简单的重复图案。

二、中心重复、方块重复

重复图案最简单的样式是方块重复，就是将图案放置在方块的中心位置，然后让每一个方块无缝地连接在一起，就像铺地砖一样。下图就是方块的位置。

其他图案组合没有方块重复那么简单。如果面料从方块的中间被裁开，被切断的图案必须找到另一半来拼接，才能形成完整的图案。

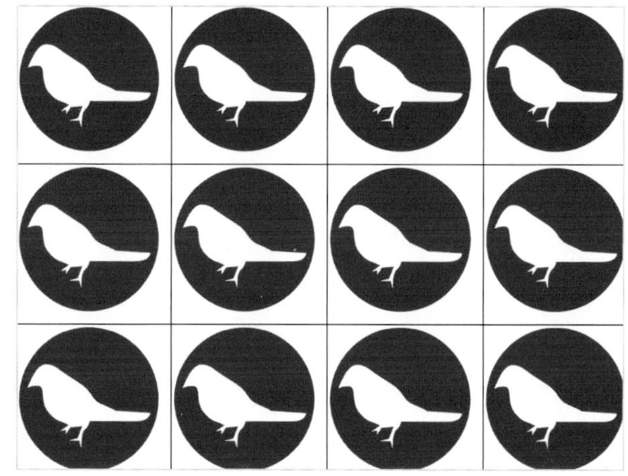

三、半降重复

这是面料设计中一款常见的图案设计。重复的模式是，垂直方向上的每列图案与相邻的两列错开半个方格。

四、镜像重复

镜像重复基于中心重复样式，但重复模式是在水平线上设计图案两两相对，呈现镜像形式。

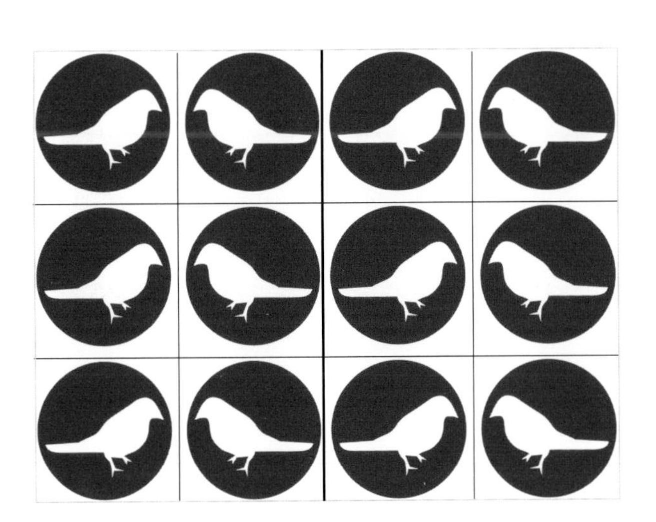

五、砖块重复

砖块重复与半降重复相似，但重复的模式是水平方向上的半降重复。

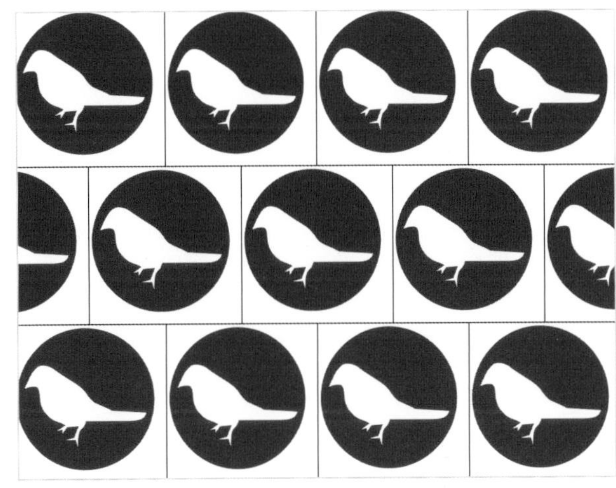

86.

梭织提花和挂毯图案

除了我们在第108页讨论的简单梭织重复图案，梭织工艺也可以织出高度复杂的图案。梭织图案可以和印花图案一样复杂，又不容易褪色、洗掉或磨损，因为图案是面料“与生俱来”的。

你不需要亲手去做这些事情，但却有必要了解工艺过程和面料选择要点，因为你在工作中可能需要选择和使用面料。

一、提花面料

提花织机由约瑟夫•玛丽•雅卡尔在1801年发明，它通过在纺织过程中单独操控某一股经纱，来增加一个操纵维度。在普通纺织过程中，经纱保持不动。提花面料常用于室内装饰，也可以用于制作华丽的衣服。

二、织锦

这种奢华的面料有凸起的花纹，最典型的用金线或银线织成。

三、锦缎

锦缎图案包含两种颜色：经纱是一种颜色，纬纱是另一种颜色。织物是双面的，互为反面。

四、挂毯

挂毯最初是用于创造图片和场景的艺术品。作为一种纺织形式，它只有纬纱露在表面，通常使用中性经线，因为经纱需要隐藏起来。我们不会用同一股纬线从一侧布边纺织到另一边，而是从需要颜色的地方开始和结束。所以，通常手工挂毯的背面线头非常凌乱。

与大多数生产技术一样，挂毯也经历了技术进步的过程。20世纪90年代出现的计控挂毯机，使得精密图案的快速生产成为可能。

左上图：博柏利(Burberry)2016年秋冬季系列的浮花织锦连衣裙。浮花织锦、锦缎、提花织物、挂毯等奢华材料是本季度众多时装品牌的主打。
右上图：锦缎织物。
下图：2014年Tempracha by Sanele Cele推出的手袋，用挂毯织物作为装饰。

4

服装结构

87.
上衣

对于时装设计师而言，必不可少的技能就是了解衣服的制作过程及各个部位的术语。大多数服饰都有自己的一套术语，最初来自传统的手工艺人，如鞋匠、裁缝和衣帽商。我们不可能把所有的服装术语都罗列出来，但下面给出一些服装示例，贴上各个组成部分的名称。思考一下每个部分是如何将平面的布料组合成立体的衣服的。将这些示例与你自己的衣服对比，它们在款式、剪裁和结构方面有何不同？

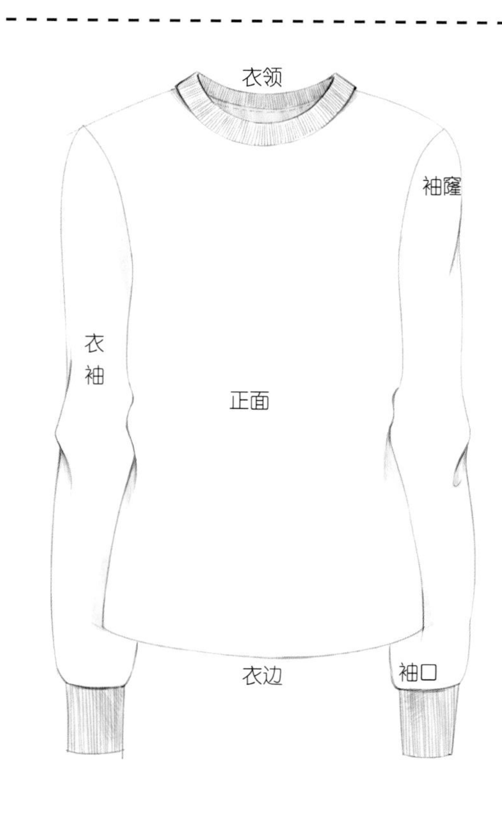

从露腹短上衣到束腰外衣，从贴身背心到高领衫，上衣的款式多种多样。然而，最流行的莫过于最简单的T恤——不带帽子，短袖或长袖。如右图所示，这种款式的上衣是衣柜里的必备品。

88. 连衣裙

连衣裙也许是构造最为多变的衣服了，单是谈论所有裙型，就足以写一本书。通过领口、衣服上身部分、袖长和裙边的变化，可以创造出无穷的连衣裙款式，足够撑起整个时装季。

89. 裤子

裤子也是衣柜中另一个必备品，裤子可分为不同的类型：宽松裤、斜纹棉布裤、裙裤、喇叭裤、牛仔裤、紧身裤、西装裤、运动裤等。款式的变化还体现在裤裆的深浅、单褶或无褶、口袋和裤头等细节上。右图所示的是经典的五口袋牛仔裤。

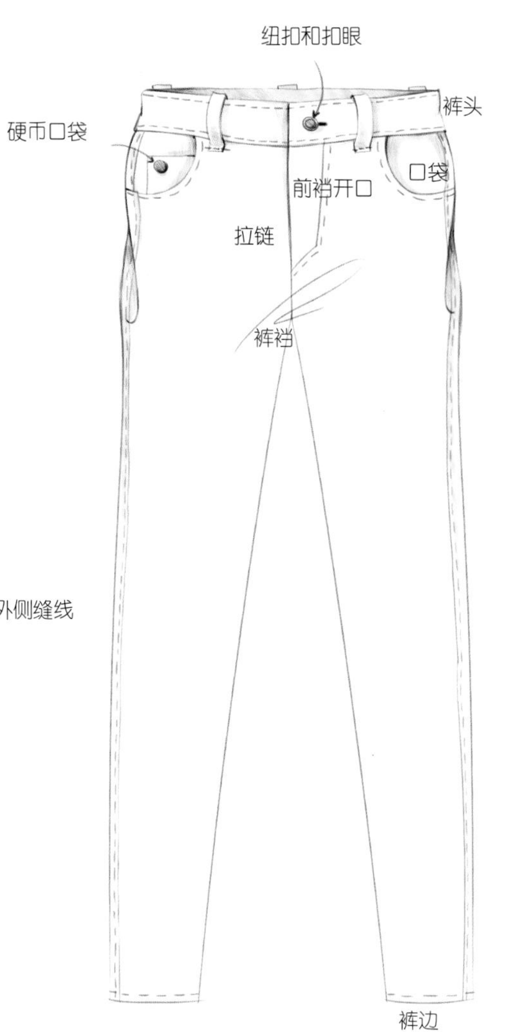

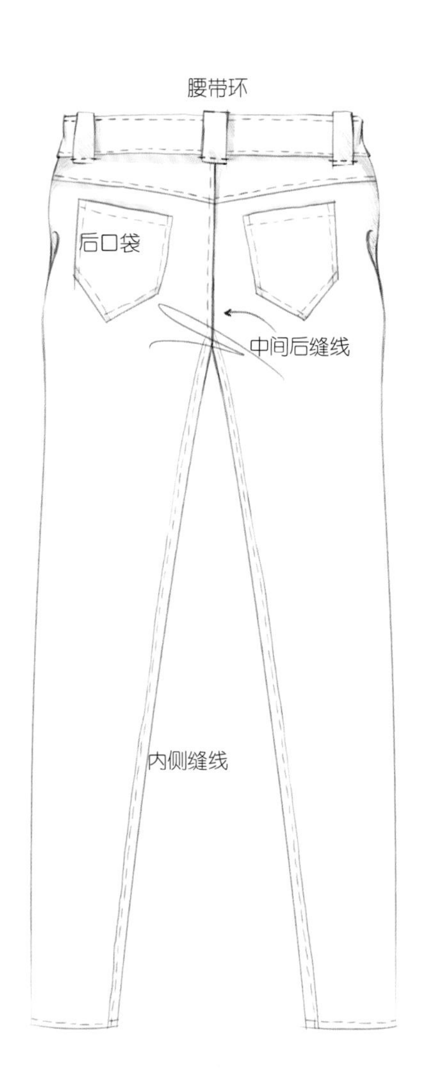

90. 衬衫

男、女式衬衫的变化主要体现在两个方面。第一是衣领(见第175页“衣领”)：衣领的形状及是否需要纽扣来固定。第二个是衣服的廓形：是紧身衬衫还是宽松罩衫。

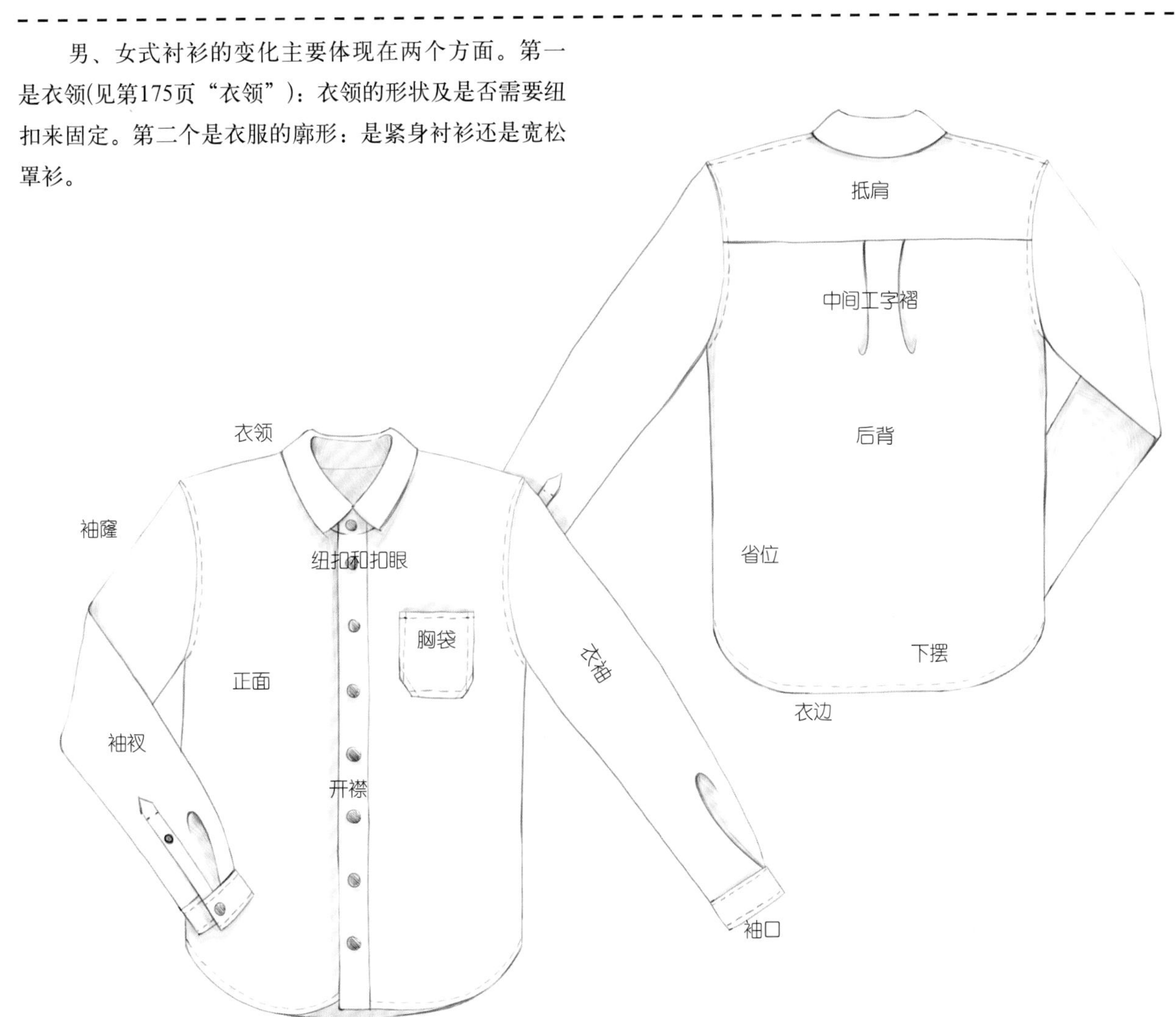

91. 半身裙

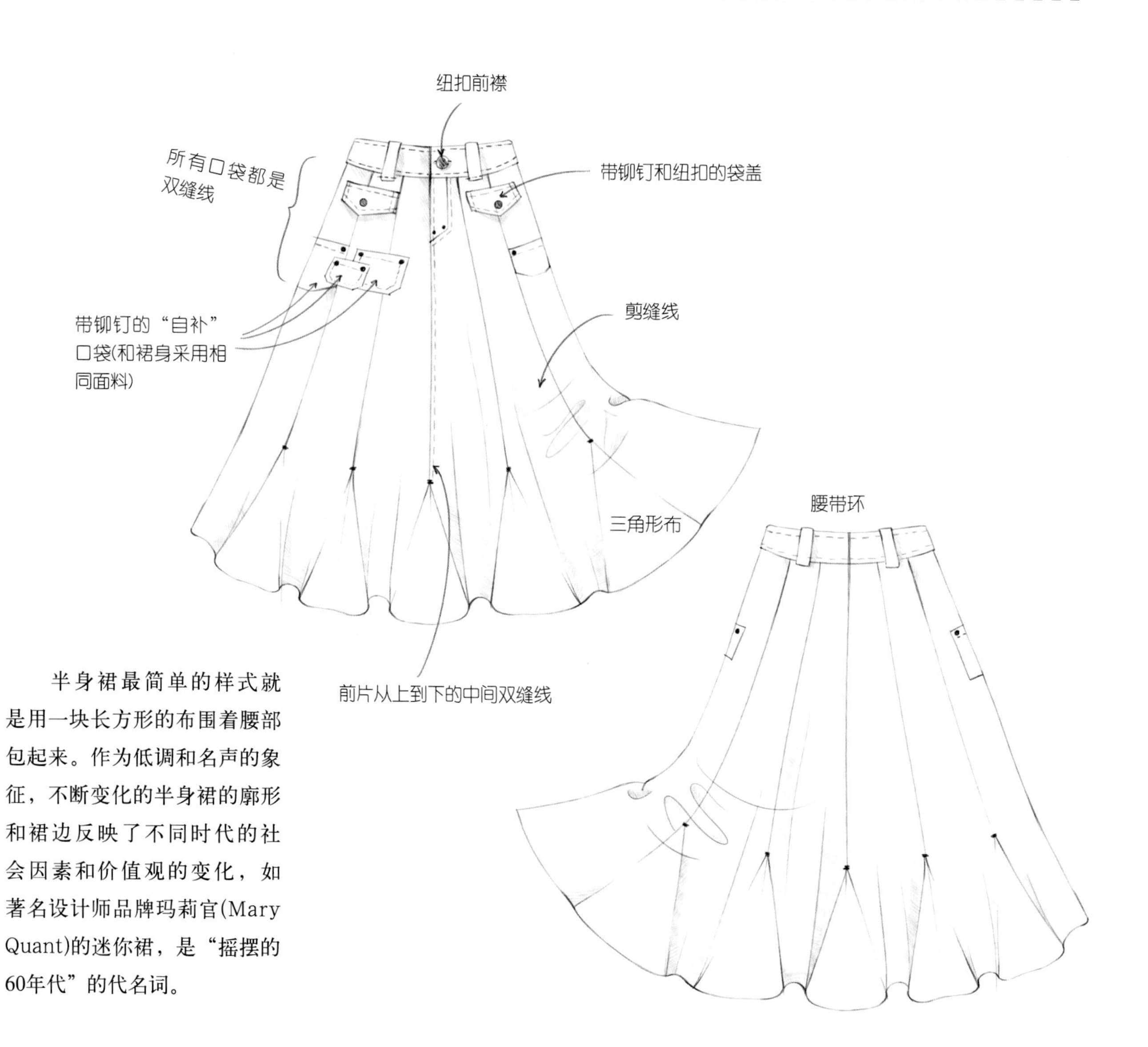

半身裙最简单的样式就是用一块长方形的布围着腰部包起来。作为低调和名声的象征，不断变化的半身裙的廓形和裙边反映了不同时代的社会因素和价值观的变化，如著名设计师品牌玛莉官(Mary Quant)的迷你裙，是“摇摆的60年代”的代名词。

92. 外套

右图所示的是一件双排扣“战壕”风衣。它既可以作为自行车手、投弹手的衣服，也可以作为抵御风雪的大衣、外套和厚呢大衣。款式可正式、可休闲，这取决于剪裁和缝制方式。

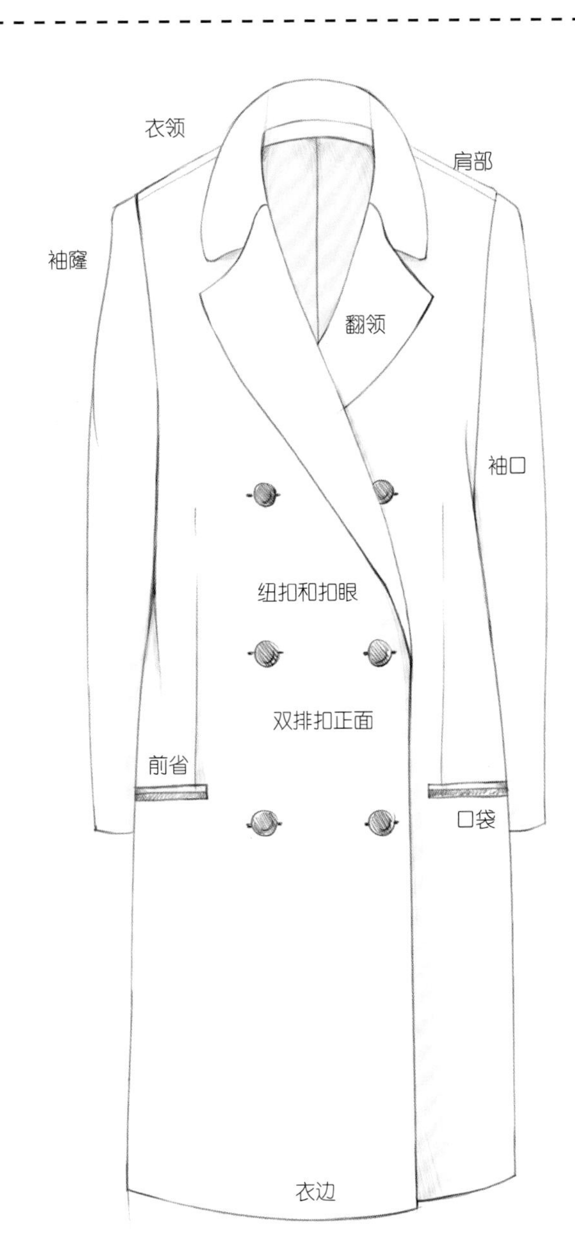

93. 夹克

下图是一件单排扣夹克，双排扣夹克与单排扣夹克的区别在于，前者在纽扣系起来时，正面两片布料重叠，有两排纽扣。

94. 内衣

就结构而言，文胸是技术含量最高的服饰，每件包含超过25个组成部分。文胸要制作精良、贴合身体、确保穿戴舒适。

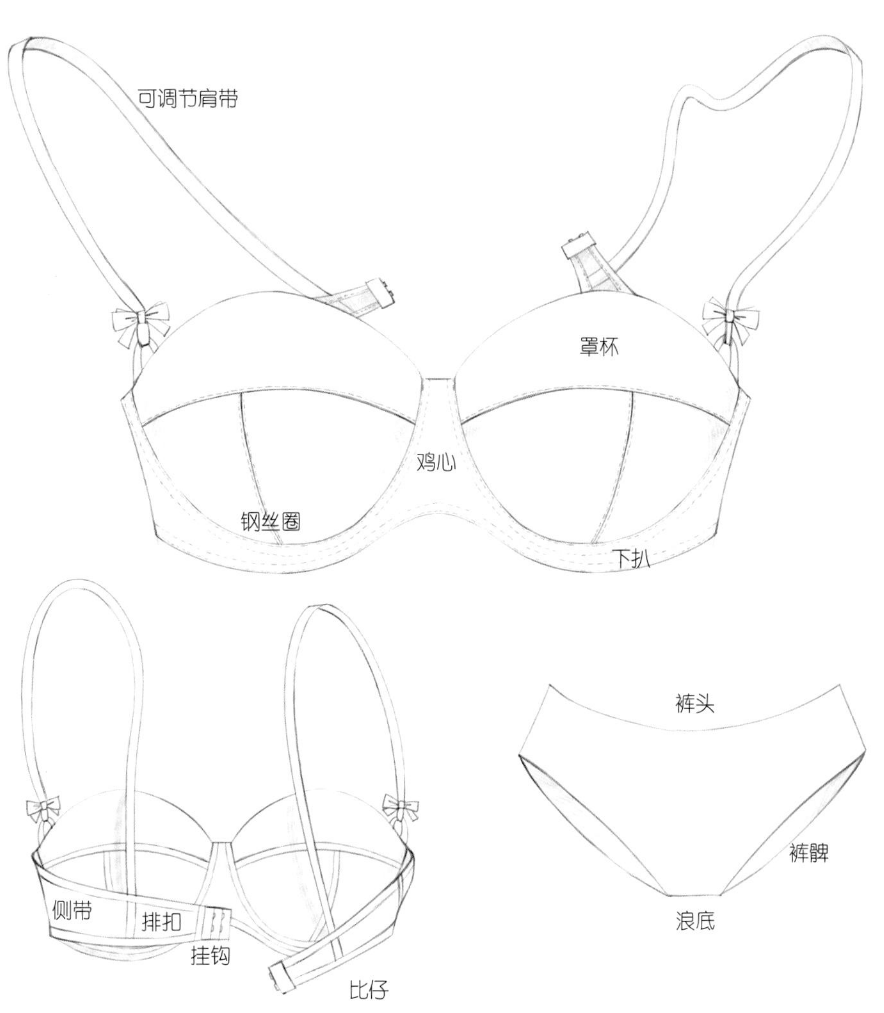

95.

鞋履

下图是一双牛津布洛克鞋，其中包含很多有趣的技术细节。鞋子有很多种款式，最主要的一个变化就是鞋跟的高度。

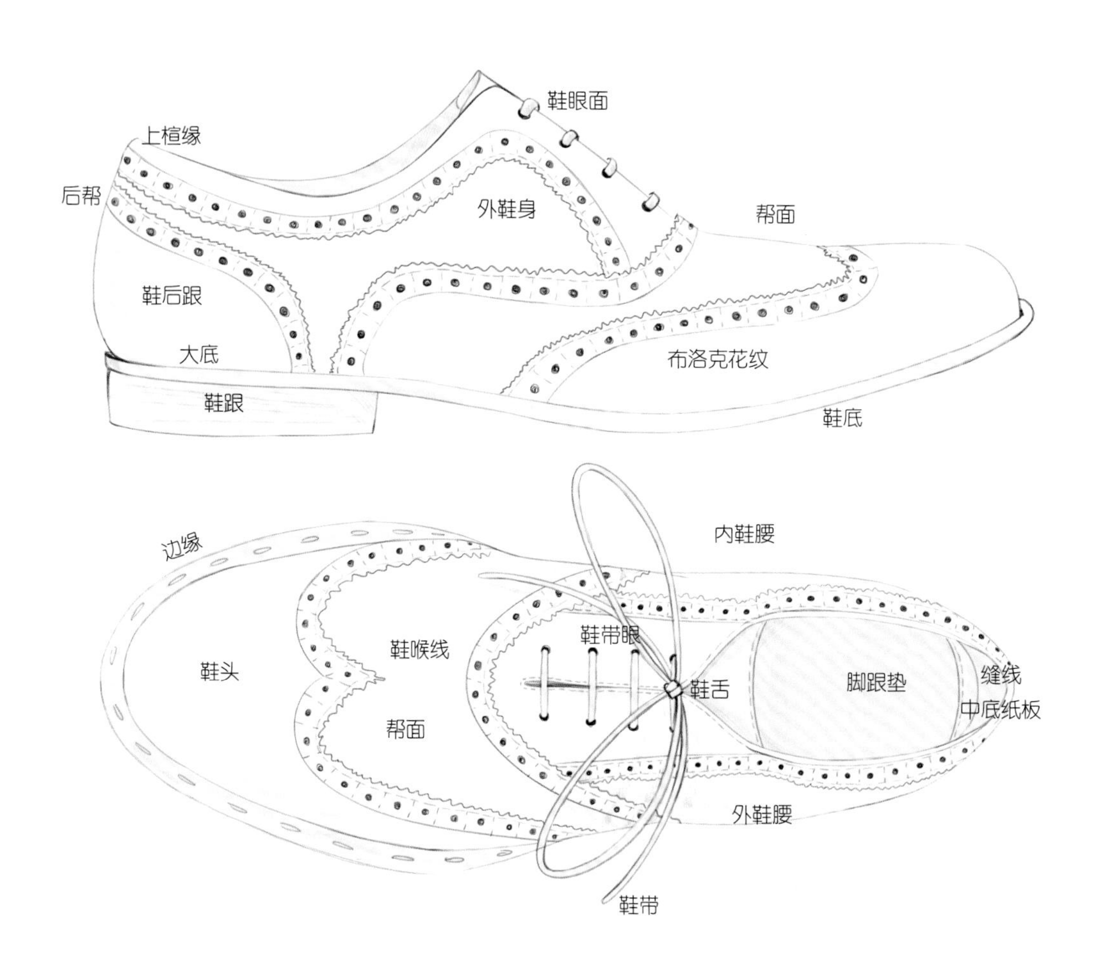

96. 背包

背包的出现最初只是为了满足日常随身携带物品的需求，如今已演变成声望和社会地位的象征。20世纪90年代末，迈宝瑞(Mulberry)、芬迪(Fendi)、蔻依(Chloé)等高端品牌让背包成为必需品，根据季节而变，甚至可以盖过主人身上其他装饰的光芒。背包通常用款式来命名，如邮差包、法棍包和锁头包。

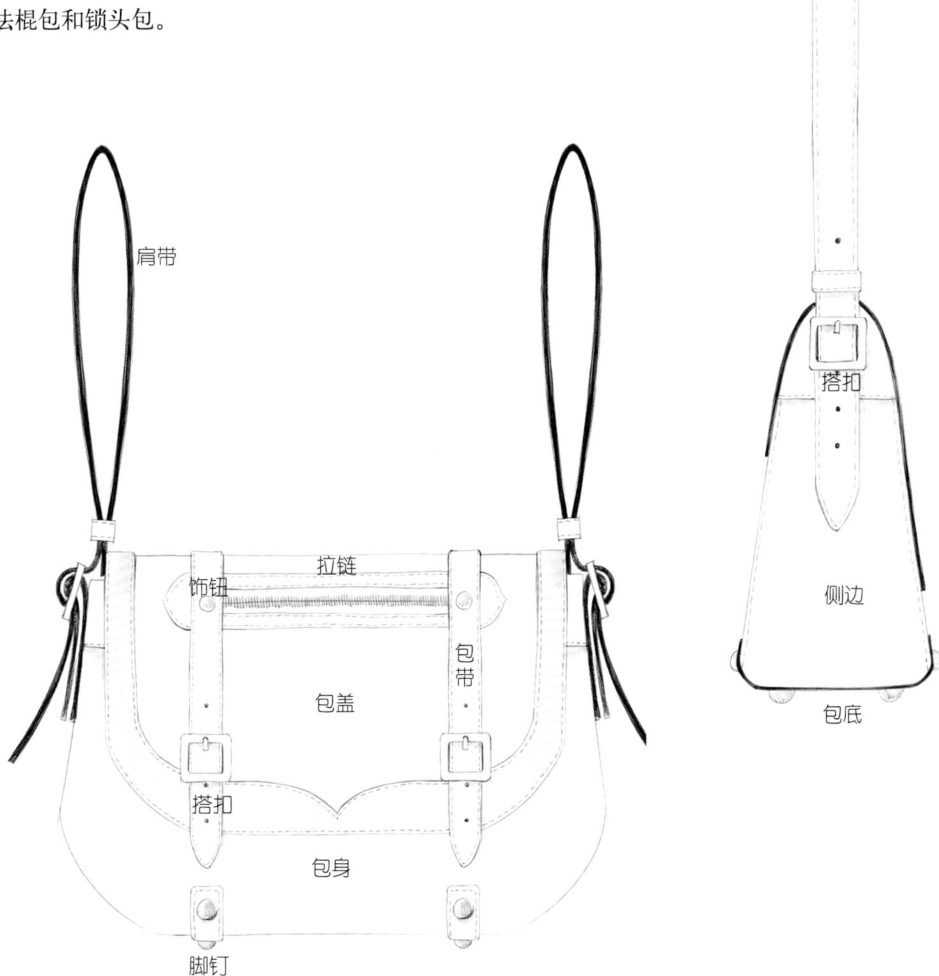

97. 泳衣

右图所示的是一些常见的女式泳衣款式。而男式泳衣非常简单，只有游泳短裤。

98.
女装

女装的造型和构件变化万千，我们不可能在一本书中全部罗列出来。但是，很多衣服的设计和制作过程中的部分阶段具有共通性。原则上，服装生产过程都有相似之处。

一、最终用途

除了服装类型，在制作女装或男装时，一个关键考虑要素是服装的最终用途。时装设计师必须了解一件衣服会穿到谁的身上，以及在什么场合穿。很多时装品牌的设计团队是按照最终用途而非服装类型来分工的。服装一般可以分成以下几类：

(1)休闲装。

(2)正装。

(3)工作服。

(4)家居服。

(5)外穿服装。

(6)运动装。

(7)适合特定场合的服装(包括舞会、婚礼和晚会)。

二、流程

1.设计和规格表

最初设计完成之后，设计师就要将尺寸数据、其他技术细节和实际考虑(如扣件等)填入规格表(见第54页“规格表”)，还要考虑布样和合适的面料。

2.打样

打样的时候，必须考虑一些立体的问题，比如如何利用缝线和褶皱来形成理想的廓形、面料的重量和垂坠感、衣领或肩膀等部位是否需要加固使之更坚挺等问题。

3.样衣

样衣就是用一块与最终产品材质相似的面料制作的原型样件，可在试衣模特身上进行调整(见第192页“修改服装”)。样衣的行业标准码为170(美国尺码的6码、英国尺码的10码)。

从这里敲定最终样式，制作第一件样板，然后进入试衣程序(见第185页“了解试装流程”)。

三、原产地

1.中国

中国是一个巨大的外套、成衣和连衣裙生产基地，从休闲装到正装、针织套裙、高档针织裙、衬衫、上衣、连身裤、针织物、牛仔、休闲裤、休闲外套、内衣和泳装及梭织衣物都有生产。

2.印度

印度专门生产梭织和棉质产品，比如背心裙、马德拉斯布的方格休闲衬衫、家居服、沙滩服装、绣花上衣和半身裙。印度的生产商擅长精美的工艺，如雕绣、各式绣花、贴布、手工亮片、丝带和其他表面装饰。

3.毛里求斯

毛里求斯大规模生产针织运动衫和牛仔服。

4.孟加拉国

孟加拉国是第二大服装出口国，主要生产针织和梭织衣物，很多时装品牌通过孟加拉国的工厂生产运动衫、T恤、卫衣和牛仔服。

5.东欧

东欧的工厂主要为英国市场生产交付周期较短的产品，产品类型包括连衣裙、上衣、半身裙、裤子、夹克和外套。

6.土耳其

土耳其在制作水洗布衣服方面比较出名，如牛仔服、针织运动衫和休闲裤。那里的工厂也提供针织品的裁剪和缝制(见第142页“配饰”)，同时擅长生产针织品和运动衫，甚至包括内衣的花边。运动T恤和紧身裤也是其主要产品。

7.希腊

以针织运动衫、休闲装、裙子、紧身裤、睡衣、沙滩服、卫衣和T恤而著名。

8.意大利

以高档服装工厂而闻名，为顶级设计师品牌提供高端产品的生产。

9.葡萄牙

专门生产运动衫。

10.英美

美国和英国的绝大多数服装都是来自海外，但本土的服装生产有恢复的迹象，特别是当需要在短时间内快速完成时。洛杉矶是许多裁剪和缝制工厂及高档牛仔品牌的所在地。许多公司通过洛杉矶的制造商制作样板，之后的大规模生产则转向南美洲。

11.南美

由于亚洲的生产成本上涨，许多牛仔布生产转移到了南美洲。许多总部设在洛杉矶的公司在墨西哥或危地马拉都拥有生产工厂。

女装行业展会

1.巴黎Première Vision面料展——印花和面料展会。巴黎：2月和9月。

2.Texworld国际面料展览会——纽约：1月和7月。巴黎：2月和9月。伊斯坦布尔：3月。

3.Denim Première Vision——主要的高端牛仔布供应展。巴塞罗那：5月。

泳衣和内衣

1. Interfilière——内衣和泳衣的国际采购盛典。巴黎：7月。

2. Mare di Moda——海滨服装和内衣。戛纳：11月。

品牌行业展会

展示最新品牌：

1. Who's Next——巴黎：1月和9月。

2. Première Classe——巴黎：1月和9月。

3. Revolver——哥本哈根：2月和8月。

4. Scoop——伦敦：1月、7月和9月。

5. Capsule——拉斯维加斯：2月。

6. Coterie NY——2月和9月。

7. Magic Las Vegas——2月和8月。纽约：1月和7月。

注意：上述日期可能有变。见第140页“包袋”和第147页“纱线采购和行业展会”。

99. 男装

原产国

见前文(第133页“女装”)按国家和地区分类的内容。

- 中国
- 孟加拉国
- 巴基斯坦
- 缅甸
- 越南
- 柬埔寨
- 埃及
- 摩洛哥
- 罗马尼亚
- 土库曼斯坦
- 印度
- 毛里求斯
- 埃及
- 土耳其
- 意大利
- 葡萄牙
- 英国
- 美国

男装行业展会

1. 佛罗伦萨男装展 (Pitti Uomo)——佛罗伦萨：1月和6月。

2. Capsule男装展——纽约、巴黎和拉斯维加斯：1月和2月。

3. 拉斯维加斯Project展会——拉斯维加斯：1月和8月。纽约：1月。

4. 拉斯维加斯国际服装展(Magic)——拉斯维加斯：2月。

5. 巴黎Tranoi男装展——巴黎：1月。纽约：2月。

6. 伦敦Jacket Required男装展——伦敦：2月。

7. 巴黎Première Vision面料展——巴黎：2月和9月。

8. Texworld国际面料展览会——纽约：1月和7月。巴黎：9月和2月。伊斯坦布尔：3月。

从概念到客户，男装生产流程与女装相差无几。灵感、设计、创意和生产过程在本质上是相同的，不同的只是最终产品。然而，近来的时装季上，最终产品的差异也在逐步减少。

男女装设计的界限变得越来越模糊，中性装正在逐渐流行，成为男装和女装之外的第三大市场。从总部设在斯德哥尔摩的炫酷品牌艾克妮(Acne，该品牌在2010年发布了一个中性经典牛仔系列)到“伦敦男孩”(BOY London)，所有品牌都在致力于推出中性化的服装。

尽管男装和女装的最终用途相去甚远，但坎耶•维斯特(Kanye West)的Yeezy(该品牌以男式长T恤、掉裆运动裤和披肩而知名)大热进一步表明了男装消费者和女装消费者一样，喜爱更具方向性的廓形、颜色和用料。但男装和女装的消费者在品牌忠诚度方面的表现有所不同，男性消费者更加注重品牌。

行业标准是胸围101.6cm，上身中等，腰围86.4cm，男鞋为46码。

100. 童装

直到19世纪，孩子们还穿着缩小版的成人服装。而20世纪末到21世纪初，我们看到童装变得越来越休闲、轻松和有趣。舒适、安全和耐久性成为童装的设计关键，当然还有款式设计。现代女性花在家里的时间越来越少，已然没有时间亲自动手给孩子做衣服。目前的童装市场是一个产值数十亿元的批量生产产业。

一、流程

剪裁、缝纫、装配、装饰和后处理，童装的制作过程与成人装的制作过程大致相同，但须更加费心，以确保所生产的童装符合严格的安全规定。

二、材料种类

1.天然面料

童装面料需经过阻燃、安全的化学染色处理。婴儿的衣服和睡衣则要使用柔软或刷毛面料。

2.合成材料

合成材料经久耐用、防水、易清洗，因此非常受欢迎。

3.橡胶

橡胶给童装带来了革新，比如，松紧腰带提高了衣服的可调性，让孩子能够自己穿衣服。

4.设计细节

独特性和装饰或许是派对服装的卖点，但耐用性对于儿童日常服装和外衣来说十分重要。

相比衣服的其他部分，口袋、腰带、褶边、门襟、蝴蝶结、胸针、徽章、补丁和装饰等细节对于童装来说更加重要。但是现在这些因素都被品牌化所掩盖，电视、电影中流行的卡通人物能够让一个童装系列的产品在极短的时间内售罄。

三、原产国

小部分童装仍在美国和英国制造，大部分童装制造集中在土耳其等亚洲国家和葡萄牙。

四、规格

童装的尺码通常是按年龄而非身高来划分。童装有单数尺码组和双数尺码组，由服装类型和市场领域决定。典型的年龄尺码组有：婴幼儿(0～2岁)、小童(3～11岁)和大童(女童12～16岁、男童12～20岁)。2岁以上，也可以用身高作为测量标准。

童装行业主要展会

1. Playtime童装展——纽约、巴黎、东京：7月和8月。
2. 洛杉矶LA Kids Market童装展——洛杉矶：3月、6月、8月和10月。
3. 伦敦Bubble童装展——伦敦：6月。

101.

鞋履

玛丽莲•梦露(Marilyn Monroe)曾经说过："给女生一双美丽的鞋子，她就能征服全世界。"确实，她说的对极了。

鞋子是一款可以让人因美丽而舍弃舒适的服饰配件。因为，生命太短暂，禁不起乱穿鞋子！

鞋的种类众多——最为常见的有靴子、凉鞋、木底鞋、人字拖、莫卡辛鞋、帆布便鞋、运动鞋、布洛克鞋、厚底鞋和德比鞋。这些鞋通常由皮革、木材、橡胶、塑料或黄麻等材质制成。

组合装饰鞋，源自网站ASOS.com。

一、设计和剪样

鞋履设计师设计鞋子，在示意图中加入尺寸，称之为"规格表"(见第58页"鞋类规格表")。然后，打样师根据规格表中的尺寸和规格进行打样。

二、裁切

裁断员依照纸样操作，使用金属切条刀进行裁片。这要求裁断员的技艺十分精湛，因为他们必须以最经济的方式放置样片，以避免浪费材料。

三、缝合

构成鞋的上部(即鞋面)的样片将缝合在一起，先使用平车缝纫机，而后移动到柱车缝纫机，从而便于缝合员缝制立体鞋面。在此阶段打出鞋孔和加入扣件。

四、鞋楦制作

现在需要将鞋面打造成永久足形。为此，将使用足形"鞋楦"。传统上，鞋楦多为木制品，而如今则更多地采用激光刀裁切的塑料鞋楦。利用高科技设备对脚进行扫描，而后制成与其足形完全一致的鞋楦。

所制鞋楦(包括左右脚)一经获批使用，其他尺寸将在此原型样件的基础上递增或递减。通常，女楦为34.5～42码，男楦为41～48.5码。在鞋楦的支撑和塑形之下，制作鞋面并进行热化处理，以永久保持鞋形。

五、后处理、成品间

最后，将鞋底、鞋跟与鞋面黏合，然后进行修剪、擦净、染色、擦亮或打蜡。对鞋面进行后处理，并穿入鞋带。

六、材料种类

1.皮革

用于制作鞋面的皮革有牛皮、猪皮、小牛皮、漆皮或磨砂皮。用于制作内里的皮革通常选用猪皮。

2.合成材料

PU是仿皮革或磨砂皮，是用于制作鞋面的最常用的合成材料。合成猪皮或羊皮PU是最受欢迎的里料。与皮革不同，PU不透气。

七、鞋垫

最好选用真皮鞋垫，因为上脚舒适、透气，但考虑到成本因素，零售行业中大多会采用PU材质鞋垫。

八、铁心

中底和大底之间夹塞的铁片，以支撑足部，构建鞋子结构。

九、鞋头衬

在鞋面和内料之间夹塞的内衬，以构建鞋头形状。

十、后帮衬

在鞋跟和内料之间夹塞的内衬，以构建鞋后帮形状，防止脚跟打滑。

十一、鞋底

高档鞋青睐于采用真皮鞋底，而大众鞋底采用人工合成的皮革鞋底。

十二、原产国

1.英国

北安普顿曾经是英国制鞋业的中心，当地鞋匠因制造诸如Trickers和Churches等高端品牌男式皮鞋而闻名于世。而近年来，大多数制鞋企业已迁至海外。

2.美国

与英国的情况相同，美国境内出售的鞋子99%产自国外。

3.印度

印度专业从事皮革生产、皮鞋制造和装饰。

4.葡萄牙和西班牙

制造优质皮鞋，兼具干净、高档的美感和高档的价格。

5.中国

中国制造商在合成材料和非皮革产品，以及装饰、修剪和罕见材料产品制造方面相当专业。

6.越南

除了中国，越南也进行皮革制造。

十三、尺寸

对于行业标准的试版鞋，女鞋采用36.5码，男鞋采用44码。所有制造尺寸均采用毫米制。

鞋展

两大主要鞋展为：

1. 加达国际鞋展——意大利加达：每年1月和6月。
2. 米兰国际鞋展——意大利米兰：每年2月和9月。

102.

包袋

与鞋的情况相同，包袋呈现出不同的形状、尺寸和材质。包形千变万化，最为常见的是手提包、肩背包、小背包、大背包和斜挎包。自从20世纪90年代中期火爆的“It Bag”出现以来，手袋成为象征身份的一件配饰。

一、流程

如果需要品牌的五金配件，则需要在建模、采购阶段准备，因为从订货到交货通常有4～6周的间隔时间。

二、设计

包袋设计师使用手绘或计算机辅助设计(见第53页“计算机辅助设计(CAD)”)绘制图样。如果包面需要一些细节设计，则应首先设计包面(如贴布、印花)，然后制作含各项尺寸参数的全尺寸规格表(含尺寸，见第56页“包袋规格表”)。

三、采购

包袋由皮革、布料和配件制作而成。采购皮革、合成材料和组件是设计的关键所在。皮革还需要经过皮革间染色处理，以符合特定的颜色标准。

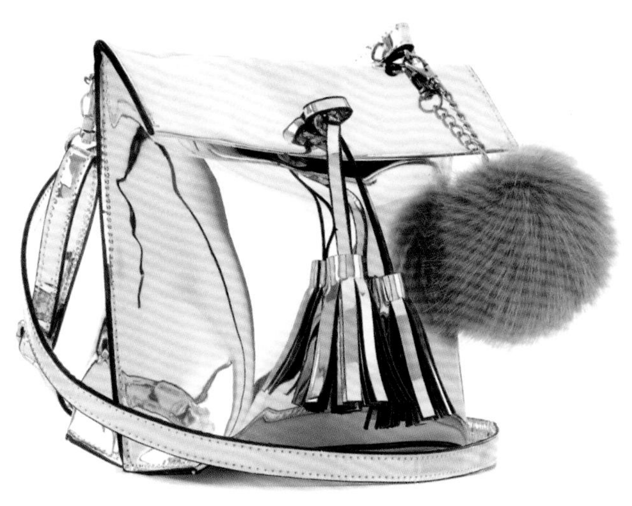

带有粉色毛绒球的液态金属色斜挎包。

四、包面细节

包面设计涉及绣花、贴布、缝合、饰钉、印花或激光刀裁切等。所有工艺均需在包袋构型之前考虑周全。

五、制作

在大多数工厂内，制模区分为样品室、皮革间(皮革选择区)、裁断组、针车区、后处理区和包装区。

(1)样品室——这里是能工巧匠制作第一份样品的场所。

(2)皮革间、皮革选择区——在此选择皮革或合成材料，并交付裁断组处理。

(3)裁断组——裁断可以采用机器或人工完成。产量大的大型工厂可使用机器根据计算机辅助设计软件进行裁样。根据设计要求进行边缘染色之后才能进行手袋加工。

(4)针车区——所有包片裁切完成后即交付针车组加工处理。

六、后处理

针车处理后，包袋将交由后处理区进行检查。在这一阶段，装箱待运之前将对包袋添加标牌、标签或进行包装。

七、手袋种类

- 大包、行囊包、水桶包
- 邮差包、斜挎包
- 随行包、保龄球包
- 购物袋、手提袋、肩背包
- 手包、小包
- 大背包
- 马鞍包
- 周末旅行包

八、材质

- 皮革
- 绒面皮
- 蛇皮、鳄鱼皮
- 马鬃毛

合成材料：

- PU——一种皮革的合成材料。目前有很多种光泽和颜色。
- 缎、天鹅绒
- 稻草
- 帆布
- 毛毡

九、原产国

1.中国

各种合成面料和一些皮革。

2.印度、意大利、土耳其和西班牙

大部分皮革包袋产自印度。奢侈品牌更倾向于在意大利、土耳其和西班牙制造，因为这些地方的后处理更加整洁。

3.英国

一些设计师选择在英国制造，例如玛百莉(Mulberry)的工厂是在萨默塞特郡(Somerset)。

4.土耳其

土耳其的产品上市快，制造周期最短只需8周。

十、尺寸

为了准确起见，测量尺寸精确到毫米。

包袋行业展会

1. 巴黎Première Vision面料展——印花和面料展，预测面料趋势。巴黎：2月和9月。

2. Pure伦敦服装服饰展览会——配饰行业展会。伦敦：2月和7月。

3. 伦敦国际面料展(London Textile Fair)——印花和面料展。伦敦：7月。

4. 伦敦印花展(London Print Fair)——印花工坊。伦敦：4月。

5. 意大利琳琅沛丽皮革展(Lineapelle)——皮革展。米兰：2月和9月。

6. 泳装行业展(Pool Trade Show)——包括女装、女式内衣、泳装和童装。拉斯维加斯：8月。

蔻依(Chloé)包，2016春夏巴黎时装周。

103.
配饰

配饰简直是锦上添花。它们可以更新现有的装备，使衣橱瞬间焕然一新，且无须花费太多。追溯到19世纪30年代美国大萧条时期，所谓的“口红效应”见证了消费者在任何事情上都可以省而唯独化妆品不能将就的现象。这种状况持续至今——随着全球经济进入低迷时期，物美价廉的配饰仍然受大众欢迎。

一、配饰的制作流程

1.设计

配饰设计师手绘或使用计算机辅助设计(CAD)绘制图样。对于某些配饰而言，选定布料即代表完成了设计工作的大部分。例如，对于费尔岛针织围巾，在面料设计及显示板样的样品针织完成后，需要制作一份带有尺寸参数和面料参考的全尺寸规格表。

2.采购

采购材料对于配饰设计来说很关键，需要在配饰的形状或风格设计出来之前进行。比如设计印花围巾或帽子，专业印花设计师会先设计印花，然后裁剪印花网，最后选择价格合理的面料进行生产。电子印花设计可以实现极佳的图案效果，但是价格昂贵。有时设计师可以从供应商处采购印花，作为面料存货。

3.布料和面料的生产或处理

在一些情况下，需要在配饰制作之前生产布料或面料；同样，也可以从专业供应商处采购面料，作为面料存货。

4.设计模型

如果单品造型复杂，或为了展示装饰技巧和安置方法，设计师将制作设计样品。

配饰生产需要制作3D打印的原型样件，如太阳镜需要模具。批量生产之前需要进行原型样件审批。

5.制作

针织机和织布机生产面料，通过剪裁成型，进而制作针织和梭织配饰。针织品可以完全成型，并组合成一件完整的针织服装，或者采用裁剪和缝纫的方法。后者是一种廉价的方法，先按照长度制作面料、裁剪样片、完成锁边，然后缝合成一件服装。

粗短的针织围巾和帽子通常采用手工针织。梭织单品通常采用裁剪和缝纫的方法，并通过缝纫机进行后处理。呢帽和礼帽及饰帽则是在模具上成型，然后经后处理添加辅料。一些配饰(如珠宝)仍然采用手工制作。

6.后处理

在必要的情况下，配饰可经手工后处理。如有要求，将添加辅料和其他装饰品。

二、配饰种类

(1)针织配饰：帽子，包括无边帽和贝雷帽。

(2)围巾：针织围巾、梭织围巾、披毯、轻便印花围巾和装饰性披肩。

(3)梭织帽子：渔夫帽和便帽。

(4)呢帽：男式软呢帽、软毡帽、钟形女帽和贝雷帽。

(5)手套：针织、皮革和梭织手套。

(6)皮带：皮革腰带、PU腰带、男友风腰带、日本阔腰带。

(7)太阳镜：醋酸纤维板材和金属框架。镜片有不同种类，包括平面镜片和镀水银镜片。

(8)珠宝：戒指、项链、手镯、身体珠宝、头发珠宝和胸饰。

(9)袜装：袜子和紧身下装。

(10)领饰：衣领、围兜和窄版围巾。

三、材质

1.针织和梭织的围巾、帽子、手套

(1)天然纱线：羊毛、羊绒、美丽诺呢、安哥拉呢、羊驼呢、棉线、亚麻和丝绸。

(2)合成纱线：纤维胶、涤纶和100%腈纶。

(3)天然或合成混合纱线：有时采用混合纱线，以创造柔软触感，降低成本。

2.皮革手套

(1)皮革：廉价手套采用猪皮和反绒面猪革；高档手套采用牛皮。

(2)里衬：采用丝绸、平纹布料、羊毛。

3.呢帽

毛呢。

4.礼帽和饰帽

麻草、羽毛、缎带、辅料、装饰品、透明硬纱、硬衬布。

四、原产国

1.中国

针织和梭织品、皮革手套和礼帽。适应中国北方寒冷天气的针织品和配饰。

2. 印度

大多数梭织围巾和饰品都产自印度，还涉及一些皮革手套的生产。

3.英国

呢帽以前在英国制作。但现在很多生产工厂已迁至中国。然而，部分高档礼帽现在仍然在英国制作。

4.欧洲

土耳其：针织和梭织帽子、围巾的生产上市较快。

意大利：进行高档梭织围巾、经编针织围巾以及高档印花面料的生产。

五、尺码

(1)帽子：多为均码，有一些生产商采用S、M、L码系统。传统的女帽制造业有基于头围大小的尺码体系。

(2)手套：手套通常采用S、M、L码系统。皮革手套尺码体系基于佩戴者主导手掌四指指关节以下一周的长度。在一些尺码体系中还会涉及指长，即从手掌的最下端到中指的最顶端的长度。

(3)围巾：均码。

(4)皮带：采用S、M、L码系统或腰围尺寸。

(5)珠宝：戒指采用S、M、L码系统。

(6)袜装：采用S、M、L码系统。

为了准确起见，测量尺寸精确到毫米。

配饰行业展会

1. 意大利国际纱线展(Pitti Filati)——纱线和面料展会。佛罗伦萨：1月和7月。

2. 巴黎Première Vision面料展——印花和面料展，预测面料趋势。巴黎：2月和9月。

3. Pure伦敦服装服饰展览会——配饰行业展会。伦敦：2月和7月。

4. 伦敦国际面料展(London Textile Fair)——印花和面料展。伦敦：7月。

5. 伦敦印花展(London Print Fair)——印花工坊。伦敦：4月。

104. 针织品设计流程

一提到针织品，人们总是习惯性地联想到奶奶那一辈人和旧时光。但今天的设计师重新定义了针织品，通过改造服装和针织品生产流程——从采购纱线直至投入生产的所有环节，使其与现代潮流接轨。

针织品设计的初始设计阶段与时装设计基本相同——首先需要灵感和概念，接着进行研究、试验，确定一组颜色，最后是设计成品服装或展览时装。

在设计阶段，时装设计师首先需要采购所需织物，为制作初始样品做准备。但对于针织品设计师来说，他们需要从无到有“创造”所需的织物。因此，采购纱线以及挑选质量和重量均适宜的纱线的重要性不言而喻。针织品生产是一门立体工艺，纱线和针法的选择决定了服装的外形。所以，在设计服装结构之前，必须慎重考虑以上各项因素。

编织方法主要有两种——手工编织和机器编织(见第97页“机器针织”和第98页“手工针织”)。其中，手工编织更为简单，成本也更低廉——只需要织针、织线和持续不断的耐心；当然，机器编织同样需要耐心细致。

105. 十种基本针法

无论编织何种服装，基本都会采用两种针法——正针和反针。正针指较低的平针，反针指较高的呈隆起状的针法。基本针法是先在正面用正针织一排，再在反面以反针织一排，即隔行正反针编织法。

一、隔行正反针编织法

这是指V字形织物——总能让人们联想到针织品。隔行正反针编织法做出的织物外观平整，并且边缘处易卷曲。

二、平针织法

如果每一排都采用正针，而不是一针朝下、一针朝上，就能得到平针图案。这种织物平整服帖、正反可穿、有隆凸线条，经久耐穿，并且边缘处不会卷曲。

三、罗纹花样

罗纹花样的织物兼具质地和弹性方面的优势。罗纹花样种类繁多，最流行的是2×1或2×2罗纹。

四、缆绳花样

缆绳状针织法是指按照确定的顺序编排各种针法，从而获得层层交叉的质地。一提到这种针织法，人们通常会想到阿伦式针织套衫(与爱尔兰阿伦群岛有关)。

五、褶裥织法

通过这类织法可得到菱形图案。通常用于套衫、短袜和手套。

隔行正反针编织法

罗纹花样

平针织法

缆绳花样

褶裥织法

六、种子绣针法

种子绣针法是指在每列和每行交替采用正针和反针的针织法。通过这种方法得到的织物极具质感，与采用隔行正反针编织法等做成的织物形成鲜明对比。

七、鸟眼花纹针织法

鸟眼花纹是指由面积较小的、菱形形状的车缝组成的图形，通常用于男装，如套衫和短袜等。

八、嵌花工艺

嵌花是一种多颜色车缝，此工艺大多用于构建图案和花样，正反面花色相同。背面的针脚之间没有浮纱(未加工的纱线)。

九、费尔岛式

这种工艺织成的织物由两种或更多颜色组成，背面有浮纱。这种传统手工编织技艺的名称源自苏格兰北部一个面积很小的岛屿(即费尔岛)，该小岛归属于设得兰群岛。最近，针织物的纯正主义者开始采用提花针织物一词，规定“费尔岛式提花”一词仅适用于有限的五种或更多颜色的针织物，且该针织物还须同时有设得兰群岛的标志性图案。

十、提花

单面提花背面有浮纱。双面提花背面没有浮纱。车缝彼此相连，形成针织图案，如鸟眼花纹。

种子绣针法

鸟眼花纹针织法

嵌花工艺

费尔岛式

提花

106. 纱线采购和行业展会

在针织品设计的所有环节中，采购纱线都是一项复杂并且费钱的工作。主要途径包括向纱线制造公司寻求赞助、参加纺织品行业展会，或者采购一手或二手纱线。寻求赞助是最经济的办法，但很费时，并且无法确保你找到最优质、最新奇的纱线。

要想购得新奇的纱线，你无须走遍世界各地，下文列出了一些重要的行业展会和供应商——这些供应商致力于不断突破自我，打造出全新的针织品纱线和设计。如果你不便亲自前往，亦可通过电话、电子邮件或信函等方式说明你需要哪类纱线，并附上小样。

忠告：纱线也会老化。所以，如果你购买的是二手纱线，请务必仔细查看，确认其未变得脆弱易断。

一、重要纱线供应商

1.布鲁克林粗花呢毛线制造商(Brooklyn Tweed)——俄勒冈州波特兰市

特种纱线的设计、原料生产、染色和纺纱全部在美国完成。

2.Rowan——英格兰约克郡

Rowan是一家生产奢华手编纱线的公司，采用色彩亮丽的天然纤维，提供一系列有机纱线。

3.Todd & Duncan——苏格兰金罗斯

该著名山羊绒纱线公司成立于1867年，历史悠久，以其卓越品质和为众多顶级女装品牌及当代设计师供货而闻名。每年，他们为超过15所学院和大学的学生提供赞助，以鼓励他们开拓创新，制造全新的山羊绒产品。

4.Uppingham Yarns——英格兰阿平厄姆

提供各种限量和反复生产的用于手工编织和机器编织的纱线。由于生产的很多纱线都只生产一次，因此提供免费的纱线匹配服务。

二、国际行业展会

1.Spinexpo——上海和纽约

参展人员包括独立的纺织品业内人士，展品有纤维品、编织纱线、圆形针织品和织造品、短袜、花边、标签和技术纺织品等。该行业展会3月和9月在上海举行，7月在纽约布鲁克林举行。

2.意大利国际纱线展(Pitti Filati)——意大利

该著名展会旨在向针织品行业展示新一季纱线，其重点是技术创新。产品大都为意大利产品，于1月和6月或者7月在佛罗伦萨举行。

3.Première Vision Yarns (Indigo at PV)——巴黎和纽约

展示最新的全球创新产品，如天然以及合成织物纤维、高性能纱线和可回收材料。2月和9月在巴黎举行，1月和7月在纽约举行。

4.TNNA——加利福尼亚州和俄亥俄州

全国缝纫编织艺术协会(The National Needlearts Association)行业展会旨在展示前沿发展趋势，并为参展者提供建立联系或购买最新产品的机会。1月在加利福尼亚州的圣迭戈举行，6月在俄亥俄州的哥伦布举行。

107. 纱线

钩针尺码

与普通钩针不同，与钩针线和花边纱线搭配使用的钢制钩针采用不同的尺码体系——数字越大，钩针越小，这与普通钩针正好相反。最小的钢制钩针是14号，或0.9mm；最大的是00号，或2.7mm。

纱线由多股(或称“多叠”)纤维制成，这些纤维经过捻搓形成一根较粗的线。纱线按绞或球出售，标签上通常会标示出重量，如果同时显示长度，对于设计师来说就非常方便了。大多数在商店直接购买的花色都规定了纱线的品牌、重量和缝针尺寸，但如果你足够细心，也可用类似纱线代替。一般还会说明标准规格或针数(见第100页“理解密度”)。

一、纱线标准重量分类和一般用途

0/花边或蛛网——仅比线略粗，通常用于编织花边或网眼垫。

1/细绒线——仍然非常纤细，用于制作花边或短袜。

2/运动——非常纤细，多用于制作毯子或婴儿衣物。

3/DK或轻质精纺毛纱——这种纱线质地平滑、服帖。可用于双面针织，即将两股编织在一起，得到更粗的材料。

4/精纺毛纱——更粗、更温暖，用于编织毯子和套衫。

5/厚实——非常粗，通常用于编织围巾和小地毯。

6/超级粗纱——未经过纺织，通常用于制毡。这类纱线可用非常大的钩针加工，但会有些困难。

7/特大号——一种新型纱线，外观粗放、厚实，针脚极具质感。

纱线重量分类

纱线重量标志和分类名称	0/花边	1/极细	2/细线	3/轻质	4/中等	5/厚实	6/超级厚实	7/特大号
纱线分类	细绒线10(支数)钩针线	短袜细绒线 婴儿	运动 婴儿	DK 轻质精纺 毛纱	精纺毛纱 阿富汗毛毯	厚重 手工艺品	超级庞大 粗纱	特大号粗纱
针织规格 正反针/10cm	33～40*	27～32	23～26	21～24	16～20	12～15	7～11	6及更少
织针尺寸 公制(mm)	1.5～2.25	2.25～3.25	3.25～3.75	3.75～4.5	4.5～5.5	5.5～8	8～12.75	12.75及更大
美码	0～1	1～3	3～5	5～7	7～9	9～11	11	17及更大
钩针规格 钩针/10cm	32～42 长针	21～32	16～20	12～17	11～14	8～11	7～9	6及更少
钩针尺寸 公制(mm)	1.5～2.25	2.25～3.5	3.5～4.5	4.5～5.5	5.5～6.5	6.5～9	9～15	Q及更大
美码	B1	B1～E4	E4～7	7～I9	I9～K10 ½	K10 ½～M13	M13～Q	

*花边纱线通常采用大号缝纫针和钩针进行编织，以获得稀松、花边状的织物。因此，很难用标准规格进行测量。

二、颜色和染料

纱线有多种形式，如未经染色，进行必要的定制化染色，甚至是保留天然色泽的纱线。

当然，也可以购买已经染好色的纱线——购买这类纱线时，务必留意“染料批号”，确保购买的是同一批纱线，以免出现色差。此外，还可以购买纯色纱线，或带有多种颜色效果的纱线。以下是最流行的几款。

1．混色花呢

这种纱线包含随机加入的其他颜色的纱线。

2．渐变色

这类纱线包含同色系由浅到深的各种色调。

3．多色

这种纱线包含两种或更多种不同的颜色。

4．自带条纹纱线

这种纱线由染成不同颜色的、长度确定的纱线组成，可在编织时形成条纹。

5．闪光纱线

这种纱线的突出特点是包含闪光的金属线。

6．短袜纱线

这种纱线会变换颜色，以形成多种颜色的效果，而无须更换不同颜色的纱线。

1 混色花呢

2 渐变色

3 多色

4 自带条纹纱线

5 闪光纱线

6 短袜纱线

纤维

1.羊毛

(1)吸水、温暖、弹性好——拉伸后能恢复原先的形状。

(2)典型用途：套头衫和围巾之类的柔软配饰。

2.棉花

(1)柔软、透气、强韧、吸水。

(2)典型用途：短袜、平针T恤衫和连衣裙。

3.丙烯酸

(1)质量轻、防沾染异味、防霉，以及便于清洗。

(2)与明火接触熔化燃烧。

4.尼龙

质量轻、强韧、防霉防真菌。

5.人造丝

(1)可模仿天然纤维的触感，如亚麻、丝绸、羊毛和棉花。

(2)柔软、平滑、舒适、极易吸水。

(3)触感非常光滑，无法隔绝体温，弹性最差。

6.涤纶

(1)强韧、抗拉伸、防缩水。

(2)易于清洗、快干、不易起皱。

7.氨纶、莱卡

(1)弹性极佳、质量轻、舒适、透气、快干。

(2)常用于紧身衣物和内衣——短袜、运动服和紧身弹力裤。

108.

工具和设备

美国作家华莱士•沃特尔斯(Wallace D.Wattles)曾说过："拥有好工具至关重要，但同样重要的是，要用正确的方法使用这些工具。"下文是一份基本的工具清单，足够初学者习得绝大部分剪样技能。以后，你会慢慢发现新工具，同时了解到哪些老工具最好用，并决定为真正有用的工具多投入资金。

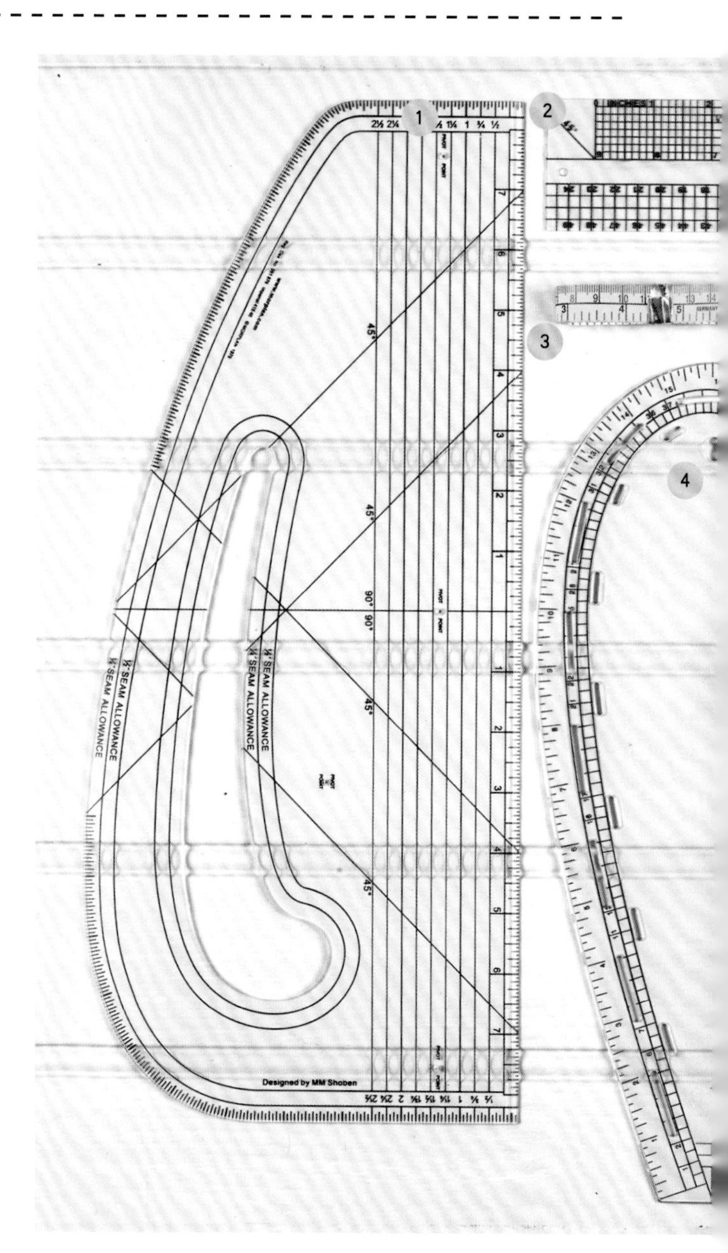

剪样工具

1.图样母本
2.分级尺
3.卷尺(包括公制和英制)
4.袖孔尺
5.图样钩
6.拆缝针
7.锥子
8.图样钻
9.图样刻痕器
10.三角板
11.描图轮
12.划粉
13.橡皮
14.记号笔
15.别衣针
16.曲线板

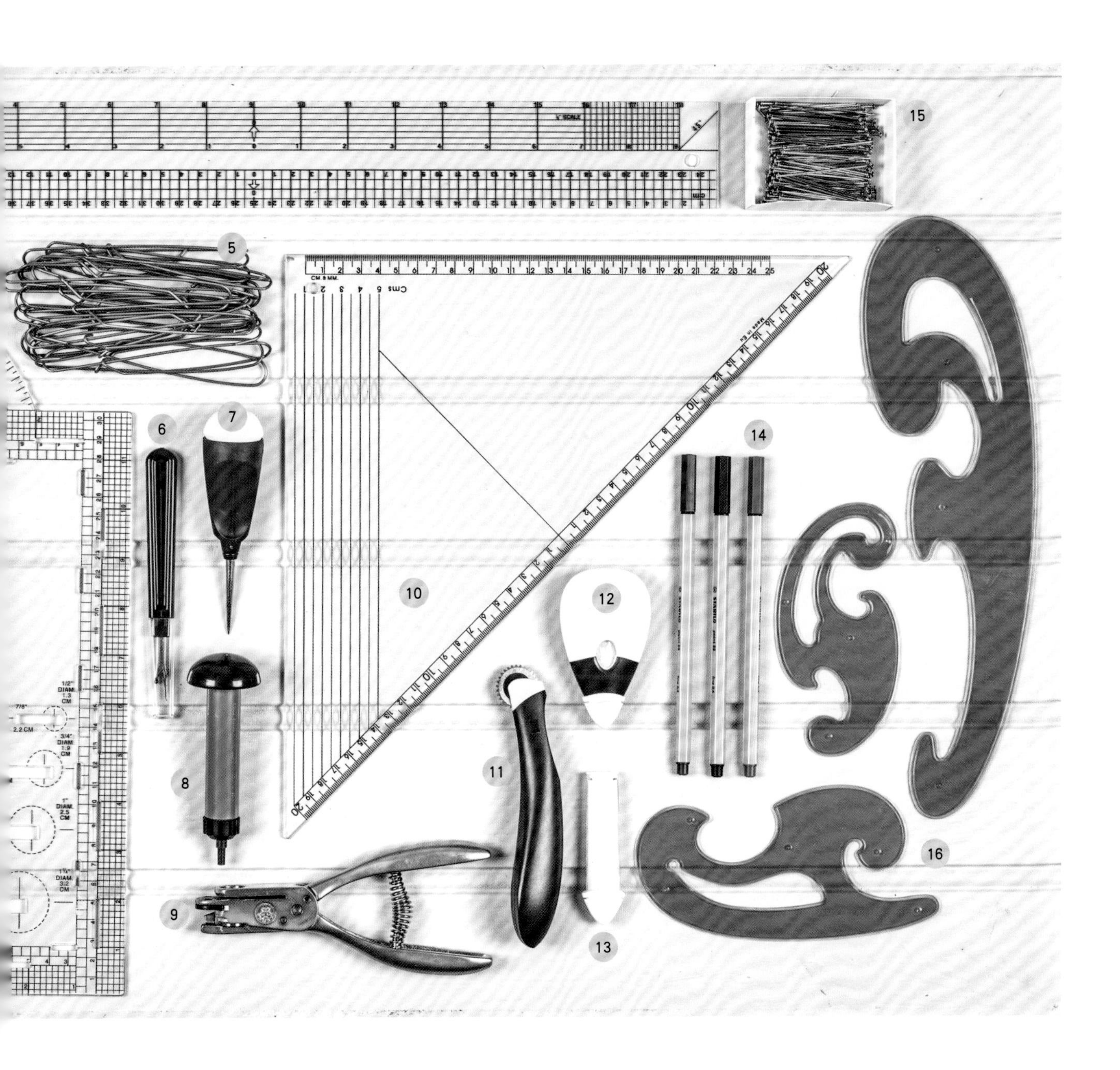
15
5
6
7
8
9
10
11
12
13
14
16

109. 剪样

剪样是指做出平面的、用于制作合身服装的纸样模板。人体呈不规则的立体状，因此，没有完全一样的服装纸样，这就增加了剪样工艺流程的复杂性。

剪样实际上是将平面织物转变为立体服装的环节。构思图样的一种方法就是在头脑中想象一件服装，比如连衣裙。想象你将所有的接缝拆开，将整件衣服完全拆解，然后将一片片织物平铺，你所得到的，就是这件服装的全套织物。你就是从这套织物开始，一步步完成新设计的。

一、打样师

打样师在设计师与缝纫师或制造商之间起到纽带作用。打样师除了需要具备创意技能，还必须熟谙工艺流程所涉及的诸多技术细节，并力求精准。

这部分详细介绍了剪样工艺的各道工序，以便让你更好地理解制作纸样所需的各项技能，以及如何与打样师合作共事。

经验丰富的打样师可根据完整尺寸，直接在纸上或材料上画出图样。仅这一项技能就已经非常了不起，需要多年的实践练习，但设计师并不一定非要掌握这项技能。在制作一次性服装时，由于没有相关的图样记录，只能采用这种方法。相反，在为批量生产的服装制作图样时，不适合采用这种方法。

二、常用剪样方法

1.平面剪样

根据量好的尺寸，并利用已按具体设计改制的标准模块，在纸上绘制图样的草图。接下来，依照这份草图制作样衣，即服装的原型样件——通常采用白棉布制成。

2.立体剪样

打样师直接在架子或人台上利用织物和别针进行剪样。采用这种方法不涉及纸样。我们将在第170～172页详细介绍这种方法。

剪样时的注意事项

请务必记住以下各部分讨论的各条原则，这一点很重要，因为这些原则会在整个剪样流程中影响你的决策。

1. 布纹——参见第159页“了解布纹”。

2. 重心——摆弄材料的方式，以及你想如何悬挂它。

3. 抑制——除去多余的材料以做出外形，这与剪裁形状和调整比例同等重要。

以下三点更须时时谨记：

1. 尺寸——你需要记住所做服装的尺寸。

2. 材料——记住你要采用哪种织物，因为这会影响剪样和你要采用的制衣方法。

3. 方法——所做服装是采用机器缝制，还是手工缝制，抑或是锁边等?

此外，还要考虑门襟，比如是采用纽扣还是拉链(参见第162页“门襟：拉链”，第164页“门襟：纽扣”)。最后，再次明确是制作一次性服装，还是为用于批量生产的服装画图样。这将决定你是否需要保留纸样记录：你采用的方法将决定这样做是否可行。

110. 平面剪样

模块是指基础的、标准化的图样模型，打样师可利用这些模块绘制和调整其图样。这些基础模块涵盖了各类服装中的所有基本要素。杰出的剪样工作室都拥有全套、结实、耐用，并可重复使用的主要模块，至少应包括以下四种基本模块：裙子、裤子、衣大身(包括袖子)和连衣裙。注意，连衣裙模块包含裙子模块和衣大身模块。业内标准化模块的尺寸为170；教学采用的是167。

对页上的示意图展示了剪样时用到的四种基本模块。你可以修改这些基本模块，以便获得全新服装所需的独特要素。

制作平面图样的步骤如下：

(1)测量模块的尺寸，确定它与你的服装尺寸或设计规格表的对比关系。增加所需的额外要素(例如袖口或领子)，或者修改形状(例如使裤腿呈喇叭形展开)。

小贴士：绘制模块时，一开始要画大一些。因为进入后续工艺流程后，去除多余织物、改小服装要比增加织物、改大服装容易得多。通过多用织物，即留出公差，可在后续工艺流程中很好地避免出现样衣过紧的问题。

(2)随后，将基本模块的轮廓描摹到剪样纸(因其布满记号，有时也被称为“点线纸”)上。你可以修改上面的线条，以符合实际尺寸规格。

(3)如果你对描摹的车缝和基础模块形状的修改感到满意，那么你就得到了一套临时性纸质模块。用笔画出轮廓，用直尺画直线，用弯曲的尺子画曲线。不用添加线缝余量——这些在最终的缝纫图样中添加。标记出前中(CF)和后中(CB)，以确保其定位准确，方便后续工作。有的人会在模块旁加上注释，写明各种细节信息，如布纹、凹痕和省道(见第159页“了解布纹”)；当然，也可以等进行到后续工艺流程时，再将这些信息添加到最终图样中(见第166页“为纸样添加注释”)。

(4)为模块取名(例如连衣裙前胸部)，还可添加其他你认为在后续工作中有帮助的信息以供参考，如日期等。

(5)如果你采用结实、厚重的剪样卡重新制作一套模块，就能在今后制作新模板时反复使用。

(6)沿着车缝将每块样片剪下来，别忘了剪掉省道。先把图样和省道从模块上剪下来，更容易描摹轮廓。

平面图样的基本模块

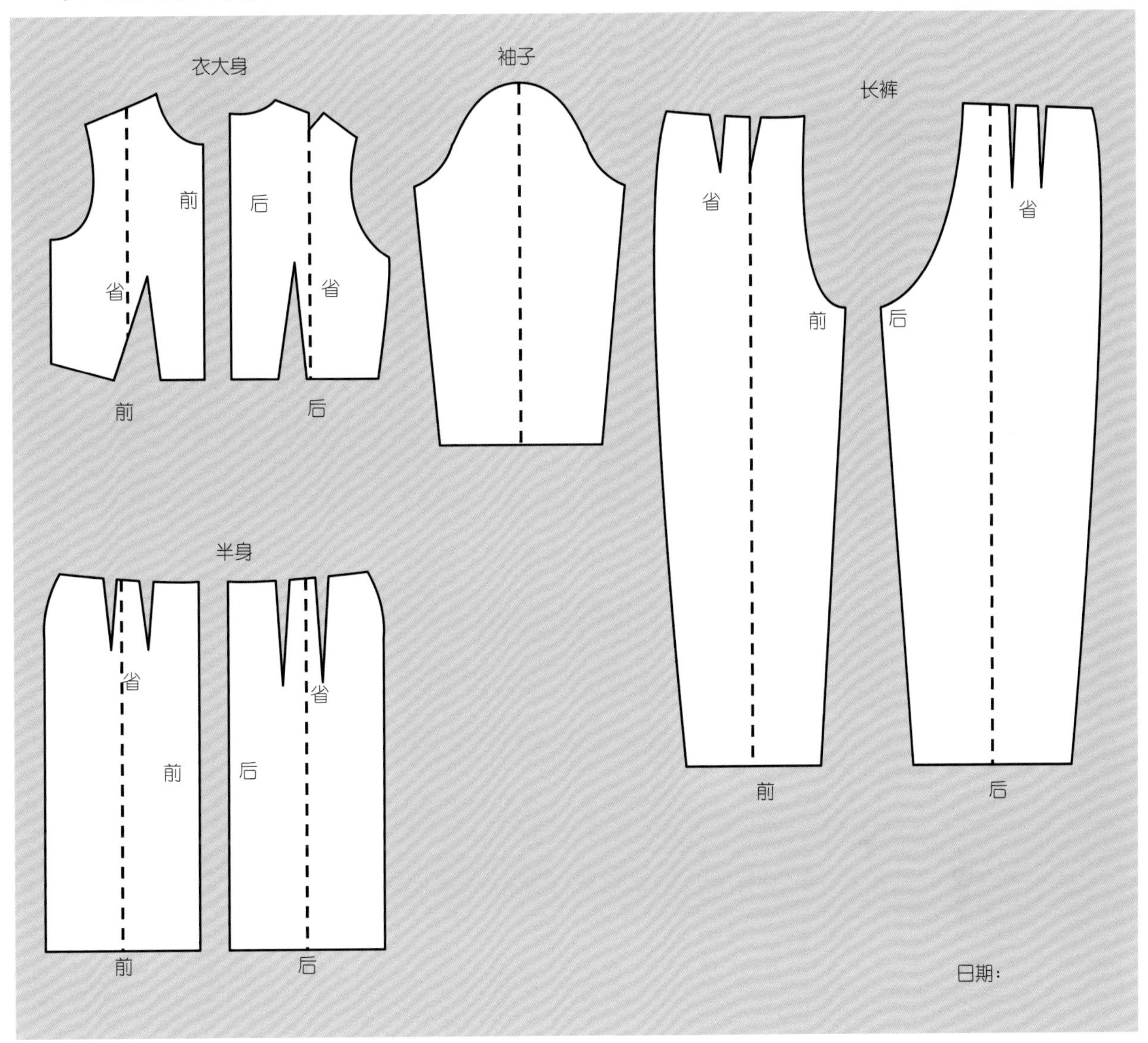

画出前胸中间位置(前中)和后背中间位置(后中)以说明各样片，这有助于在将它们按在人体正中画的虚线进行摆放时准确定位图样。

111. 制作纸样

有了平面模块，你就可以着手制作纸样、汇总缝纫师需要的所有信息了。

制作纸样的步骤如下：

(1)将模块的轮廓描摹到剪样纸(又称“点线纸”)上。务必记住，模块只是一块基础模型——你需要根据技术绘图的要求或所需的具体尺寸进行必要修改。

(2)使用卷尺或尺子在纸样上标记出各项尺寸，并对各部分进行形状调整。

(3)如对各样片感到满意，即可添加必要说明，以供缝纫师或制造商参考。

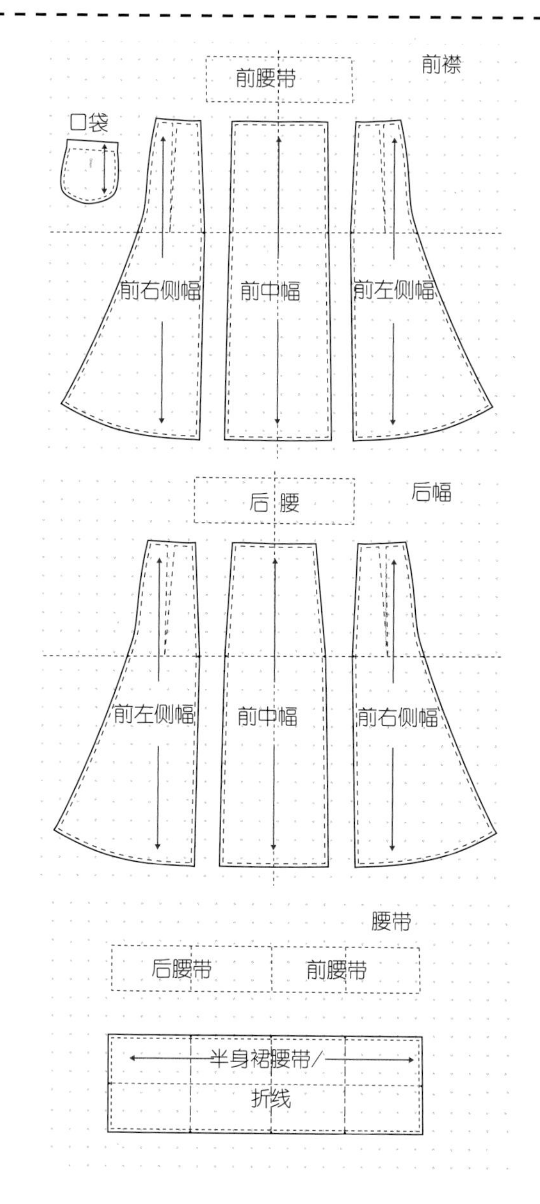

基础样片示例。

半纸样

如果服装左右对称，则制作一份半纸样亦可。这种情况下，须在中折线处写上“对折”一词，缝纫师或制造商就知道要将该纸样置于织物的对折处，以便剪出对称的样片。

这种方法仅适于制作一次性服装。若为批量生产，则会将材料叠放，以便同时剪出多个样片部件。此外，在采用纤细、脆弱的材料时，如丝绸或雪纺，也不建议采用这种半纸样的方法——这些材料由于质地较轻，不如厚重织物易于对折。

112. 了解布纹

所有织物，无论是梭织的还是针织的，都是通过线的纵横交叉得到的。梭织织物由经线和纬线彼此相交得到，而针织织物由线圈套结而成。接下来，我将以梭织织物为例，解释布纹是什么。梭织材料是剪样时最常用的材料，因为与可以延展以贴合人体曲线的平针织物不同，它更加强韧、不易变形。

梭织织物包含两个不同方向的线，即经纱和纬纱——经纱是指上下方向的线，纬纱是指左右方向的线。这些线在布料上的呈现方式不同，因此，样片沿织物布纹的摆放方式将决定织物如何悬挂。主要有以下三种布纹：

一、直纹

直纹由经纱组成。因为经纱是最结实的纤维，所以这种布纹最为稳定强韧。用直纹布裁剪的样片最不易延展变形。直纹布是最常用的服装织物，通常用于服装的前中和后中，以及袖子和裤腿。

二、横纹

用横纹布(即纬纱)裁剪样片的话，你是利用了织物的横纹。由于其自身特性，所得样片的稳定性不及直纹，但是它的延展性更强。

三、斜纹

斜纹是指夹角呈45°的纹路。这就不可避免地将经纱和纬纱从中剪断，因此织物的稳定性锐减。斜裁的服装通常具有灵动飘逸的特点，最常见的就是斜裁式连衣裙。

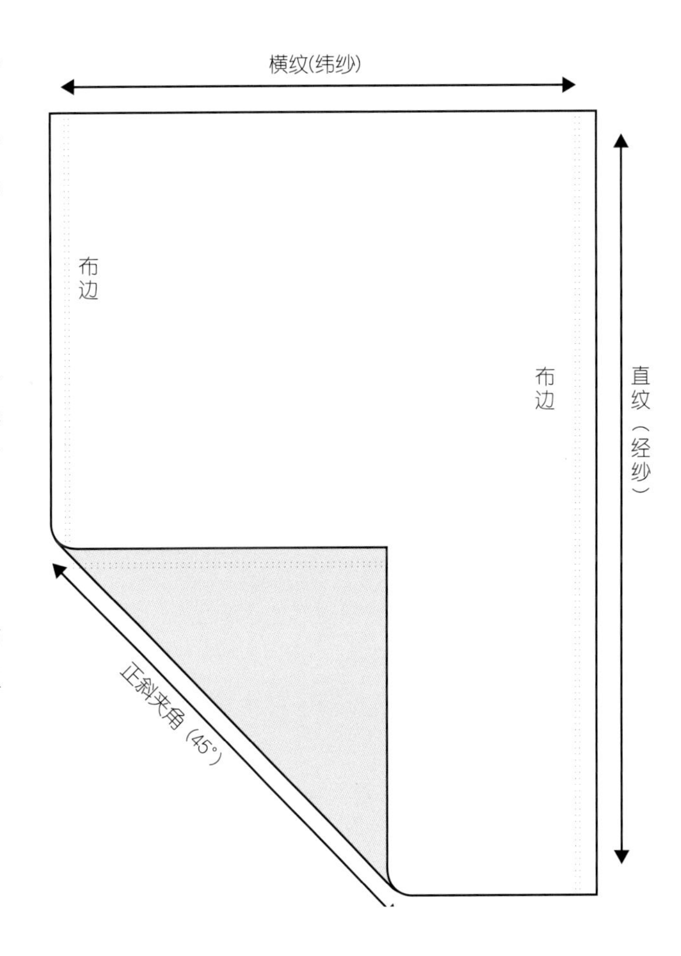

113. 细部

你需要详细了解制作服装时的常见细节问题，这很重要。这样，你才能在描绘和剪裁图样时留心这些问题。本部分将着重介绍以下四点：缝头、省、凹口和打孔点。

一、缝头

缝头是指在每件样片边缘留出的余量，以便将各件样片缝合起来或使其彼此相连——例如将领子与衬衫的衣大身相连。

美国业内有关缝头的标准是1cm。请注意，服装的下摆处通常要多留缝头。此外，不同材料所需的缝头也不尽相同。因此，在制作样衣时，应尽量采用与成品服装接近的材料。

与羊毛、珠皮呢及有衬垫的织物等厚重材料相比，平纹细布、雪纺绸和其他精细材料所需的缝头更少，建议尺寸为不超过4cm。如果你需要用到精细材料，则可利用维莱恩衣衬带，以防在缝纫时边缘处变形和被拉长。

小贴士：在你获得丰富的打样经验之前，请务必在样片上注明是否已留出缝头。

二、省

基本上来说，省是指织物上的褶缝或缩量，呈三角形，用于去除服装上的多余材料，以便让服装更贴合人体。

省的意义在于将平面织物转化为立体图形。在采用梭织织物时多会用到省，通常来说，最常出现在以下服装部位：胸围、后肩胛骨、后腰、前腰、臀部以及臀部的摆缝。省会随着不断接近织物成型的区域而逐渐缩减至一个点。

在缝省的时候，对折织物，然后沿着折痕进行缝制。在接近省的尖端前收线，即可避免出现一个尖凸的圆锥形——如在胸部等区域出现这类形状，非常不美观。正确的做法是，让省的尖端起线，以便与整件服装融为一体。

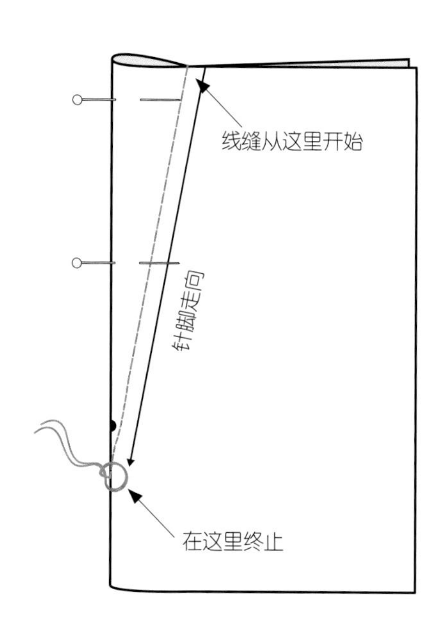

三、凹口

凹口的作用是标记哪条线缝的两侧需要对齐并缝合。尤其是需要用到凹口的地方有弯曲的线缝，以及在区分袖孔的前后时——这时，前面需要用一个凹口，后面需要用两个凹口。此外，它们还可用于指明服装的框架节点，例如膝盖高度。右图所示是一个袖子样片的凹口示例。

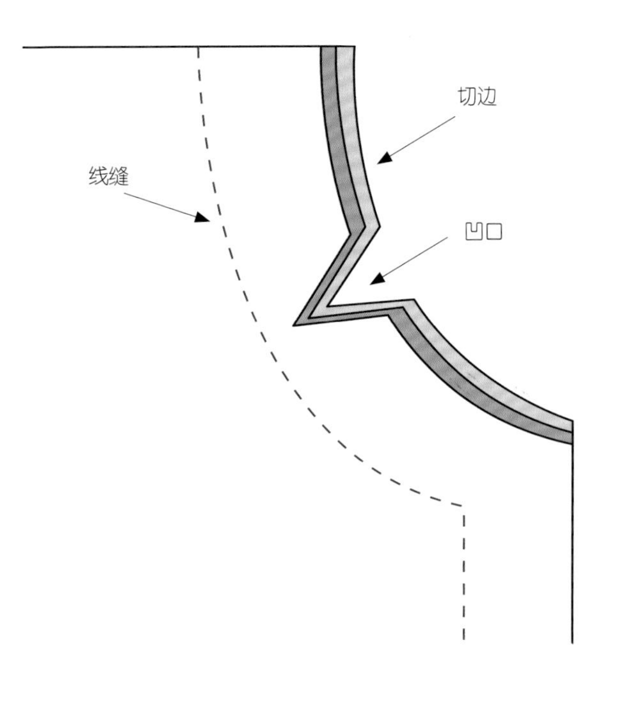

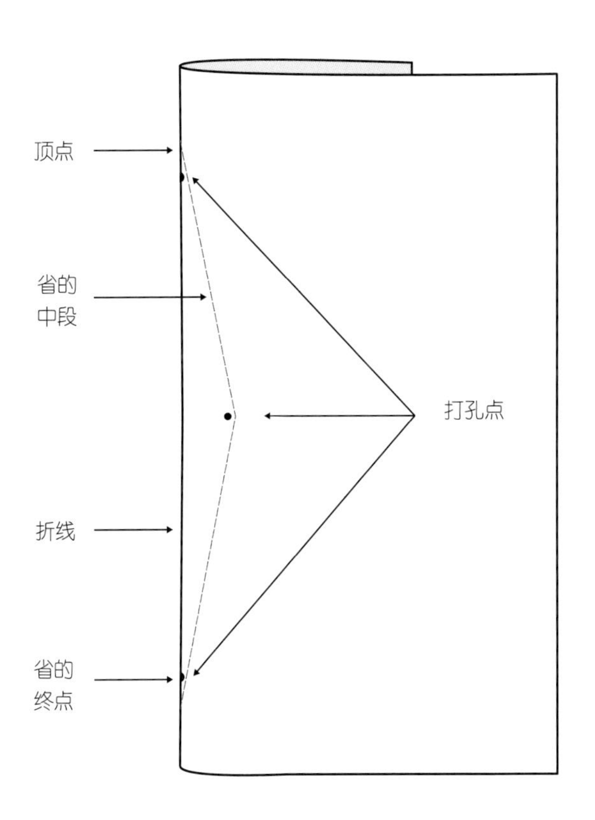

四、打孔点

打孔点用于提醒缝纫师或制造商必须留意的若干细部，其中最常见的有以下几点：

(1)口袋的包角和位置。

(2)缝纫、外缝指南。

(3)省的终点。

(4)边角修剪。

(5)纽扣和扣眼。

左图所示是一个衣大身模块上的打孔点。

114. 门襟：拉链

拉链由两排相互啮合的齿牙组成，每排齿牙都与一条布带相连(即链带)。齿牙通常由金属、塑料或合成材料制成。链带通常采用聚酯纤维制成，但在用作时尚配饰时可以对其进行染色或印花。拉片和拉头用于控制拉链的开合。除了作为装饰性的时尚配饰，拉链还具有以下常见用途：

(1)增大或缩减开口部位的面积。

(2)接合或分隔一件服装的两端或两边，例如夹克的门襟。

(3)将一件服装的一部分与另一件相连接或拆卸，例如上衣外套的风帽。

一、拉链的类型

1.隐形拉链

隐形拉链常用于连衣裙和半身裙，或是采用精细材料时。这种拉链的齿牙位于拉链背面，通常配有精致小巧的泪珠状拉片。

2.外露拉链

外露拉链是指被缝在服装外面的拉链，所以，整个拉链明显可见。经荷芙妮格(Herve Leger)推广兴起的外露拉链，赋予了服装一种工业风和解构主义的审美情趣，如派克大衣。

3.开口拉链

当需要将拉链的两部分完整拆开时，即采用这类拉链。夹克是最常采用这类拉链的服装。

4.金属拉链

这类拉链的链带两侧均匀排列着两列金属齿牙。它们最常用于牛仔服和配饰，例如手袋，并可喷涂任意颜色。

5.塑料拉链

除齿牙采用塑料而非金属材质外，塑料拉链的功能以及制作方法都与金属拉链相同。它们可用任何颜色的塑料制成。与金属拉链相比，塑料拉链在拐角处更灵活自如，所以通常被用在箱包上。

6.YKK拉链

它们代表了行业标准，通常是零售业的标准配置。

二、裤门襟

这是系牢裤子的标准方法，拉链通常始于与臀部平齐的高度，止于腰头，这样即可使裤子包住臀部并在腰部系牢。拉链挡片被缝于链带背后，如下图所示，以防皮肤接触到拉链。

拉链的结构。

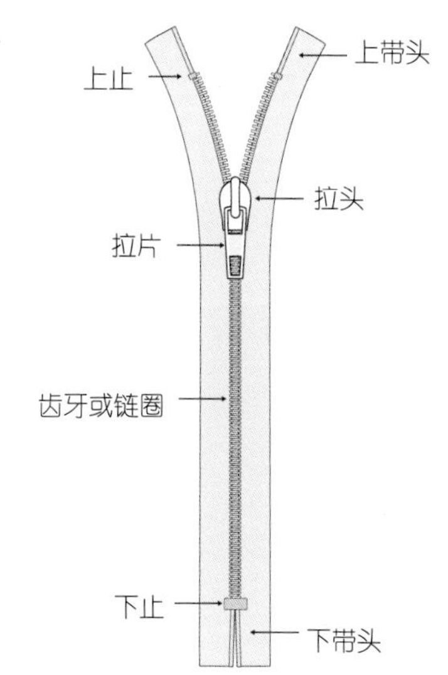

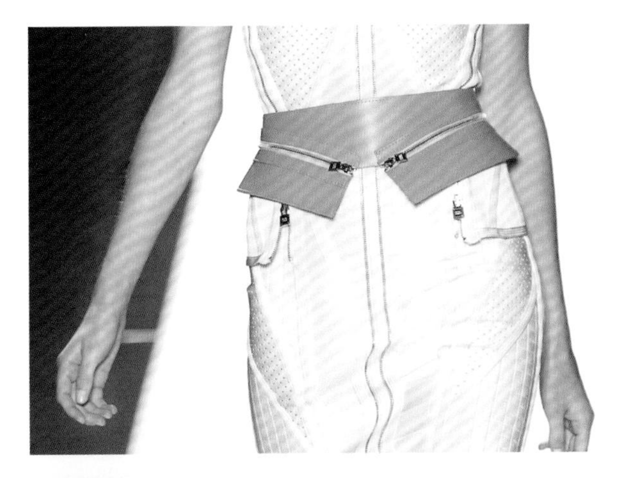

上图：荷芙妮格 (Herve Leger) 系列单品采用了外露拉链。
右下图：盟可映高纹女装 (Moncler Gamme Rouge)，2016 巴黎秋冬时装周。

115.

门襟：纽扣

使用延展性有限的梭织织物时，打样师必须考虑开口和门襟的问题。人体部位必须通过的开口，比如领口或袖窿，很可能需要某种门襟。必须慎重考虑领口，因为头的周长大于脖颈，除非服装采用延展性很好的材料，或者为超大尺码，直接套头穿上即可。

你最好熟谙各种最常用的门襟，并知道如何选择最合适的门襟。请注意，经验表明，男士的扣件最好在右侧，而女士的扣件在左侧。

至于情况为何如此，这存在各种离奇而美妙的解释。比如，男士通常自己穿衣，而女士通常由仆人帮助穿衣——仆人认为从右侧更容易系扣子；还有人说，这样便于女士进行母乳喂养。

一、纽扣的尺寸和位置

对于前中开口的服装，纽扣应该缝在前中位置。务必注意选择正确尺寸的纽扣——如果太小或太大，门襟都将失去作用，还要考虑纽扣的外观是否与整件服装相协调。

纽扣的尺寸依照莱尼(L)标准进行测量。以下纽扣尺寸规格表即采用了国际通用的莱尼标准(L)——纽扣的周长(测量单位：mm)÷2。

1.单排扣

对于所有单排扣服装来说，纽扣都位于中心位置。这样，当系好时，纽扣到前中左右两边的距离相等。

为避免这种放置，可将纽扣按示意图放在指定位置，以便制作扣位。扣位的制作方法是，将服装材料翻过来，形成一个相当于两层或三层材料厚的嵌条，确保布料

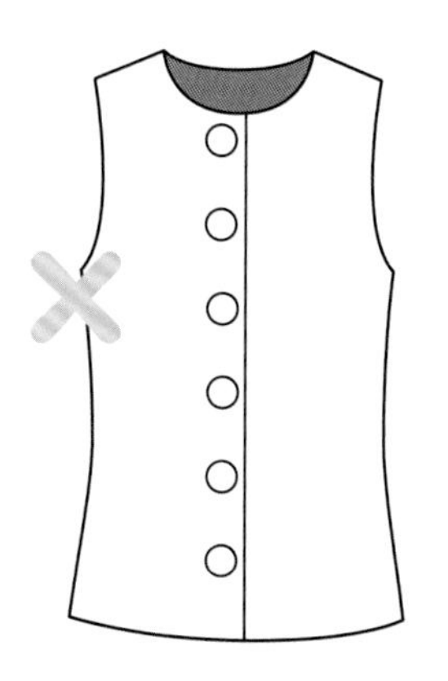

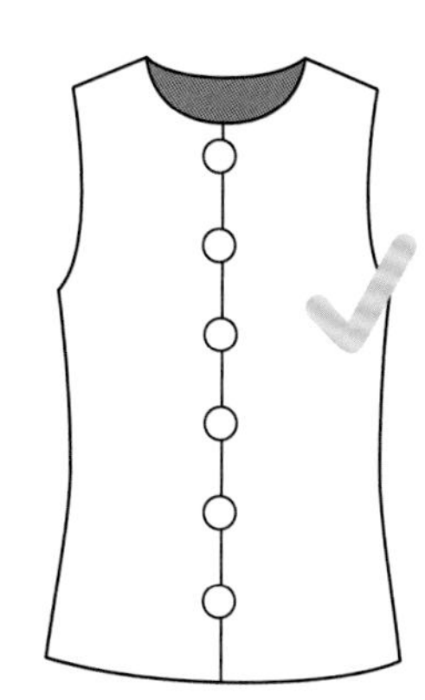

莱尼与英制及公制换算表

莱尼	18L	20L	22L	24L	28L	30L	32L	34L	36L	40L
公制	10mm	13mm	14mm	16mm	18mm	19mm	21mm	22mm	22mm	25mm
英制	3/8in	1/2in	9/16in	5/8in	11/16in	3/4in	13/16in	7/8in	7/8in	1in

足够厚实，以便将纽扣缝在上面和打出扣眼。不需要再另找一块布条进行缝制。

扣位的宽度应为纽扣的半径加上1cm，以确保纽扣边缘与服装边缘之间始终保持1cm的距离。扣眼比纽扣的直径平均长1cm。

2.双排扣

双排扣主要用于外衣，典型范例当属“战壕”风衣，尤其是标志性的博柏利双排扣“战壕”风衣——其纽扣通常位于前襟正中，到左右两侧的距离相等。

二、隐形袖叉

隐形袖叉，又名暗门襟，是一种一体化布料——所有纽扣或扣件都隐藏在它的后面。一体化指的是，细部(在这里即指袖叉)是服装衣大身所用材料的一个延伸。袖叉从前中部分延伸出来，并且没有任何车缝。

上图：单排扣风衣，博柏利，2016年秋冬男装。
下左图：双排扣风衣，博柏利，2016年秋冬男装。
下右图：Loris Diran带有隐形袖叉的夹克，2016年秋冬男装。

116.

为纸样添加注释

为纸样添加注释是一项非常重要的技能。这些注释的作用在于指导缝纫师或制造商按照图样裁剪织物，进而制作出第一件“样衣”，即服装原型样件，以便核对样式及是否合身(见第168页“制作样衣”)。

打样师在纸样上添加一系列符号、颜色代码和专业术语，以便向缝纫师或制造商说明应选择何种织物，以及用该织物剪裁几号样片。所有说明都要清楚无误，并用大写字母书写。

剪样过程中最常用的注释如下：

(1)布纹——这一条也是最重要的注释，用箭头标记在样片上，通常与后中缝或前中缝平行。布纹注释用于指示机器从哪个方向将样片放置在织物上(见第159页“了解布纹”)。

(2)款式名称——沿着布纹注明。

(3)图样编号——用于设计师、打样师、缝纫师或制造商彼此之间进行识别。

(4)季节——例如SS16(2016年春夏季)。

(5)服装款式——例如，连衣裙。

(6)所用织物的缩写词。

(7)样片名称——例如，袖子。

(8)缝头——通常包括1cm的缝头，如果省去，则请注明“无缝头”。

(9)待裁剪样片的数量——使用X代表待裁剪的样片，其后注明待裁剪的数量——例如，“袖子X2”。

(10)标明织物——用彩笔标明用于裁剪每块样片的织物。用铅笔或黑色笔标明主要织物，又称大身布。用蓝色笔标明同一件服装是否需要使用第二块织物。用绿色笔标明里子，用红色笔标明内衬。

(11)前中线、后中线——用前中或后中标明中线。

(12)褶裥——用对角线标明褶裥对折的方向。

(13)抽褶——标注方法是，沿着抽褶的部分画一条波浪线，并注明抽褶的长度,例如“抽褶20cm”。

(14)正面朝上——所有图样都是按照正面朝上裁剪的方式绘制的，所以请在每件样片上用红笔标注RSU(正面朝上)。

(15)挂面线——须单独绘制挂面的样片，但是挂面线须在主样片上用点和破折号组成的线条标注清楚，以显示将挂面缝到主样片上的位置。

(16)色差——显示细节，例如口袋。也可使用红线或虚线。

(17)缝头、凹口和打孔点——见第160页“细部”。

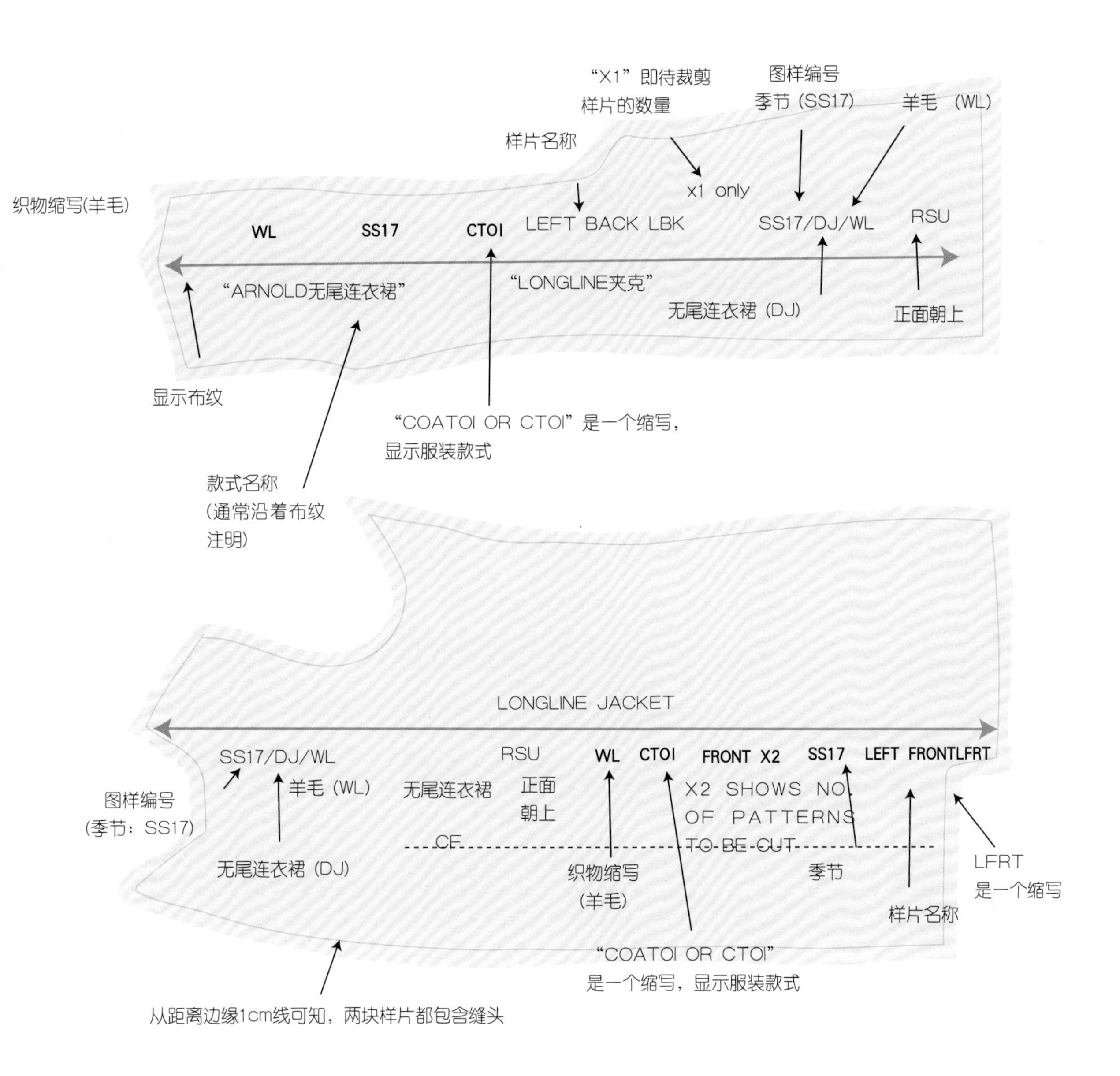

典型无尾连衣裙模块的示例。

117.

排料

排料是指在剪裁前对每块样片进行布置，以杜绝或尽量减少面料的浪费。具体操作是，将样片排放在与将要用于制作服装的材料的长、宽相匹配的材料或纸张上，以确保尺寸合适。此外，这还是对所需织物总量进行定价和计算的一个有用工具，同时可确保你以最有效和经济的方式摆放样片。

小贴士：最好先在纸上进行排料，随后再将纸张放置于面料之上，因为这样可以避免直接使用织物出现错误。

制作排料注意事项如下：

(1)注意可用面料的宽度，通常为90cm、140cm或165cm宽。

(2)注意有关面料的指示——是单向面料，还是四向面料？这将会决定你放置每块样片的方式。

(3)如果你需要制作多个尺寸的服装，则须明确你计划在排料中加入多少个尺寸。

(4)不要忘记留出余量——在每块样片四周留出余量。

(5)铺开每件样片，留意布纹，直至得到你满意的排列方案。

现在，你准备好剪裁样片和制作第一件样衣了。

在排料时，要注意布纹方向，因为布纹和重力将共同影响面料的悬垂效果(见第159页“了解布纹”)。

118.

制作样衣

样衣是为验证服装是否合身而制作的模板。除了可让你看到你的模块是否有用，样衣还能检验服装是否达到了设计师的构想。但制作样衣的主要目的在于进行尺寸调整，因此，制作样衣可谓是制作服装最重要的环节之一。

选择一块与你最终采用的面料具有相同手感和重量特征的面料。白棉布是制作样衣时最常使用的材料，因为它定价合理、百分之百纯棉，并有多种重量可选——从平纹细布、薄纱棉布到厚重平纹布。上涂料后，它变得挺括、平顺；当然，也可进行洗涤，使其更具垂感和呈褶裥状。

小贴士：可在市面的批发商处购买二手材料，用于制作样衣。即便是旧的床单、窗帘，也能加以利用！

样衣制作流程和注意事项如下：

(1)缝纫师或制造商首先剪裁并缝制样衣，然后将其穿在人体模型上，又称为“衣架”或试衣模特。接下来，就进入调整环节，以获得最终板样。

(2)一般来说，调整是在衣架上的第一件样衣上进行的，接着便会转到主纸样上。随后，制作第二件样衣，并重复之前的工艺流程。可能要经过六件甚至七件样衣，才能获得让设计师、打样师和缝纫师都满意的尺寸精准的样衣。这之后，即可着手采用确定的面料制衣了。

(3)在制作样衣环节，无疑需要力求精准。但是，考虑到需要制作的样衣的数量，无须额外花时间将线头系牢。

穿在人台上的婚纱样衣。

119.

了解立体剪样流程

两种最常用的制作服装的方法是平面剪样(见第156页“平面剪样”)和立体剪样。立体剪样是指，设计师或打样师直接在人台上用材料和别衣针进行创作。这是一种更自然的制衣方法，与平面剪裁相比技术性更低。将样片描摹到成品服装的纸上，方法与从购买的样品中取样的流程基本相同。

立体剪样工艺的优势

(1)立体剪样使设计师或打样师能够立刻看到重力效果——面料的重量、手感和反应，以及它在人台上的悬挂效果。所有服装都是从各点上悬垂的，例如肩膀或腰部。因此，直接在人台上工作的话，能够更直观地发现并解决与面料反应有关的问题。

(2)与人台相比，99%的设计师和打样师都提倡直接在真人模特身上进行剪裁。这是为什么？因为“假人无法进行反馈”！但这种做法并非总是可行，而且，雇用试衣模特(行业标准尺寸的模特)的价格十分昂贵。综上所述，业内以及学校最常用的还是人台。

测量尺寸

在开始制作板样前，无论是采用平面剪样，还是采用立体剪样，所有设计师和打样师都需要考虑服装的穿着对象。因此，选择适当的人台至关重要。测量所需的各种尺寸是很明智的，无论你是在家或在学校制作服装，还是业内人士专业制衣，都是如此。你可以自行制作一份尺寸图表，内容包含以下各项：

1. 胸围。
2. 腰围。
3. 臀围。
4. 腿围。
5. 内长。
6. 外长，或腰到脚踝长。
7. 膝盖周长。
8. 脚踝周长。
9. 腰到臀部。
10. 腰到臀部中。
11. 腰到膝盖。
12. 后颈到腰。
13. 肩(颈点到肩点)。
14. 总前肩。
15. 总后肩。
16. 总前袖孔。
17. 总后袖孔。
18. 领周长。
19. 肩颈点到胸部。
20. 肩颈点到后腰。
21. 袖孔。
22. 袖长(肩点到腕部)。
23. 肘部(肩点到手肘)。
24. 手腕周长。

人台尺码表

尺寸	胸围	腰围	臀围	后颈宽 (BNW)
美码6码	82cm (32¼in)	59cm (23¼in)	87cm (34¼in)	40cm (15¾in)
美码8码	87cm (34¼in)	64cm (25¼in)	92cm (36¼in)	40.5cm (16in)
美码10码	92cm (36¼in)	69cm (27¼in)	97cm (38¼in)	41cm (16⅛in)
美码12码	97cm (38¼in)	74cm (29¼in)	102cm (40¼in)	41.5cm (16¼in)
美码14码	102cm (40¼in)	79cm (31¼in)	107cm (42¼in)	42cm (16½in)
美码16码	108cm (42¼in)	85cm (33½in)	113cm (44½in)	42.5cm (16¾in)
美码18码	113cm (44¾in)	90cm (35¾in)	118cm (46¾in)	42.5cm (16¾in)

作为教学和业内惯例，美码的6码或8码是最常用的人台尺码。上表为美码6～18码人台的详细尺寸。人台有各种形状和尺寸可供挑选，以满足具体国家的行业和客户人群的需求——例如，与美国市场相比，日本市场需要臀围更小的人台，以符合其核心客户的具体身形标准。

注意：大多数板样和原型样件都是按照美码尺码6码制成的，然后再增大或缩小以得到所需尺码——各尺码之间相差约5cm。

120. 学习利用人台或模特试装

在样衣制作的各个环节，设计师、打样师和缝纫师会经常在人台或真人模特身上试装，以检查或在必要时调整服装的合身度。在真人模特身上试装是最方便的——不仅因为他们能针对服装是否合身及表现如何给出有用的反馈信息，还因为变化的真人体形意味着所有人台都无法分毫不差地体现真实的体形。

业内的通行做法是，每周都会测量试衣模特的各身体尺寸，以确保其符合公司的标准尺寸，并根据每周的体形变化进行细微调整。受时间和成本所限，使用真人模特并不总是可行，因此，除了真人模特，学习如何在人台上试装也很重要——这些都是剪样工艺中的必备技能。

试装的关键步骤如下：

(1)观察服装的架构——注意整体美感，并查看是否对称，底边是否平齐，平衡感和比例是否正确。

(2)查看前中缝和背中缝，确保其垂直悬垂，除非设计师或打样师明确表示不需垂直。

(3)对侧缝重复上一步骤。

(4)核实领窝宽是否与设计师规定的尺寸一致，以及肩颈点的位置到脖子两侧的距离是否准确无误。

(5)检查袖孔。很重要的一点是，试衣模特在抬起、放下、向前和向后伸展胳膊时，不会感觉活动受限。

(6)检查省的压缩量是否合适，以及省是否按要求贴合人体曲线，既不能紧绷，也不能宽松。如有需要，将省道放开，使服装平贴在人体上。省应当指向它所抵消的身体部位的方向，例如指向胸部。

(7)在试装的整个流程中，尽量用别针别住多余面料，而不是直接剪掉，因为这只是临时性调整。当然，你可以一刀剪掉，但如果事后发现不应该剪掉，而再想添加面料，则是非常困难且费时的。与在真人模特身上试装相比，使用人台的好处之一是，你可以直接将别针别在模型上，因为它们由压缩纤维制成，而后再覆上一层棉布。

(8)注意在样衣阶段，无须添加扣件，因为这既耗费人力又增加成本，用缝纫针就足够了。

小贴士：如果你采用真人试衣模特，那么，在试装的各阶段过程中，尽量向模特获取各类反馈信息。

121. 积极应用剪样技术

正如与时装设计有关的诸多技能一样，科技也在影响着剪样工作。多数学生在学习手工绘图(见第52页“手绘”)的同时，还会学习运用计算机辅助设计(CAD)(见第53页“计算机辅助设计(CAD)”)，此外，很多学院还拥有数字制版软件和设备。

积极应用剪样技术，有助于提高速度和精准度，当然还有更多其他好处。即便如此，打样师的一项必修功课还是学习并掌握手工剪样技术。制作服装时，同时使用手工和数字技术能够带来意想不到的效果——在获得你满意的图样之前，使用手工技能；在这之后，利用数字技术完成后续工艺流程中的重复性和耗时的工作。

一、数字剪样方法

你可以采用以下三种方法将主模块输入电脑，以便开始数字剪样工艺：

(1)为模块拍照并上传至电脑——这是最简便的方法。

(2)利用数字化设备和图形输入板，点击图样的不同部位，按顺时针方向慢慢描摹其轮廓。

(3)使用扫描仪。考虑到该设备必须足够大，以容纳整件服装，因此可能耗资巨大。

待模块完成上传后，即可使用软件在上面添加注释、插入凹口和褶裥、增减线缝和缝头、创建挂面和里子等。可将添加了完整注释的图样打印出来，用作纸样。在大批量生产的工厂中，数字样图可用于以数字方式裁剪服装面料。测量的尺寸被发送至高速深切机器，这种机器能够裁剪多层材料。

二、数字剪样的优势

数字剪样有巨大优势，对于一个依托于批量生产的行业来说，尤其如此。即便在设计的初始阶段，规格表也可以用电子邮件的方式直接发给工厂，这样做的好处包括：节省运输时间、减少从设计到制成的间隔时间及加快上市速度。此外，数字剪样的其他优势还有节省空间和环保——在剪样工作室里，数字化模块库显然要优于占据大量空间的纸板图样。

准确性更高——测量尺寸精确到0.001mm，服装推挡和制作多份拷贝的速度更快，便捷性更强。这些都意味着，数字剪样是公认的首选办法。

全才型时装设计师应当同时具备传统剪样和数字剪样的扎实知识。这有助于与打样师和缝纫师建立良好的工作关系。除铅笔、纸张和剪刀外，技术的意义就在于支持和完善剪样工作，其他类似工具还有很多。

122. 褶裥

褶是指服装面料的折叠处，常见于半身裙。其作用在于增加体积、留出活动空间，或是控制多余面料。其制作方法是，将面料进行折叠，然后在指定位置缝好。缝好后的褶被称作裥。压平的裥经过熨烫或热定型，形成永久性的折缝；未压平的褶则自然形成轻柔随意的折迹。

使用褶是为了将一块较宽的面料聚拢成较窄的尺寸，或使服装更加丰满充实。当然，褶裥也可单纯用作设计细部——褶裥大师三宅一生(Issey Miyake)就充分证明了这一点。

褶按照其丰满程度——褶与面料原始宽度相比的厚度或体积进行衡量：“丰满度为零”指完全没褶的平幅面料，“丰满度为100%”指宽度是其打褶前一半的面料。

五种最常用的皱褶如下：

一、风琴褶

较窄、热压而成，形成凸起的之字形图案。

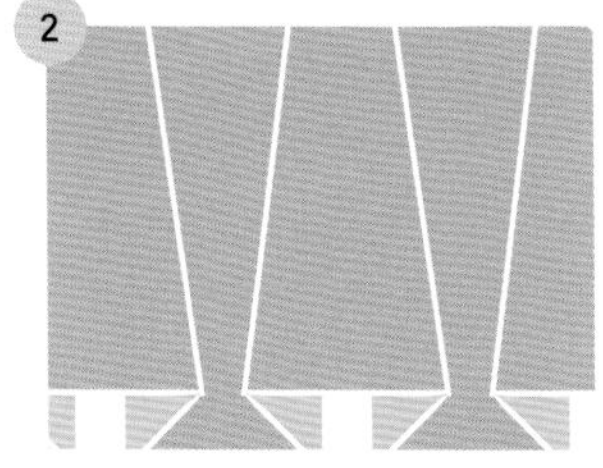

二、外工字褶

布料经折叠形成工字。常见于男士衬衫肩部下的后中部位。

三、刀片褶

全都朝向同一方向的褶，2.5cm宽，例如苏格兰褶裥短裙。

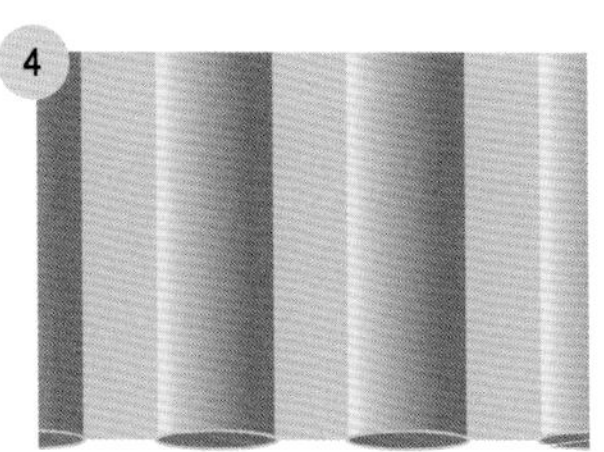

四、间色风琴褶

一排排彼此平行的、圆角的褶。

五、内工字褶

两条折线并于一个中心点，然后压平，例如A字半身裙。

123. 衣领

式样最简单的衣领就是一条缠绕脖颈的材料，并在领口处与服装的大身相连。通常来说，衣领由单独一块材料制成，而并非大身材料的延伸。既可以通过缝制永久固定下来，亦可做成可拆卸式的活领。衣领包含两部分：领子和底领。

三类主要的衣领是：

(1)立领——围绕脖颈直立，而不是趴在肩上。

(2)翻领——围绕脖颈直立，然后逐渐翻下，与肩相交。

(3)平领——平趴在肩头。

衣领的名字可谓千奇百怪，这些名字可追根溯源至数百年前。以下是一些最常见的男士和女士服装衣领。

经典款

标准款

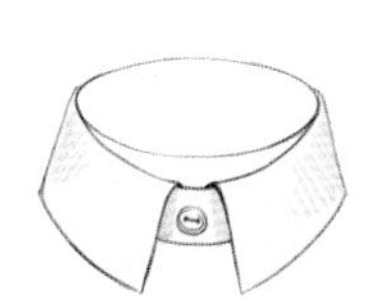

饰耳领

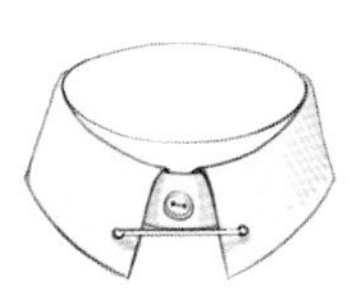

针孔领

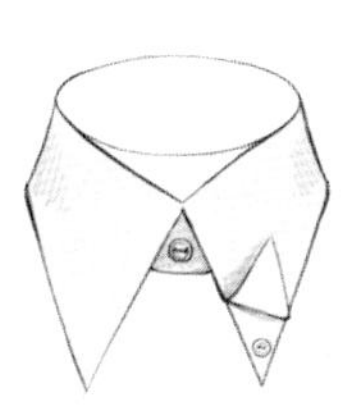

暗扣领

半宽脚领

宽脚领

意式宽脚领

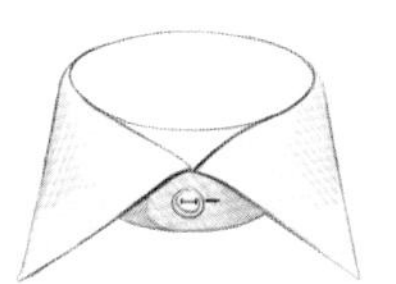

英式宽脚领

双扣底领

纽扣领

翼领

124.
缝纫机构造

不同型号和不同制造商生产的缝纫机都各有其特点。但大多数缝纫机的基本组成部件是相同的，因此，务必熟悉下图所示的组件。缝纫机虽然不需要过多维护，但也要定期检修，并随时清理纤维形成的灰尘，使其保持清洁。

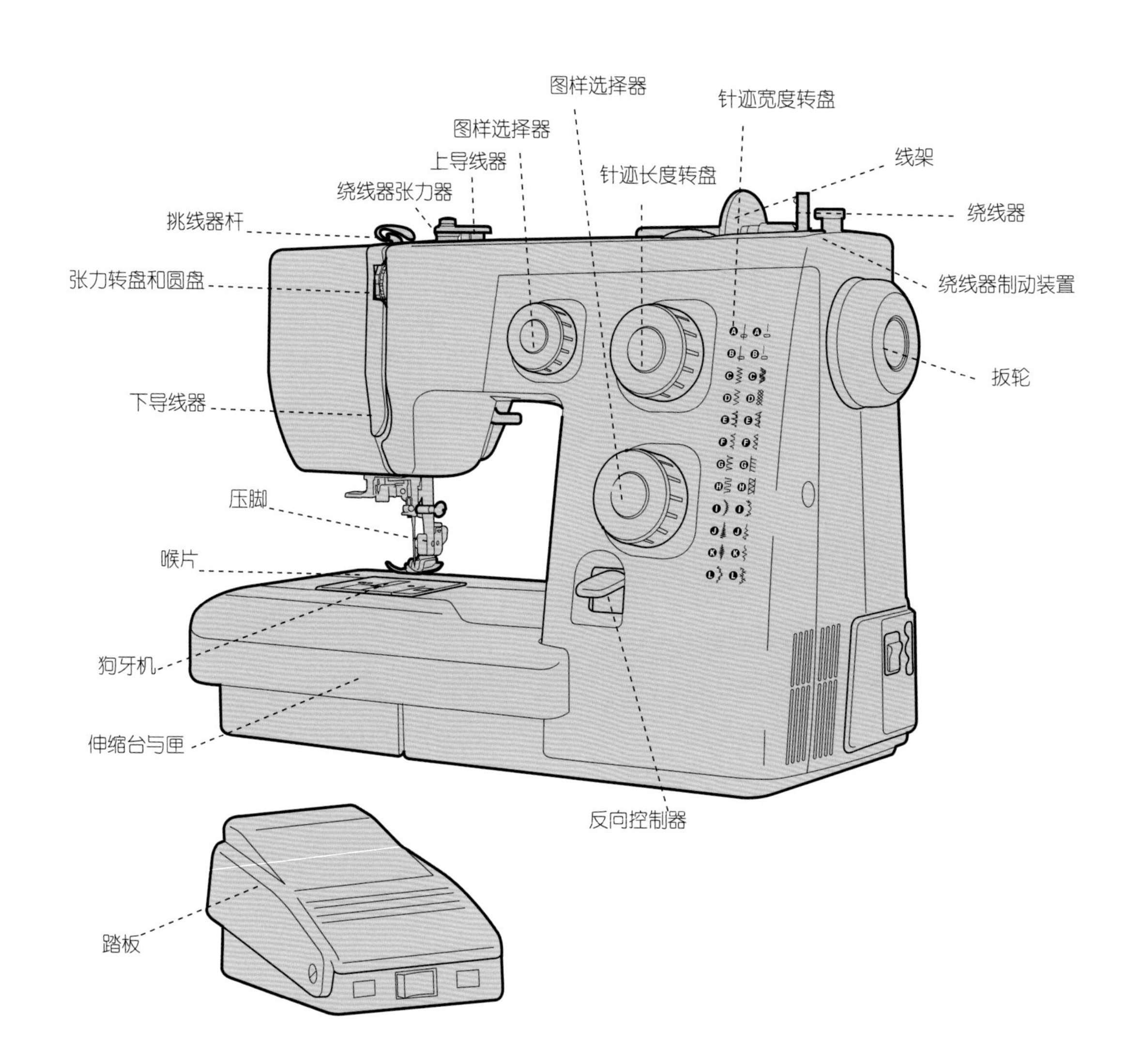

125. 绕线

要想正确绕线需要练习，这项技能非常关键，只有掌握了它才能确保缝纫机运转流畅。在给缝纫机上线前，需要先绕线。

绕线步骤如下：

(1)松开缝纫机侧面的小轮子，使针脱离，防止其在绕线器旋转时一同活动。

(2)打开线轴盖子，从圆形金属匣里摘下线轴。确保线轴是空的。

(3)将你所选的一个线团置于缝纫机顶部的线架上。线轴转动时，应将线按逆时针方向放开——如不是这样，将其快速上下颠倒。

(4)将线穿过绕线器张力器的槽，将线的末端在线轴上绕几次，加以固定。

(5)将线轴套在线架上。将线架复位，这样线轴即与机器相连，可以准备绕线了。

(6)踩下踏板，开始绕线。持续踩踏，直至线轴绕满。

(7)滑动线架使其放开，然后将线轴取下。将线剪断，留出一段约8cm的线拖在线轴后。

126. 上线

绕好线后应该调试机器，准备缝纫了。在进行这道工序时，务必确保关闭电源——否则有可能伤到手指。

给缝纫机上线的步骤如下：

(1)旋紧手轮，使针重新接触。

(2)将线轴放回金属匣内，放开几厘米的线。在你绕线的同时，另一团线应在缝纫机的顶部保持不动。

(3)将线轴及其托架放回机器中，盖上线轴盖子。

(4)将位于缝纫机顶部线团的线穿过导线器。

(5)将线提到挑线杆处(有一个圆孔眼的金属部件)，然后穿过针眼。

(6)将线穿过针眼，将多余的线头从压脚的两个叉之间拆掉。

(7)将手轮向前转动，直至线轴上的线穿过针板。拉线轴上的线，直至能看到几厘米的线为止。

至此，一切准备就绪，开始将你的奇思妙想缝制出来吧。

127. 学习缝纫机针法

下文简要介绍了最常用的缝纫机针法及其用途。

一、直针绣

直针绣呈一条直线。它是最简单、也最常用的针法。这种针法的标准车缝与缝纫机压脚的中心点平齐，但另一种稍作改变的车缝是与压脚的最左侧平齐——这样能使车缝距离面料的边缘很近。

直针绣的一种常见用途就是明缝——服装正面的一道清晰可见的车缝，与外面的缝平行，并可用于锁住底边。

二、曲折缝

与上一种针法相同，单看名字就能大概了解这种针法。针随着面料向前移动而左右摆动。这种针法的长和宽都可以调节。曲折缝多用于制作扣眼，以及缝在贴布四周(见第184页“贴布”)。

三、三段曲折缝

如需更宽的曲折缝，可采用这种针法，以防止面料堆聚，如果采用过宽的传统曲折缝就会出现这种情况。

四、暗卷边和弹性暗卷边

暗卷边用于为梭织面料镶边。这种缝从正面基本看不见。弹性暗卷边与之类似，但用于为针织面料镶边。

五、锁缝

这种针法有两个作用——将两块面料打结和包边，以防止布料磨散、开裂(见第180页“包缝”)。

六、装饰性车缝

所有缝纫机都自带大批装饰性车缝，可为服装锦上添花。

直针绣、曲折缝、三段曲折缝

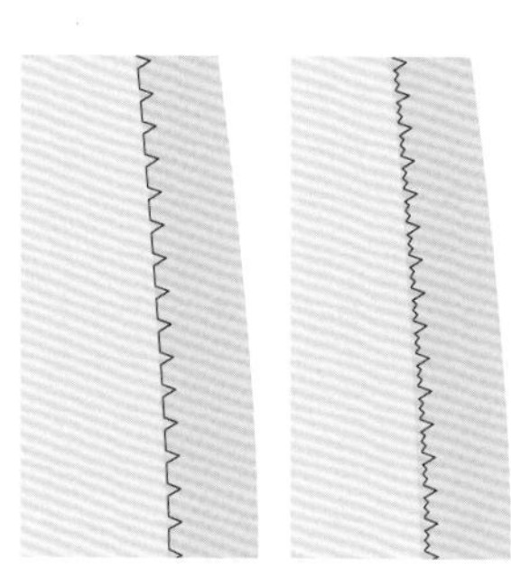

暗卷边和弹性暗卷边

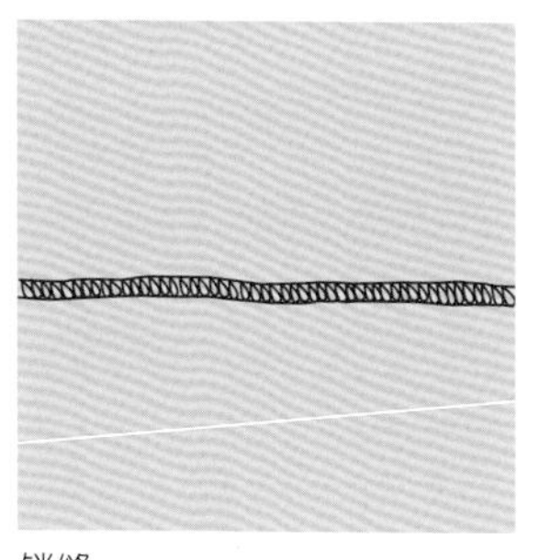

锁缝

装饰性车缝

128. 学习调试缝纫机

所有现代缝纫机都拥有诸多功能和设置，乍一看来，不免让人感到困惑。本指南旨在帮助你了解缝纫机。

一、线的长度

每缝一针，狗牙机随针线的活动推动面料，而调节车缝的长度则会改变面料的活动量。车缝越短，结点越结实，因为将两块面料固定在一起的结点更多。较长的车缝通常用于添加装饰性镶边，或用于暂时固定，因为它们容易拆除。

二、线的宽度

若调整车缝的宽度，则在缝针时，会改变针左右运动的距离。通过调宽车缝设置可得到装饰性车缝。

三、张力

每一针用到的两条线(线和线轴)互相有效勾连，形成牢固的结。上述结点应该出现在两层面料的中间位置。如果你在面料的任何一侧看到了这些结点，则说明缝纫机的张力需要调节。在动手调节之前，务必详细参考使用说明。阅读说明可能很麻烦，但却是一项非常实用的技能，只有掌握了它，才能掌握更高的缝纫机使用技能。

四、检验

使用缝纫机的黄金法则是，在缝制心爱的服装前，先用一块边料检验车缝的设置效果。虽然车缝可以拆除，但这会耗费大量时间，而且更重要的是，拆完车缝的面料存在大量孔眼，既不美观，又会使布料变得脆弱。

129.

包缝

通过包缝，可得到整齐、结实的线缝。这种针脚的最大特点就是防止布料磨损、开裂。所以，也会用在布料边缘处，以打造整洁的效果。

大多数缝纫机都具备包缝车缝的功能。包完线缝后，再手工将布料打理整齐。

或者，如果你能使用包缝机(又称“锁边机”)，不但能得到更好的锁边，还能节省大量的时间。最初，包缝机仅限大批量制造服装的工业企业使用，但现在市面上又推出了家用型号。这些机器使用多股线完成包缝工作，然后利用位于布料的上面和下面的两片刀片修整车缝，最终得到的包边可达到专业水准。

包缝机可使用2～4种，甚至是多达12种不同的线。这些线经过组合布局，使针织或梭织不易拆散，从而增加了布料的稳定性。一个典型的实例就是针织T恤衫：其中，包缝车缝具有延展性，可与针织面料的延展性相匹配。这就避免了因张力过大而导致的服装开裂。

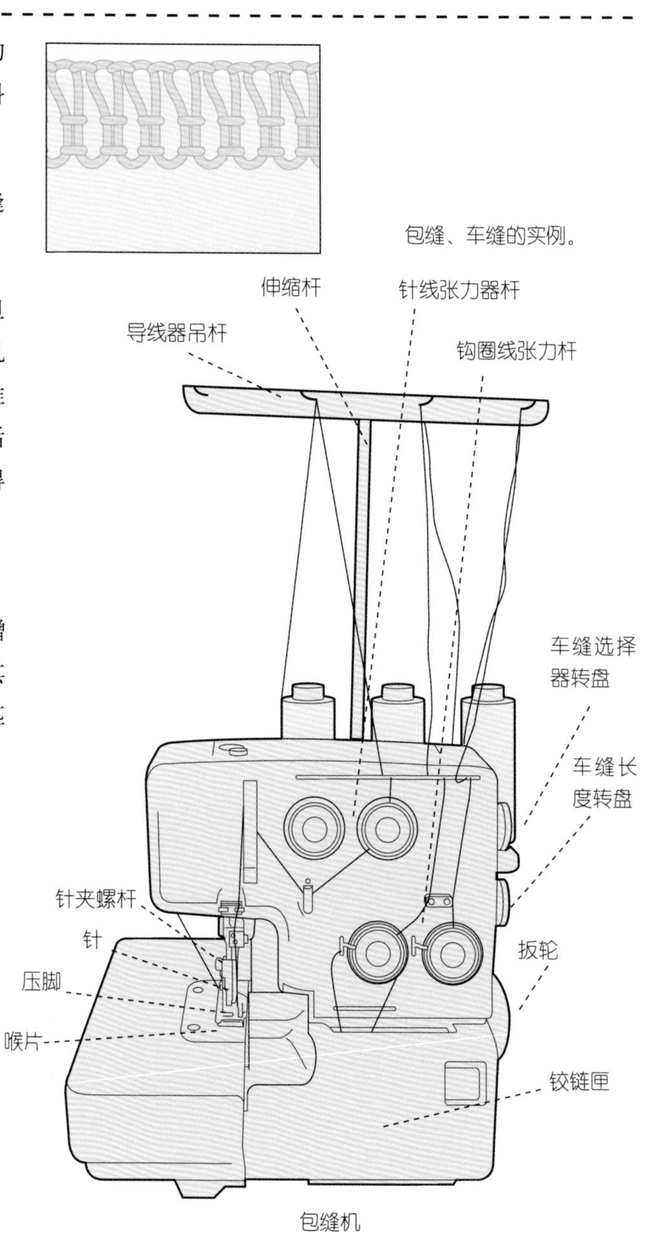

包缝、车缝的实例。

包缝机

130. 手工缝纫

具备手工缝纫的信心和能力与学会使用缝纫机同等重要。许多服装或多或少都会有需要手缝的地方，例如包底边或者添加一层衬里。对于缝纫机来说不易于操作。而用手缝的话，即可保证每一针都做到精准无误。

生产规模决定了有多少工作需要经手缝完成——如果是一件服装原型样件或是一次性服装，则可以全部由手工缝制完成；但若是批量生产的服装，显然很难采用手工完成。然而，即便在制衣厂，在机器完成绝大部分工作后，仍会有些工作需要手工缝制完成。

一、准备

(1)取一段长度合适的线，然后穿针引线。决定采用单股线还是双股线，单股线缝出来的车缝更容易拆开(如需要)；双股线缝出来的车缝更牢固。

(2)将线头打结两次或三次。

(3)从布料背面开始，将针穿过布料，从正面出来。反复穿线，直至结接触到布料的末端。

这一步取决于你采用的是哪种针法(见第182页“手工缝纫针法”)。

(4)重新将针从布料的正面穿到背面。

二、最后打个结实的结

最后一针时，将针穿至布料背面；然后再穿到前面，接着再穿到后面，打一个很小的线圈。这样就在布料背面形成一个小圆圈。将针两次穿过这个圆圈，这样就得到了一个小结，车缝也就缝紧了。

最后，打个结实的结。

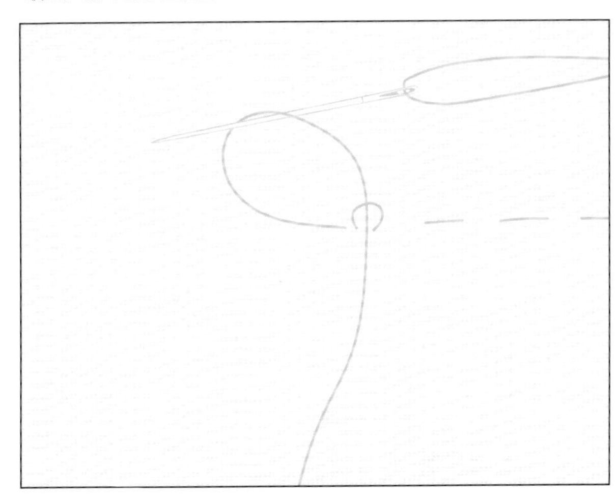

基本工具

1. 针。

2. 缝纫线。

3. 剪刀。

4. 顶针——并不经常使用，但如果需要缝纫多层织物，则需要用到顶针。它的作用在于，使你能够借助其表面用力将针穿过布料，而不会弄伤手指。

131.

手工缝纫针法

以下是一些最常用的手工缝纫针法及其用途。

一、疏缝

这是一种快捷、简单的单股线针法，用于在最终缝纫前将布料临时固定住，可用手工或机器操作完成。由于车缝宽大，所以可被轻易拆除。

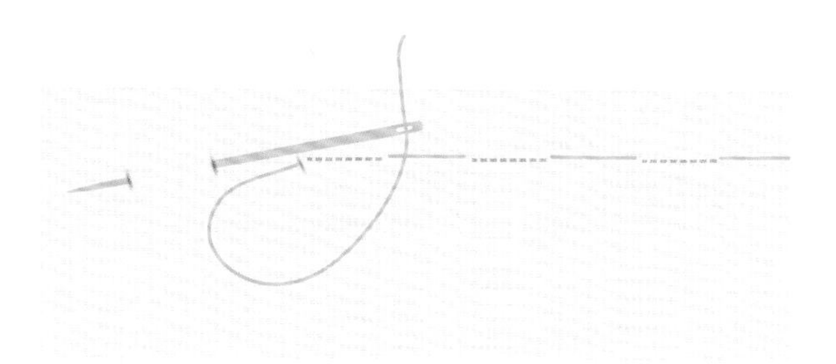

二、平针

它是一种非常简单的车缝，类似于缝纫机上的直针。这是一种最基本的车缝，操作方法就是将针穿进穿出布料。

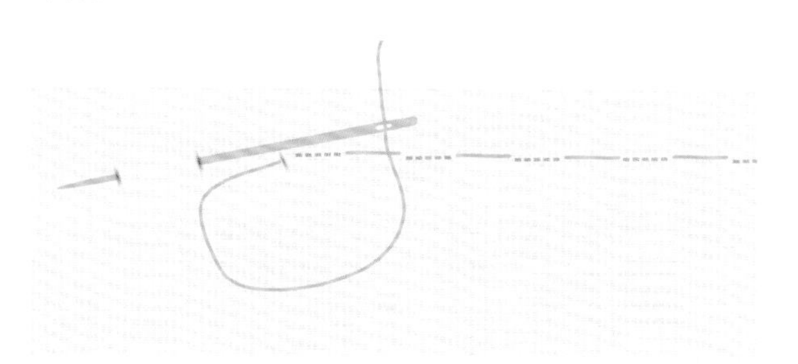

三、回针

通过这种针法获得的针迹非常牢固，可用于修补线缝或缝纫厚重的布料。从正面看，它很像平针，但从后面看，即可看出各条车缝相互重叠。

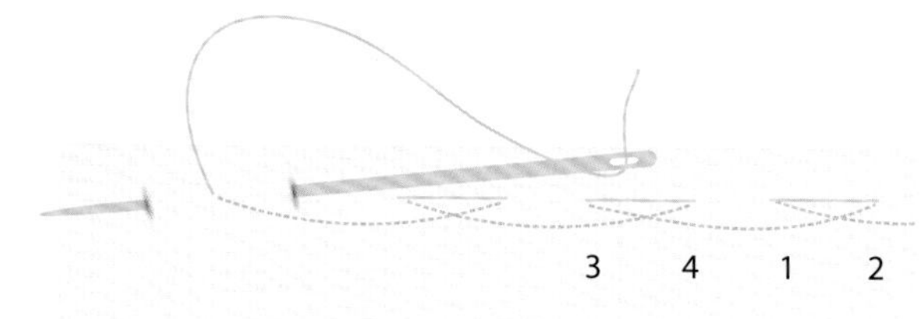

四、包边缝

作为切边的最后一道车缝，防止布料散开，类似于缝纫机上的包缝线。

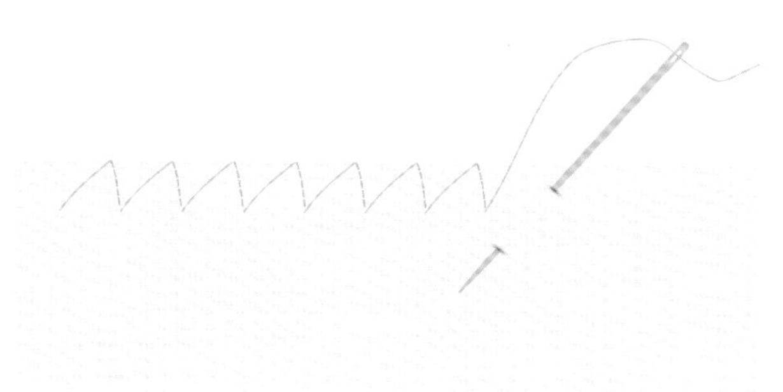

132.
刺绣

刺绣是一种利用针、线或纱来装饰面料的方法，它算得上是最古老的面料装饰技巧之一——在中国就发现了可追溯至公元前5世纪的刺绣品。由于其工艺简单，各种文化和众多传统服装中都不乏杰出的刺绣元素。

刺绣的一个典型用途就是在服装上制作标志或花押字。最常用于梭织面料，因其不易延展，所以图案不会扭曲变形。当然，在针织面料上进行刺绣也并非不可以。

一、手工刺绣

手工刺绣通常需要用到特殊的线。与标准缝纫线相比，这种线的特点是更粗，这意味着即便是相对较少的车缝，也能获得突出的效果。

进行手工刺绣时，通常需要先将面料展开并钉在刺绣架或圆形绷子上，然后再开始刺绣。让面料始终保持紧绷状态是为了确保设计图案的完整性。

二、机器刺绣

多数大批量生产的刺绣服装都是由计算机控制的刺绣机完成的，利用刺绣软件可以编排设计图案。接下来，机器会用一系列不同颜色的线快速创作出基本图案。

上图：修身款盛开的勒娜特，*Dressed to Kill*杂志，2013年。
下图：复古绣花和服。

133.
贴布

贴布是指将一块布料贴到另一块布料表面的工艺。采用的贴布多种多样——可能是一块贴片、一个绣花徽章、一个标志，或者是单独一部分更复杂的图案。有时，会在多层布料上再加上贴布。

贴布既可用手工完成也可用缝纫机完成——原则是一样的。多数情况下，会用直针将图案固定在需要的位置，然后，在图案边缘采用曲折缝或装饰缎绣，做出整齐的包边。

黏合织带是一种质薄、热敏感的布料，使用方式为在最后一道车缝前将一块布料粘贴到另一块布料上。下述工艺流程中就使用了这种织带，但你完全可以在缝最后一道车缝前，用手工直针临时将布料固定在适当位置。具体步骤如下：

(1)将贴布图样描摹到黏合织带的纸面上。

(2)剪下图样，注意在线条周围留出约5mm的距离。

(3)将你选定的贴布翻到背面，依照制造商的指示，用干熨斗将织带熔接到布料上。

(4)沿线将贴布裁剪下来。

(5)将背面的纸从黏合织带上揭下来，然后将贴布置于服装上，织带一面朝下(这样，贴布的正面就朝上了)。确保将贴布放在你需要的位置。

(6)将一块布盖在图样上，然后用熨斗将织带熔接到既定位置，同样这也需按照制造商的指示进行操作。

(7)决定你需要的边线是与贴布相匹配的，还是与背景布料相匹配的，抑或是与这两种相反的。使用选好的线，沿图样边缘进行手工缝制，或者使用缝纫机的曲折缝。

上图：古驰贴布，2015年秋冬季米兰时装周。
右图：带贴布补丁的重金属牛仔背心。

134. 了解试装流程

试穿服装对于设计来说不可或缺。它决定了服装的尺寸、质地、表现以及美感。例如，这条半身裙是长至脚踝还是长至小腿肚？那条牛仔裤应该位于踝骨以上还是擦着脚踝？

一般说来，服装与身体的贴合度及其带给你的感受与设计本身同等重要。你穿着套装或舞会连衣裙的感觉与穿针织套衫、长裤或运动装的感觉显然是不同的。你的着装会在很大程度上影响自身的感受，以及别人对你的认识。正如谚语所言："着装要配得上你梦想的工作，而非你已有的工作！"

从成本角度考虑，试装也很重要，无论是对于初创品牌还是零售巨头来说都是如此。如今，随着网络购物的蓬勃兴起，电子零售商正在不断挑战实体店的地位。在这种情况下，试装流程比以往任何时候都更加关乎品牌的生死存亡。从运输和物流的角度来看，重新修补返修的服装，其成本可能是这件服装本身价格的两倍，这无疑会大幅减损利润。此外，消费者的体形随时都在变化，而且，普通女性消费者通常在试过15条牛仔裤后才会做出购买决定，基于这些原因，确保尺寸合适至关重要。

多数零售商和大型设计品牌会聘用技术专家——试装和质量控制领域的专家，但作为设计师，你也应当了解该流程，这一点非常重要。

这项工作需要用到原型样件——既可以采用人台(见第172页"学习利用人台或模特试装")，也可以利用纸样(见第158页"制作纸样")。无论是小批量制作，还是1万件的大宗订单，试装流程都大致相同。

一、原型样件

提交样衣以便获得反馈意见和修改意见——样品可能由供应商或品牌内部的打样部门提供，也可能是你亲手制作的。所有其他尺码都将在该原型样件的基础上增大或减小，所以，第一步是检查样品的尺寸大小是否合适。有关这项工作的具体操作方法，见女装和鞋履的试装指南(见第186页"试装：服装")。标准试版样品尺码为170，上衣中号，长裤腰围32号，男装胸围101cm。

二、红色封印

如果服装需要修改，则会被附上红色封印，即贴上一个红色的标签，然后连同试穿意见一并送回打样部门或工厂。随后，他们将制作第二件样衣，并提交设计师检查。

三、绿色封印

根据你贴上红色封印的样衣反馈意见进行修改，修改后的原型样件将再次提交，以供审批。修改版样衣将在工厂制作完成。最终，该批次服装都将采用确定的材料和方法在该工厂制作完成。如果修改后的样衣仍不达标，则将再次被附上红色封印返还修改；如果达标，则获得审批，并被附上绿色封印的标签——所有其他尺码都将以该"绿色"样衣为标准确定具体尺寸，批量生产也将从这一步开始。

四、金色封印

最终货样，从批量生产的同批次服装中随机选出，然后提交，以便与绿色封印样衣进行比较。一旦获得审批，即可将产品发送至仓库或直接送至门店。

135.

试装：服装

无论是男装、女装、鞋履、包袋还是配饰，试装流程都基本相同。在接下来的各部分里，我们将详细地介绍服装、鞋履、包袋和配饰的试装流程，包括试装过程中的最佳做法。

无论在何种情况下，在真人模特身上试装都比采用人台好得多——毕竟，人台无法与你交流互动，无法告诉你它的感受。因此，要尽量向试衣模特询问反馈意见——无论是服装是否合身、是否舒适，还是个人品位方面的意见。他们愿意购买吗？愿意在这件衣服上花多少钱？

一、首次试装和修改尺寸

在零售业内，一种公认的最佳做法就是，设计师要参加所有首次试装。因为，绝大部分审美方面的意见建议和修改意见都是在首次试装时提出的。

务必确保先对款式、布料、饰物等方面的意见进行详细沟通，然后再修改尺寸。

列述意见时，按照从上到下，接着从后到前的顺序。修改尺寸时，务必详细注明所需的最终尺寸，例如，“减小1cm，至15cm”。如有可能，对所有需要修改的地方进行拍照，并附上照片。更好的做法是，对于特别复杂的修改，直接通过Skype(一款即时通信软件)与打样师或工厂详细说明。

二、主要尺寸

下图和对页上的列表为人体的主要测量点，以及标准尺寸。

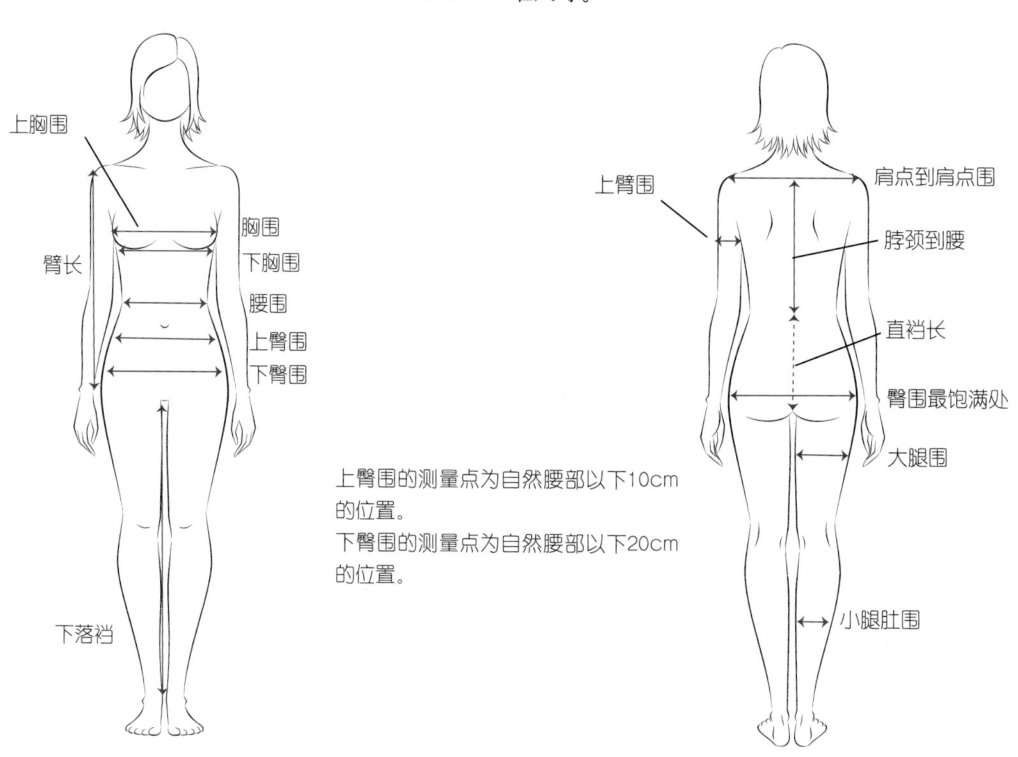

可向试装模特提出以下问题

1. 这件衣服穿起来方便吗？
2. 开口和扣件是必需的吗？
3. 穿上的整体感觉如何？
4. 穿上后活动自如吗？
5. 衬里尺寸合适吗？
6. 织物舒服吗？扎人吗？
7. 领口的位置合适吗？
8. 下摆的长度合适吗？
9. 穿上后影响走路吗？
10. 衣料是透明的吗？
11. 肩缝是否位于肩部的合适位置，会不会太紧，或者太宽？
12. 肩胛骨之间有被拉紧的感觉吗？

1.主要尺寸表(单位：cm)

测量点	8	10	12	14	16	18	20	22
肩宽——点到点	37.5	38	38.5	40	41	42.5	43	46
袖长——长	58	58	58	58	58	58	58	58
上臂最宽点	25	25.5	27	28	29	31	32	35
胸围最丰满处	78	80.5	83	88	93	98	103	110.5
下胸围	66	69	72	77	82	87	92	93
腰部最细处	60	62	65	70	75	80	89	92.5
上臀围——腰部以下10cm	76	79	81	86	91.5	94.5	101	109
下臀围——腰部以下20cm	84	86	89	94	98.5	103.5	114	116
大腿——裆部以下2.5cm	49	51	52	55	58.5	61	63.5	69
下落裆	81	81	81	81	81	81	81	81
直裆长——测量自然前裆和后裆	65	66	67	69	71	73	75	77
脖颈到腰	40	40	40	40	40	40	40	40
小腿肚围	2	3	4	5	6	7	8	9
鞋履尺码	35	35.5	36	37	37.5	38	39	39.5

2.主要长度的标准尺寸

连衣裙的长度	从侧颈点(SNP)到底边边缘	超短	86cm ($33\frac{7}{8}$in)
		短	88cm ($34\frac{5}{8}$in)
		及膝	90cm ($35\frac{1}{2}$in)
		中长	110cm/115cm ($43\frac{3}{8}$in/$45\frac{1}{4}$in)
		长	145cm/150cm ($57\frac{1}{8}$in/59in)
半身裙的长度	后中(CB)顶部边缘(真实腰部)到后中底边边缘	微短	33～35cm (13～$13\frac{3}{4}$in)
		超短	38～40cm (15～$15\frac{3}{4}$in)
		中长	70cm ($27\frac{1}{2}$in)
		长——日装	104～106cm (41～$41\frac{3}{4}$in)
		长——晚装	107～109cm ($42\frac{1}{8}$～$42\frac{7}{8}$in)
袖长	上袖长 真实肩点到袖口	短袖	11～15cm ($4\frac{3}{8}$～$5\frac{7}{8}$in)
		七分袖	45～48cm ($17\frac{3}{4}$～$18\frac{7}{8}$in)
		长袖	62cm ($24\frac{3}{8}$in)
		长袖——外衣	64cm ($25\frac{1}{4}$in)
腿长	下落裆(正常) 从裆部到底边边缘	绑腿	71cm/73cm/76cm (28in/$28\frac{3}{4}$in/30in)
		紧身牛仔裤	81cm ($31\frac{7}{8}$in)
		阔腿牛仔裤	78cm ($30\frac{3}{4}$in)
		喇叭牛仔裤	86cm ($33\frac{7}{8}$in)
袖窿直线长度	点到点	针织套头衫	18cm ($7\frac{1}{8}$in)
		梭织——带袖	20cm ($7\frac{7}{8}$in)
		梭织——无袖	21cm ($8\frac{1}{4}$in)
总肩宽	点到点	夹克上装——弹力	40～41cm ($15\frac{3}{4}$～$16\frac{1}{8}$in)
		梭织上衣——梭织	39～40cm ($15\frac{3}{8}$～$15\frac{3}{4}$in)
			39cm ($15\frac{3}{8}$in)
前襟(镶袖)	侧颈点下13cm 袖窿缝到缝	梭织	32～34cm ($12\frac{5}{8}$～$13\frac{3}{8}$in)
		针织套衫	31～33cm ($12\frac{1}{4}$～13in)
		外衣/成衣	33～35cm (13～$13\frac{3}{4}$in)

136.

试装：包袋和配饰

这听起来可能有些奇怪，但包袋和配饰也要经过基本的试装流程。虽然绝大部分此类物品并不具有“专门尺寸”——即为均码，但必须检验它们的功能性和美观性。除了要求检查皮革、聚氨酯材料或纱线是否与在规格表阶段向制造商分发的样品一致之外，作为设计师，还应查验对产品外观是否满意。在试包袋和配饰时，应注意以下几个关键方面和查验标准：

一、包袋

参照规格表规定的尺寸，测量包袋的长、宽、高。检查臂垂——想象一下将包背在肩上或拿在手里时的样子，然后测量一下该点到手袋顶部的距离。

对于有肩带的手提包来说，你要能轻松地将手臂伸进去，然后将肩带搭在肩膀上——所以，臂垂长度应为23cm左右，这样，才能与冬季大衣搭配使用。如果为手持式提包，则需要确保臂垂不会过长而使包拖在地上。

还有一点也很重要，即检测臂垂的强度——在产业一级的话，可通过磅秤测量；当然，你自己也能轻松完成检测，方法是加入重物后检查肩带与手袋相连接的各压力点是否过于紧绷，或存在开裂的危险。所有五金配件均不得含镍，因为很多人对其过敏。

二、肩带

再次提醒：所有配件均不得含镍。通过测量从最后一个孔到中间孔的距离，即可确定肩带的尺寸。

三、手套

测量手套的最宽周长。无论是皮手套还是针织手套都以毫米为单位进行测量。检查衬里是否联结得当。

四、无檐便帽和有檐帽子

总周长就是检查用的标准尺寸。

五、围巾

检查纱线是否正确，并依照规格表测量长和宽。试戴三角形围巾时，测量最长的点。围巾以厘米为单位进行测量。

六、眼镜

测量眼镜腿、两腿之间的尺寸，以及镜片的抛光效果——深色镜片、浅色镜片和反光镜片。

七、珠宝

1.项链和手镯

佩戴时，检查项链或手镯的长度，不包括吊坠。所有珠宝均不得含镍。

2.戒指

确定戒指的尺寸时，测量其周长，而非直径。测量单位是毫米，并指定一个数字尺码。

137. 试装：鞋履

与服装的尺寸相比，鞋子的尺码更为重要，这是有道理的。穿一件过紧的套头衫固然让人感觉不舒服，但穿一双不合脚的鞋才更令人痛苦。很多人宁可牺牲舒适度，也要看上去很美，但实际上，情况不应该也不必如此。无论你购买的是15～24cm的恨天高鲁布托无带半高跟女鞋，还是网购的价值325元的无带半高跟女鞋，鞋子的尺寸都是关乎品牌忠诚度的必要因素。

所有鞋履都以245mm的尺寸为原型样件进行调整，这是因为很久以前，该尺码是最常见的鞋码。美国矫形外科学会(AAOS)的报告称，现如今，美国普通成年女性的常见鞋码为275mm。但行业惯例业已成型，以245mm的鞋子作为样本仍是通行做法。楦头(见第138页“鞋履”)仍以245mm的鞋子为基础制作完成。

试穿鞋子的目的就是看其是否合脚。设计师还会检查比例、鞋口和搭扣的位置，以及鞋帮是否位于指定位置(见第130页“鞋履”)。

应由真人模特试穿鞋子。最好在鞋跟以上10cm的位置测量脚踝的周长，在鞋跟以上30cm的位置测量小腿肚的周长。

测量鞋码：传统方法与现代方法

诞生于1925年的Brannock量脚器是全球鞋业的标准鞋码测量工具。如没有该工具，也可以使用卷尺测量脚的大致尺寸。

试穿时需检查以下方面

1. 体重——得均等分配。

2. 鞋长——目测一下，并用手指探测，确保后跟和后帮之间留有一指的距离。

3. 鞋跟滑动——观察试穿模特在房间走动的状态，注意确保鞋跟未滑动至后跟之外。

4. 鼓励穿着试验——若时间充裕，鼓励试穿模特穿着试验，并给予有关舒适度的反馈意见。

5. 鞋头翘度——目测鞋底与鞋尖之间的距离，并且鞋尖不得超过10cm。

6. 鞋跟斜度——取决于鞋跟高度和防水台高度。若试穿模特在穿上鞋时小腿肌肉绷紧，则表明鞋跟太高。

138.

修改鞋包

在首次试装流程开始前，你恐怕已经意识到技术图样和规格表无法按照你的想法精准呈现。同样，与平面图相比，3D版设计图样可能有助于突出需要修改的地方。因此，修改也是完善设计的一个重要环节。而且这些修改往往不易察觉，极其细微(几毫米的修改)，但就是这样微小的修改促使最终成品达到你想要的艺术美感。

一、鞋履

就鞋履而言，通常会用皮革专用的银色记号笔将必要的修改画在样品上，如为获得需要的形状，要在布料上画一条线。此外，还可在需要修改的部位贴上遮蔽胶带，然后再画。通常情况下，在鞋上的修改或修改线旁还会附上解释性说明，例如“将后帮衬的高降低2mm”。

如需额外增加材料(例如，鞋帮需要增高)，则通常会将遮蔽胶带贴在需要增加额外材料的地方。

二、包袋

对包袋进行修改的工艺流程与对鞋履的修改非常相似。但由于包袋体积较大，且延展性更强，塑造其立体形状的空间也更大。例如，如果背带过长，可以先将其截断，再粘在一起，就能获得想要的尺寸了。如果包袋上的三角片太宽，则可先将多余部分裁去，然后将新的边缘部分重新粘好。

三、后续步骤

如果鞋履和包袋需要增加五金配件，则在需要的位置进行标记。也可在电子邮件或说明中列出需要做的修改，但这种做法更容易产生误解。

等到所有修改均标记完毕，即可将样品送回供应商或工厂的制样间。他们会按说明进行修改，随后提交修改后的原型样件，你可以按照相同方法进行再次审核。

典型的鞋履修改

1. 改变鞋口的剪裁。
2. 降低或提高鞋喉。
3. 将搭扣移到新的位置。
4. 改变鞋眼的位置安排。

139. 修改服装

收到样品后，判断其是否合适的唯一方法就是在试衣模特身上或人台上试穿。务必从功能性和美观性两个方面，确保图样的线缝布局与服装相匹配。应尽力避免因图样考虑不周导致服装出现难看的隆起，如果出现这种情况，就不得不重新修改设计了。

如果服装尺寸过大或过于宽松，则可将布料用针别住以缩小尺寸。或者，用剪刀快速剪去多余布料然后疏缝到背后，以此说明需要的形状。如果尺寸过小或过紧，剪开面料，增加一块嵌料，然后在需要的位置用针别住或者缝好。

该阶段需要考虑的另一个问题就是服装是否易于穿脱，即确保穿脱方便。因此，需要考虑扣件及开口的位置和类型，从而确保服装的功能性得以充分发挥。最好能够当场对样品进行修改，然后发回给供应商，因为电子邮件和电话沟通都存在产生误解的风险。

典型的服装修改

1. 修改腰线的位置。
2. 修改胸省的角度。
3. 决定服装是否需要一道育克缝。
4. 扩大袖窿的尺寸。

140. 服装定制

服装定制是指依照个别或个人的尺寸规格制作或修改服装。当今世界各种选择和样式层出不穷，每个人都渴望突出个性。早在20世纪70年代末约翰尼•罗顿(Johnny Rotten)使用安全别针防止“屁股从裤子里掉出来”(他的原话)之前，人们就已开始出于实用和时尚等原因定制自己的衣服了。

从某些方面来说，渐变服装和标记算得上是最纯粹的服装设计。技术设计和传统理念让位于新奇的设计方法，这使得定制化变成了一项可以利用并且值得了解的新技能。

一、简洁至上

最开始，可尝试将一件服装改造成别的服装，例如将夹克改成背心、圆领T恤改成V领T恤、牛仔裤改成牛仔短裤。想好你想要的大致轮廓，然后就拿起剪刀吧。

二、工艺试验

除了上述简单改变服装外观的定制，还有很多有趣的工艺有待你挖掘、掌握。例如，剪裁和拼缝、染色、漂白、缝纫、印花、做开衩、打结、撕扯、做旧、装饰、绣花和贴布(见第184页“贴布”)。

三、革新改造

定制还可能与传统产生联系，即通过将传统元素运用到当代设计中，制造出创新服饰，留住历史，以免其被湮没、遗忘。这方面的一个绝佳实例就是军用剩余物资商店的持续流行。曾经仅用作功能性制服的派克大衣、短夹克和军装式夹克等服装作为时尚服装，获得了新生。

定制所需的工具

1. 剪刀。
2. 针线。
3. 漂白剂。
4. 染料。
5. 干酪磨碎机……还有很多很多。你所需要的就是衣服和源源不绝的灵感。

克里斯托弗•里博(Christopher Raeburn)设计的服装主要采用军用剩余材料制成，自他2006年从艺术学校毕业后，这一直是他作品的标志性特征。

四、数字化定制

早在1999年，耐克就启用了NIKE ID——一个用于设计和私人定制运动鞋的数字化平台。此后，数百个品牌纷纷效仿，而且不仅限于时装品牌，可口可乐和能多益就是两家新近推出个性化包装食物的品牌。登录并开始试验数字化定制吧。这种方法的优势在于可以进行设计和使用计算机辅助设计(CAD)，而无须投资购买昂贵的软件或做出购买承诺。

意大利博主Chiara Ferragni从头到脚身着定制服装。

141.

装饰品

服装定制、面料处理和修改并非面料再造的全部。装饰设计(包括装饰品和绣花)是一种技能要求高的复杂性革新工艺。印度是装饰品的发源地之一，其手工艺之精湛无人能敌。

印度尼西亚善于在套头衫、游泳衣和牛仔服上展示现代艺术。巴厘岛的绣花工艺强于装饰品，款式偏于休闲。

涂鸦、建筑或是自然风景都能激发艺术创作灵感。把你看到的东西拍下来，建立一个有关参考资料和布局安排的创意库。

进行装饰设计时，务必谨记它将用于何种服装之上——这二者本质上是一体的，所以不能割裂地进行设计。

一、纸质装饰设计

将要装饰的部位的模块画到描摹纸上。把参考图样手工绘制或描摹(例如一条龙)到纸质模块上。现在，开始思考各组成部分，例如珠子、金属亮片、饰钉的摆放位置。将这些部件放在纸质模块的后面，然后将其描摹到装饰设计的区域。为保证速度，任何实体部件均可直接粘贴在模块上。

现在，到了需要耐心、细致的环节——将每个部件仔细画在正确的位置。如果你需要向工厂简要说明该装饰设计以便制作最终样品，则需要在前期详细说明，这有助于节省后续工作的时间、金钱和精力。务必做到具体细致，甚至是珠子的摆放位置也要说明——是呈直排，还是散开，抑或是排成人字形。面料装饰设计与纸质装饰设计类似，画出模块来测量和标记你需要的设计图样。然后，将组成部分直接用线缝或用胶粘在布料上。

二、介绍艺术作品

无论是服装还是装饰部件，务必从始至终按照比例规格操作。你可以使用半图样，但必须镜像复制最终的装饰设计，并检查镜像图样是否与整体相契合。如果为非对称图样，则需要使用完整样片。

各部件是材料列表的一大组成部分。利用图例和颜色代码指导制作者制造样品。图例须显示每个部件及其实际尺寸，如需要，还要提供颜色以及线的实例参考。

添加名字和说明，用于详细说明装饰设计的精髓，然后再将其送交制作者来制作样品。

与其他任何形式的创新一样，要勇于突破自我。装饰品和刺绣往往让人联想到精致的服装和新娘装。仔细思考这两种元素和你可以使用的颜色——现在流行荧光和霓虹，而溢色则更具夸张效果。

在质地上下功夫，考虑网状物或氯丁橡胶等材料(见第109页“现代面料的应用”)，还可以在比例上做文章。麦昆(McQueen)极具天赋的工艺是个不错的参考。阿西施(Ashish)则将装饰设计制作带到了21世纪，而玛丽•卡特兰佐(Mary Katranzou)则成为印花和布局方面的灵感之源。

142. 升级改造

升级改造是指在衣物原有状况的基础上对其进行改造，即在回收利用的同时完成衣物的升级；将不适宜继续穿着的衣物重新打造为新产品。

升级改造还可指利用边角料或剩余废料制作新品，并且这种方式制成的成品价值远远高于其制作材料的价值。克里斯托弗•里博(Christopher Raeburn)以“克制和混乱”为主题的2016年春夏系列就对价值0.1元的拉链领带进行了升级改造，将其重新打造为零售价为195元3个的配饰。

升级改造所用的材料既有消费前废料，如剩余废料或翻边布头；亦不乏消费后废料，如撕破的或不合身的衣服。

升级改造的利与弊如下：

道德层面的好处显而易见——风云变幻的时尚界孕育了追随时尚的消费者，每年，他们购买的服装数量都在不断增加。结果，由于供大于求，多余的衣服日益遭到嫌弃，并被束之高阁。

更重要的是，据统计，主流时装界在生产过程中丢弃的材料平均高达15%。像克里斯托弗•里博一样对废料进行升级改造的设计师，实在是少之又少。

因此，越来越多的零售巨头以及制造商开始尝试与升级改造品牌进行合作，以期重新利用其废料。Urban Outfitters和ASOS的“改造”时装系列走在了前列，起到了示范作用——该系列对穿旧的高级服装进行升级改造，打造成了现在人们看到的定制时装系列。超酷的美国品牌Reformation鼓励每个人都“加入改造革新的行列”，从回收利用面料，到采用环保包装。当然，广泛的升级改造也会带来各种挑战，如制造过程中的时间问题、原材料不一致、妥善处理消费者预期等。

Reformation品牌是合乎道德、可持续的时装的代名词。

5

自我营销、品牌营销和产品营销

143.
树立品牌形象

所谓品牌，就是产品被赋予的专属名称、说法、设计、标志或其他特性，使之区别于其他产品。在当今世界，品牌能够影响顾客、员工及投资者的选择，必须将之视为发展业务最宝贵的财富。品牌形象是指围绕品牌和产品而树立的声誉。

要知道，最原始的“品牌建设”形式是用烙铁在牲畜身上烙下印记，以标示它们的所有者。在服装界，品牌同样是身份的象征，人们常常会表现出对某品牌的忠诚，而消费者身穿带有品牌标志的服装也有助于提升品牌知名度(见第233页“争取名人代言”)。

树立品牌形象，第一步是为产品设计出专属的名称和标志。这是一件非常值得花费时间和资金的事情。

先搜集自己喜爱的品牌资料，将其做成情绪板。搜集的内容可以包括名片、购物袋、杂志彩页及在线调查资料。这些品牌或许为你带来了灵感，或者你只是比较欣赏品牌的标志或设计。想一想这些品牌之所以强大的原因，打动你的是其简约的风格还是对细节的处理？

决定品牌名称和标志的时候，把初步的想法记下来，慢慢消化。你的想法和偏好会像你的设计系列一样发生变化，所以在做出最终决定之前，给自己足够的时间，让这些想法生根发芽。

多听取别人的意见。就像是在给自己的孩子起名字一样。名字对人们而言都具有特定的含义，可能你并没有意识到，自己起的名字中有一些正面或负面的意味。反复设计品牌名称和标志，直到自己百分百满意为止。想想这样的设计在各种平台上的呈现效果怎样，以及在名片、信笺抬头、宣传图册等实物上是否会产生同样好的效果？

144.
找准定位

设计师的参照点和受到的影响时刻都在发生改变。生活在数字世界，灵感源源不断，这是每一位设计师的梦想。即便在潜意识里，我们也在不断吸收身边的信息，而这些信息又进一步激发我们的创作。因此，接下来介绍的这项技能，也许听起来有些自相矛盾。它强调的是控制力，要求我们在打造品牌的时候，要找准定位，在限定的范围内进行创作。

选错合作伙伴会降低品牌的影响力，过早实现多样化同样如此。需要让别人记住一点：能够让人们第一时间想起你的招牌风格或技巧。可以是某一类服装，例如精致的丝绸裙子或是印有你手写文字的服装。一开始，你很容易产生想抓住一切机会、尝试一切可能性的想法。不过，这样做的后果是，很快你会发现自己创立品牌的初衷已经被抛到九霄云外。

反观之前各季的作品，从中找到定位。最受媒体追捧的设计有哪些？然后问自己：“为什么会这样？”找出当季提升品牌的一件或两件作品，可以考虑在接下来一季中沿着这个方向继续创新(或再创作)。

并不是要按需设计或是为了取悦媒体而创作系列作品。你也可以创造出这样一种美感：它是品牌不可或缺的一部分，而且贯穿每一季作品。而每一系列仍能保持灵活性，涵盖关键设计。切记：提升品牌的关键设计，能够帮助你了解消费者的喜好，从而找准自己的定位。

品牌RIXO London：丝绸印花连衣裙是波西米亚风的代名词。

145.
面向大学生的展示

面向大学生进行方案、简报或系列展示时，应该对从创意到最终产品或系列的成型之间的每一个阶段进行逐一介绍。通常方案中并不涉及成衣制作，所以需要展示创意阶段所采取的措施，而这些措施会成为观众的评判标准。

面向行业进行展示时，观众希望了解的是最终产品，而不是之前的辛劳和苦思的过程。第199页介绍的所有技巧都适用于面向大学生的展示。

小贴士：发展初期，获得别人对方案展示、落实的反馈非常重要，这样才能吸取教训，在未来做出改进。

展示内容

1. 逐一介绍灵感来源——有哪些调研灵感来源？

2. 构思过程的物证——通常需要展示速写本(见第27页“速写本”)。

3. 试验阶段——详细介绍做出的各种尝试，并提供成功或失败的物证。

4. 采购阶段—— 克服的障碍，以及选择该材料的理由。

5. 产品开发——缩略图、草图，以及最终的系列设计图。

6. 有关构思的信息——详细介绍设计构思。

146.
面向行业的展示

不论是面向设计团队展示的情绪板，还是面向满屋的理事进行的秀场展示，都需要具备或者培养相关技巧，需要呈现别人希望得到的知识或技能。一想到大家都在盯着你，你也许会感到紧张。可能确实如此，但盯着你仅仅是因为他们对展示内容感兴趣——这表明你已俘获了观众的心。

一、掌握展示艺术

1.掌握展示艺术的两大要素

(1)传达内容和关键信息。

(2)树立自信和风格，确保成功展示。

2.展示练习

展示的关键在于练习。如果每周都需要做这件事，你就会找到感觉，做到优雅而专业地进行展示。然而，设计行业的展示机会少之又少，所以有些人会感到焦虑。

二、利用实物工具

通常需要借助实物工具——趋势板或屏幕进行展示，它们可以使你的姿势更加自然、让双手有事可做。掌握并利用以下技能，展示效果的改善将立竿见影。

三、准备工作

留出熟悉展示内容的时间，并提前演练。展示的有可能是和当季完全不同的内容，不要毫无准备。

做准备工作及接受媒体采访时所需要的技能和展示时需要的技能相似(见第240页“媒体采访：如何准备”)。

四、思路清晰

明确展示主题，描绘内容框架。例如，“今天，我想为大家介绍一下鞋类和配饰的春夏季趋势。一共介绍三大趋势，之后会对本季的主要单品进行简要介绍”。

五、有重点、够具体

整理出关键信息。列出自己希望通过展示让观众记住的五点内容。

六、打动人心

趋势板上的图片或展示的内容要在视觉上打动人心，但对描述性的语言也要注意斟酌。展示之前，花点时间回想一下关键词或重要的描述片段，包括描述性的颜色名称。可以考虑借助实物来打动观众。

七、展现自我

将目光投向房间的最后方。因为你很可能只关注评委，那么这就变成了仅仅面向理事会的展示。如果展示时用到样本，可以让样本在观众中传看，通过这种方式和观众互动。

八、尽量享受过程

记住，人们关注的重点是内容和能够打动大家的图像。享受呈现这两点的过程，为观众注入信心。

147.
确定工作室场地

如果你已经毕业，且毕业设计反响不错，那么接下来你有很多条路可以选，接受零售业的工作机会、自由职业或者创立自己的品牌。唯一的问题是：需要找到工作室场地。毕业以后，就没有可以免费使用的工作室了，更糟的是，可能连设施也没有，一切都要靠自己。曾经习以为常的印花台、织机和纱线都不再唾手可得。

仔细想想，肯定有很多搞创作的人和你的处境一样。有些人刚刚毕业，有些人正在考虑换工作室，有些人可能也是第一次寻找工作室场地。和其他设计师共享工作室是降低成本的好方法，而且在创作环境中，和志趣相投的人共事，有助于成功。可以从社交媒体着手寻找，请人推荐也是一个不错的选择。

接触可以提供设施的大学。先从自己的学校下手，然后再去其他学校寻找机会。如果夏天将至，可能有一段时间学生们在放暑假，那么你和伙伴们可以和学校商量在放假期间使用设施。

学习结束意味着失去使用学校工作室和设施的机会。

148.
制定商业计划书

要创立自己的品牌，需要制定商业计划书，计划如何发展业务，做到平衡支出(成本)和收入(收益)。这样做有几个原因。首先，必须厘清财务数据。产品生产出来以后，再祈求销量好，期望从中谋利，这样做是毫无意义的。其次，必须确保获得额外的资金支持。

获取资金支持，可以向银行申请商业贷款。这需要向银行证明你的计划切实可行，一方面是出于对银行投资的保护，另一方面是银行本着负责任的态度，确保贷款人有能力偿还贷款。

另一种获取资金支持的方法是吸引投资人。这通常是一种互利共赢的合作模式——服装设计师需要资金让品牌起步，而投资人则需要通过服装品牌为自己的投资组合增添吸引力。同样，投资人也需要确认能否实现收支平衡，他的投资能否获得一定的回报。

将所有支出从收入中扣除，得出的便是盈利或亏损数据。很多企业在实现盈利之前，都会经历经营亏损或是不盈不亏的阶段。成本上升的速度很快，销售量也随着品牌声誉、产品、工艺等的不断发展、完善而慢慢增长。大多数服装品牌都是在第三季产品上市之后，财务状况才稳定下来。

可以向财务专家咨询意见，但为了确保初步交流有成效，咨询之前应该将以上各要素考虑清楚，并逐一列出自己了解的事项。

商业计划书关键要素

在这本书中完整介绍商业计划书的各项内容并不现实，这里仅列出部分关键要素。

1. 收入：这一点比较简单易懂，基本上指的是销售额。对销售额的预测要符合实际，基于切实的证据。

2. 支出、杂项开支。

这包括：

(1)产品成本——原材料、人工等(见第202页“服装定价”)。

(2)流通成本——从工厂到工作室及从工作室到商店或经销商过程中产生的成本。

(3)市场营销。

(4)网站——建立与维护。

(5)工资——设计、生产、仓库、办公、销售人员。

(6)经营场所——工作室、办公、仓库、零售场地。

(7)水电费——涉及所有经营场所。

(8)电话费和技术支持成本。

(9)缴税。

149.
服装定价

弄清楚目标市场(见第203页“市场调研”)和零售价格(见第202页“服装定价”)之后，应该能计算出服装的加工成本。定价的过程就是确定服装价值和利润的过程。构成成本的要素包括原材料、人工、工时数以及内部加工还是委托加工。

这里讨论的是直接面向消费者的零售。面向批发商的销售利润更低，但涉及的杂项开支也更少。从商业角度来说，利润率越高越好。但同时必须切合实际：零售价不仅要让顾客接受，还要感到物有所值。进一步了解能够影响目标利润的其他成本和杂项开支，参见“制定商业计划书”(见第201页“制定商业计划书”)。

通常，零售价格是生产成本的2.5～4倍，因市场定位不同而有所不同。换言之，成本为零售价格的25%～40%。应该先计算出零售价格，然后倒推出服装的成本预算。

如何通过目标利润率推算成本

如果已设定好一件衣服的目标利润率和零售价格，则可利用以下公式计算出成本：

$$成本 = 零售价 \times (1 - 利润率)$$

例如，设定一件衣服的零售价为195元，利润率为70%，那么：

$$成本=195元\times(1-70\%)=195元\times30\%=58.5元$$

从下表中可以看出，一件衣服定价为195元时，成本和利润都有哪些可能性。

零售价(元)	成本(元)	销售利润(元)	销售利润率(%)
195	48.75	146.25	75
195	58.5	136.5	70
195	68.25	126.75	65
195	78	117	60

零售价、成本及销售利润

零售价为顾客愿意为购买衣服支付的价格。

成本为支付给供应商的价格或自己加工一件衣服的成本。

销售利润为每售出一件衣服所获得的利润(零售价减去成本)。

销售利润率为每件衣服所获利润与零售价的比值。

一件零售价为195元、成本为58.5元的衣服的销售利润为136.5元。

$$销售利润率 = \frac{零售价-成本}{零售价} \times 100\%$$

或

$$销售利润率 = \frac{195 - 58.5}{195} \times 100\% = 70\%$$

150.
市场调研

市场调研对品牌的创立至关重要。通过调研，可以了解市场的整体情况及自己在市场中所处的位置。对市场的关注也有助于界定品牌价值观。而品牌价值观会影响商业计划书的制定(见第201页“制定商业计划书”)及服装系列的打造方式(见第205页“打造产品线”)。

一、市场等级

选择目标市场有很多决定因素，包括产品定价、销售地点及销售方式。如果每件产品定价为上万元，那么商业计划书中需要有所体现——可能每件产品少量供应，且购买产品的人希望获得能够反映其专属性的客户体验。这种产品可能出现在高端专卖店中，而不是街边市场。相反，如果销售的产品是65元一件的T恤，则需要通过走量来盈利，也就需要规模适宜的零售店。

1.低端

经济型品牌多出现在小卖部、低端现代商店、传统市场中，销量大、价格低。

2.现代

城市购物中心可以看到的服装店。这些现代服装连锁店包括中低端品牌。

3.中端

高端设计师为更多消费者设计的定价更低的服装系列。这些产品依赖于知名品牌。很多设计师都是通过这种方式为高端产品筹措资金的。

竞争对手

需要考虑以下问题：

1. 和你具有相似性的品牌和设计师。

2. 他们销售产品的方式和地点。

3. 你的不同之处、如何引起注意。

4. 你的优势所在。

5. 如果市场上找不到类似的产品，要么说明你实现了重大突破，要么说明你的想法没有市场(不幸的是，后一种可能性更大)。如果是后一种情况，思考一下，哪些特性或要素可以改变。也许这听起来像妥协，但不断地完善和调整是服装行业的必修课，只有这样才能实现从创意到商业化的转变。

4.高端

高级时装(定制、唯一)及奢侈服装品牌。

二、顾客

和尽可能多的潜在客户交流。向他们展示产品，获得反馈。他们愿意购买产品吗？他们对价格有什么看法？哪些地方可以改善？谁才是理想的顾客？想一想顾客的喜好及喜欢的原因。

151. 投放市场

技术的进步导致了人们购物方式的改变，将产品推向顾客的方法也因此变得多样化。对购物方法的选择将极大地影响商业计划书、杂项开支及营销策略。这里列举了将服装品牌推向市场的主要方法。

一、零售

这可能是最复杂的产品营销方式，因为需要租赁场地来销售产品，并且承担由此产生的租金，还有员工薪水等杂项开支。然而，零售也意味着可以和顾客直接交流，更好地控制销售环境。此外，由于少了很多中间环节，利润空间也因此变大。

二、批发

服装完成后，设计师将作品出售给零售商，然后由零售商将产品销售给顾客。可以是连锁店，也可以是小型专卖店。做批发的利润较低，但杂项开支也少。在这种模式下，不必设置零售场地，只需把精力放在与各大零售商的采购人员建立联系这件事上。

三、线上销售

一种选择是设立自己的交易网站，直接面向大众销售产品。不需要零售场地，但需要雇人管理网站，需要银行服务支持销售，还需要解决储存、配送产品的物流问题。

四、商品市场

大多数城市都有比较有名的商品市场，可以在这里设摊位卖服装。这只是起步阶段。随着需求的增长，产品开发的完善，可以为扩大业务规模制定详细的商业计划书。

五、网上商城

在Etsy、eBay、亚马逊(Amazon)、ASOS等网上商城里都可以开店，直接向大众销售产品。

六、展厅

聘请展厅代表的做法在年轻新兴设计师当中非常流行。提供此类服务的公司作为设计师的代理，在其展厅中展示设计师的系列作品，同时也提供相关的销售、物流、营销、媒体等服务。这些公司拥有很多资源，可能是事业刚起步的设计师所欠缺的。它们还可以帮助设计师处理很多事情，这样设计师就可以集中精力进行设计了。

152.
打造产品线

确定了目标市场之后，需要思考如何建设性地打造产品线的问题。为零售商或其他品牌工作的时候，你会发现大部分规划工作都是由采购和商品部门承担的。即便如此，你也需要对整个过程的思路有所了解。如果要创立自己的品牌，这一切都需要自己来做。需要考虑的因素有很多。

一、产品结构

对每一类产品的投入和你对这类产品销量的期望成正比。至少产品上市一年以后，期望主要基于以往的销售量，比如去年的业绩。可能选择采购更多畅销产品的材料，也可能那种产品已经不再流行，需要推出新品。有的产品可能完全没有销路，这时必须果断放弃那类产品，或者了解失败的原因之后，做出改进，确保下次不会出现同样的问题。作为一名设计师，你需要帮助采购和商品团队把握趋势、预测趋势走向、引领潮流(见第36页“流行趋势周期”、第38页“T台分析”)。

二、深度与广度

可以这样思考产品结构的问题：用于产品线的预算有限，所以需要决定如何组合产品，使整个产品线达到合适的深度和广度。

> 深度——每个备选产品需要多少的采购量。
>
> 广度——共有多少不同的备选产品。

如果你确信某款产品一定能够畅销，理论上，你可以将所有资金投入这款产品，把产量做到极致。但是，这样做的后果会导致整家店全是同样的产品，也就是说，在深度上做过了头。

另外一个极端的例子是，每种产品仅生产一件，把产品种类做到极致。这样做会导致产品过于多样化，无法产生规模效益，严重影响发展，并增加了生产成本。这就是在广度上做过了头。

因此，应该基于顾客的诉求，判断如何提供可靠的产品，满足最基本的需求。如果只卖裙装，那么需要考虑裙子的不同剪裁、长度、风格，以确保产品顺应当下潮流。如果产品线覆盖多个产品类别，例如裙装、T恤、鞋类、配饰等，那么需要把预算和备选产品在各个类别之间进行分配。如果要设计的是鞋类，那么需要决定如何搭配高跟鞋、平底鞋、靴子、运动鞋等才能成就完美产品线。

三、尺码

每种备选产品可能都需要生产出不同尺码，这需要依产品类别而定。针对每种尺码的采购量必须与需求保持一致。同样，参考以往销售数据会有很大的帮助。

四、颜色

同款衣形设计可能也需要不同的配色——最终呈现的是同款产品，分为不同尺码和不同颜色。

五、价格结构

定价必须迎合市场需求。注意观察竞争对手的做法，你会发现每一类产品都有其“价格结构”。

设定最高价和最低价，或者说“入市价”和“脱手价”。因此，一件基础款T恤可能定价65元，而一件印有图案的T恤定价98元，一件有装饰的T恤则定价163元。很多零售商在规划产品的时候都会分出“好产品、更好的产品和最好的产品”这样的层次，并且希望顾客购买产品线中较贵的产品。每件单品都应该体现良好的质量和价值。每一位顾客都能够从产品中看出价格差别的原因所在，能够看出付出更高的价格可以获得更多特性和好处。

六、核心产品与应季产品

产品线中应该既包括核心产品也包括应季产品，需要在这两者之间达成平衡。核心产品即全年可售的产品，例如牛仔裤、款式简单的黑长裤或者衬衫。应季产品因季节不同而有所不同，例如冬季的厚外套或夏季的轻薄外衣、冬季的靴子和夏季的系带凉鞋，以及冬季的厚毛衣和夏季的轻薄针织衫。

七、店面级别

与拥有众多分支机构的零售商共事时，需要考虑将店面分级。依照规模和营业额将店面归类。最保险的产品及预期销量最佳的产品一定送到自己的店面。

风险稍大的单品可以送去级别最高的店面或者旗舰店。虽然把这些产品送去较远的连锁店需投入不少资源，但将它们放在主店里一定可以引起消费者的兴趣和关注(见右侧“‘孔雀系’单品”)。

153. “孔雀系”单品

真正树立品牌形象的一个好方法是发现、制作并使用“孔雀系”单品，吸引媒体注意。这类产品以大自然中最惊艳的动物命名，指的是能够激发大众和媒体想象力的服装——可以让人们驻足并发出感叹的产品。

“孔雀系”单品通常是系列中最时尚、最能代表流行趋势的产品，即便是最知名的服装品牌也会推出此类产品。一般情况下，这类服装并不实用，也基本没有合适的场合可以穿。大部分品牌的此类产品都是少量生产，利润也不高(见第202页“服装定价”)。它们常常可以引起关注，但却不能带来更多利润(见第48页“主打单品”)。它们的使命是让顾客注意到你的品牌，注意到你的产品系列，吸引他们购买其中(对他们而言)可以穿在身上，且(对你而言)更有利可图的产品。

对于新品牌而言，设计师可以根据报道以及索取样品或图片的数量很快判断出，哪些单品更受媒体青睐。从中汲取经验，并在此基础上，设计出“创新版”产品。这些产品仍然保留了“孔雀系”单品或畅销产品的精华或某些要素，但也包含了创新，以此推动产品线发展，为新一季产品增添新鲜感。创新类产品的设计常常基于对流行趋势的预测——上一季具有亮片细节的鞋类大热，本季如果依然流行，可能会加上绒球设计。

154.
找对打样师和缝纫师

在开发产品系列的过程中，与打样师和缝纫师(或“样板员”)的协同工作不可或缺。打样师和缝纫师是服装行业技艺最高超、经验最丰富的一群人，但这样的人才非常稀缺。

运作良好的样品间应该是这样的：设计师、打样师及缝纫师在一起共事。缝纫师的职责是听从打样师的指导，而打样师的职责是将设计师的理念具象化。有经验的缝纫师还会指出采样阶段出现的构图或质量问题，并在投入生产之前将问题纠正。

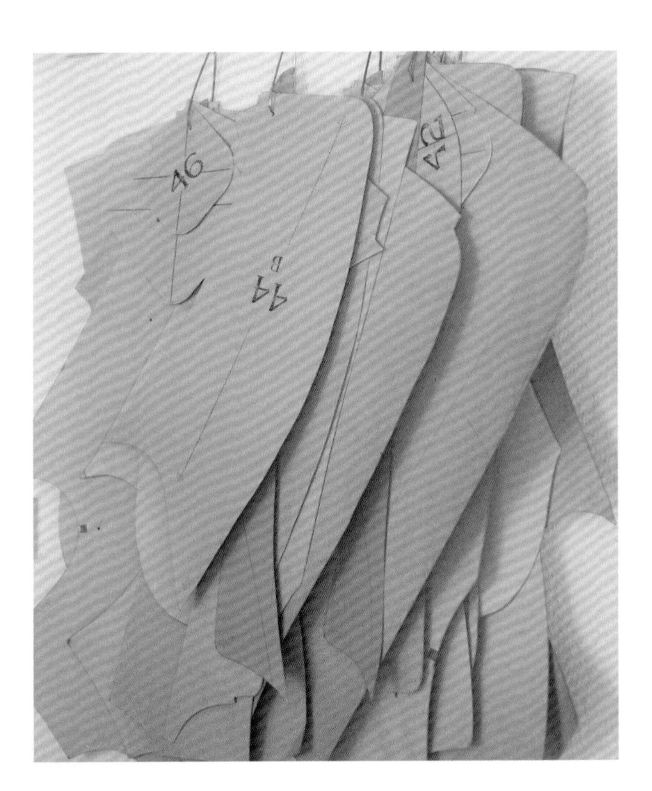

可通过人脉找到优秀的打样师或缝纫师。你所学习的学院或大学里可能有专职的打样师或缝纫师，或者业内朋友能够推荐人选。

利用Freelancer、领英(LinkedIn)等网站发布信息。简要描述希望找到什么类型的打样师。熟识真丝裙斜裁法的人可能不太适合参与氯丁橡胶或技术织物类服装的设计工作。

选出候选人后，要安排与候选打样师或缝纫师会面。比较理想的情况是，把会面安排在候选人的工作室或工作地点，这样可以看到他们的装备。可以带上你的系列设计样品，注意观察他们对作品的反应。

如果候选人表现出对作品的兴趣，而且能够提出处理某件单品的意见和建议，那么说明他(她)已经对你的设计有了想法。遇到对的打样师和缝纫师，你一定可以察觉——他们十分懂你和你的审美，反之亦然。

挂在工作室里供打样师使用的木片。

155.
与打样师和缝纫师合作

找到打样师和缝纫师以后，就可以和他们开始第一个产品系列的设计工作了。这样的体验将不会再有，也许是件好事。时间有限、缺乏经验，这让初次设计服装系列的过程紧张而刺激。共同设计出2个或3个系列之后，这个过程就会变得更轻松、更高效一些。

顺利完成初次协作的关键是诚实地说出自己的想法。在任何工作关系中，给出反馈、接受反馈都非常重要。大家都希望在为成功的工作关系奠定基础的同时，能够设计出每个人都引以为豪的系列作品。

以下是完成样品设计工作、投入生产之前必须经历的阶段。在工作开始之前，必须在各阶段的截止日期上达成一致意见。

用打样师和缝纫师制作的样品拍摄宣传图片可以节省数周的时间。样品在拍摄之后就送去生产，这意味着生产样品的过程中有可能产生拍摄图片的需求。因此，先进行拍摄可以节省大量时间，比等几周后样品生产出来再拍的做法更可取。

一、样衣

打样师和缝纫师根据设计，准备好样品和样衣用于人台试衣。记住：样衣所用材料的重量应和最终使用的布料尽可能相近。

二、人台试衣

设计师、打样师及缝纫师在人台上用样衣进行试衣，必要时对设计做出调整。这一阶段需要拍缩略图。

三、样衣修改和再次制作

不断修改设计板样和制作新的样衣，直到设计师、打样师和缝纫师都满意为止。

四、最终样品

亲自检查设计出的系列产品。在之后的系列设计过程中可以不必这么做。但在你和打样师、缝纫师能够完全相互信任、理解彼此的工作方式之前，还是值得这么做的。建议在第一个产品系列中使用本地采购的布料和部件。这虽然成本略高，但可以避免失误和事故(第一次设计系列产品难免犯错)的发生，也可以避免因等待替代材料而过多延误工期。

五、宣传图拍摄

见第224页“选择摄影师”。为宣传图册的拍摄工作做好准备(见第228页“宣传图册拍摄准备”)。

六、生产

主样品送给供应商进行生产。

156.
找对供应商

在与打样师、缝纫师建立工作关系，完成主样品生产的同时，还有一种不可或缺的工作关系需要建立，即与出色的供应商建立联系。

服装、鞋类及配饰产品的供应商成千上万，专业水平各不相同。因此，为自己的品牌选择正确的供应商有可能像大海捞针一样难。

寻找供应商应考虑的因素如下：

一、服装类型

服装类型决定了原产地——即生产产品的地方。美国、英国、土耳其、希腊、葡萄牙、毛里求斯、意大利、印度、越南、斯里兰卡、孟加拉国及中国等国家和地区都生产并出口服装和配饰。本书按原产地列举了具体的服装类型。

二、面料基础

计划生产的系列产品类型决定供应商的选择。例如，擅长领域为运动鞋的供应商或厂商可能很难处理缎面鞋的订单。

三、独特卖点

提出和原产地相关的独特卖点(USP)。例如，系列产品以传统苏格兰格子图案为特色，或者品牌故事的核心在于百分百“美国制造”。

四、推荐

大多数情况下，别人的推荐对建立新的工作关系大有帮助。可以选择参加行业展会，那里会有供应商展示样品，面向新客户宣讲。在不确定目标的情况下，盲目参加行业展览会让人感到不知所措，而且成本较高。

和业内朋友交流，看看他们和哪家供应商合作。如果有可能，最好能和潜在的供应商或他们在国内的代理面对面交流。如条件不允许，可以用Skype聊天软件进行初步的介绍，和候选厂商沟通。

五、职业道德和安全规范

必须遵守的职业道德和安全规范有很多。设计师有责任确保供应商和厂商符合生产规范，有资格进行生产。

六、拟定合同

设计师和供应商是合作伙伴关系。关于合同条款和条件的谈判必须遵守“公平、诚信、互利共赢”的原则。双方都需要彼此，需要在限定的时间里、约定的成本范围内实现共同的目标——设计出高质量的系列产品。首先你需要找到一个可靠的供应商。

开始共事之前，为保护双方的利益，拟定合同十分重要。这意味着，将双方在成本、生产进度表、支付条款及出货方式等方面达成的一致意见以正式文件的形式呈现出来。

157.
参与供应商的成本核算

寻求供应商和厂商合作伙伴时，应该关注质量、成本、可靠性这三大要素。对这三要素的考量，可以从讨论开始。

然后可以开始成本核算练习——让供应商制作一件衣服或配饰，并计算成本。成本即每件单品需支付的费用。每件衣服或配饰出售给顾客时的价格要区别于成本价格，两者之间的差价即利润。

成本核算练习可以以多种方式开展。可以把规格表交给供应商，要求按照设计和规格，从零做起，然后计算成本。这样做可以考量供应商对规格表内容的理解。

也可以要求供应商针对现有样品计算成本。样品可以由打样师制作，也可以是上一季某件希望在成本预算不改变的前提下稍加改进的产品。

还可以选择反复计算成本，即请一家供应商对样品进行成本核算，将计算结果告知另一家厂商，比较一下两者在成本和质量上的竞争力。

也可以从规格表阶段开始反复计算成本，将同样的规格表交给两家供应商，从样品生产时间、质量、成本及整个过程的沟通等方面进行全面考量。注意：样品生产费用很高，不到万不得已，不要反复进行成本核算。这会影响样品预订率，以及与供应商的关系。样品生产成本最终要计入总成本，因此样品生产过度只会浪费时间和资金。

有一种效率更高的考察供应商成本有效性的方法，即在制定规格表或样衣阶段之前，要求供应商对买来的样品或者其他有零售价的产品进行成本核算，记得提前摘掉价签。通过这种练习，可以大概了解供应商是否具有成本上的竞争力。在这种情况下，需要注意：零售商可能因为成本更低而选择多下订单，又或者将目标利润定得更低。

请供应商回答的主要问题

1. 供应商可以简单介绍一下自己的背景，并告知他们你的背景。

2. 都与哪些厂商开展合作，合作地点在哪里？

3. 年产量是多少？

4. 从收到设计草图到做出纸样、样衣，完成第一份样品需要多长时间？

5. 从订货到交货需要多长时间？分新订单和追加订单两种情况——后一种的交付周期应该更短。

6. 还和哪些设计师有合作关系？

158.
系列产品逐件规划

详细规划每一件系列产品需要设计师有条理、有资源、有决断力，还需要具备出色的时间管理能力。大学课程的很大一部分内容讲的是如何“实现”系列产品。行业内称之为“关键路径”。

先将每件产品分解成具体的服装或配饰。确定整个系列的打造时间及产品制作的先后顺序。注意制作每一件产品需要的时间——用时差异可能极大。把耗时长的部分放在前面，以此排出生产顺序。例如，开始剪样之前应该先将材料图纸打印出来。

多项活动同时进行——不同衣服的材料采购要一次完成。不要把时间、精力和资金浪费在一次就可以完成的事情上，或是把事情碎片化。

给自己预留缓冲的时间——事情不会完全按照你的计划发展，所以留出时间用来解决不可避免的问题。

期限管理。给第三方规定的任务完成期限应该至少比实际截止日期早几天时间。

可以把关键任务记在大型挂历上或电子文档里(自己最习惯的方式就好)，然后细化每一个任务。通过这样一个过程，可以清楚地了解每天需要完成的具体任务。前期将系列产品逐一规划，可以确保在期限内完成任务，实现更好的压力管理。

服装或配饰的生产

1. 准备样板——见第154页“剪样”。
2. 采购材料和组件——见第44页“采购一手材料”。
3. 试验——见第45页“试验构思和工艺”。
4. 制作——见第208页“与打样师和缝纫师合作”。

159. 行业关键路径

接下来将介绍如何制作零售业设计关键路径表(也称时间任务表或流程图)。这个过程需要的主要技能是时间管理。制作关键路径表的目的，是确保在期限内完成任务——规定只有在具体日期之前完成某项任务，才能进行到设计过程的下一步。这样做才能规划好时间，将影响设计进程的关键节点确定下来。

任何设计阶段出现延误都可能造成成本增加。还会影响产品投放市场的速度——应该避免在激烈的市场竞争中出现这种情况。制作关键路径表时，应考虑过程中可能出现不可避免的延误，预留出缓冲时间。

关键路径表以12个月为时间范围，表头列出每周第1天的日期。以下仅列出部分节点(最低要求)，也可以增加其他节点。将这些节点任务插入表格最左侧一列中。

行业设计关键路径表示例

月	9月		
周	1	2	3
日	9月1日	9月8日	9月15日
流行趋势发布			纽约T台发布
部门头脑风暴			
吸取经验、规划产量	确定最佳产量春季线		
关键设计节点		设计4月产品（或5月、6月）	
打造产品线		春节前打造产品线	
鞋类签核前工作			
鞋类签核及策略			春节前签核，2月、3月底实现收入
产品开发之旅	意大利米兰国际鞋展(MICAM)		意大利琳琅沛丽皮革展(Lineapelle)（设计类）
媒体日			
重要供应商假日			
T台	纽约	伦敦	米兰
节庆活动、秀场活动、颁奖典礼	Bestival音乐	Golden Days ANZ	

	10月					
4	5	6	7	8	9	10
9月22日	9月29日	10月6日	10月13日	10月20日	10月27日	11月3日
5月、6月更新及伦敦T台发布	米兰T台发布	5月、6月更新及巴黎T台发布				
		5月、6月		印度参展前头脑风暴、采购靴子		
为5月、6月设计产品，包括季前靴子						
	5月、6月平衡产品线					
		3月、4月				
			3月、4月、S/S策略			
亚洲S/S开发						
			澳大利亚S/S媒体日（待定）		美国媒体日、宣传图册产品交接	
				印度排灯节(Diwali)		
巴黎						

设计关键路径主要时间节点

1. 设计方案头脑风暴——设计过程的第一步，需要制作“趋势板”。

2. 展示潮流趋势。

3. 部门头脑风暴——部门深入讨论具体想法，确定主要产品。

4. 设计或采购“出货”日——有的产品交付周期较短，有的较长。交付周期即从订货到交货的时间。例如，在土耳其针织类产品交付周期为4～6周，而从中国进口鞋类则需要约16周的时间。可以分别为周期长和周期短的产品设定出货日。

5. 打造产品线——最终样品制作完成后，才能开始规划产品线。

6. 签核——接受订单前，召开部门主管及理事会议签核新开发的产品。包括任何签核准备阶段召开的会议。签核后，建议采购和商品团队制定单独的关键路径表，涵盖从产品订购到交货至仓库这个过程中的每个阶段(见第254页“与买手和跟单员的关系”)。

7. 媒体发布日——见第257页“与媒体宣传、市场营销和社交媒体团队的关系”。

8. 重要供应商节假日——包括中国的春节，对生产时间安排有极大的影响。假日期间，工厂停工，工人休息的时间可能长达4周，甚至更久。

9. T台——所有希望了解的国际时装周活动，包括纽约、伦敦、巴黎及米兰的度假系列和春夏、初秋、秋季时装周。

10. 产品开发之旅。

11. 行业展会。

12. 寻求灵感之旅。

13. 重要的采购节点——提醒在每年的重要的时节采购重要的产品。例如，在5月当你正埋头设计圣诞系产品时，看到这些节点提醒，你会出门采购夏季产品。如果没有这些节点提醒，你很容易忽略这些日子，导致可能只有剩下的滞销品可以买。

14. 展览。

15. 重要国际活动、节日、颁奖典礼——从柯契拉音乐节(Coachella Festival)到情人节、圣诞节等各个节庆活动。

2015年马德里时装周Juana Martin春夏女装发布会。

160.
网站橱窗

互联网的兴起为企业带来了无限可能，服装设计师也从中受益匪浅。前些年，零售渠道还只包括实体店和传统商业街，而现如今，消费者和设计师都可以在网上销售产品。有些人依然喜欢实体店“先试后买”的购物体验，但对很多人而言，网购是对实体店购物的补充，或者说已经取代了实体店购物。

当然，运营网店会涉及其他成本，包括网站维护、服装存储、配送等费用。但其初始成本比起开实体零售店要低很多，所以非常值得尝试一下。这也意味着，也许应该多投入一点资金建立自己的网站，打造与品牌形象和消费者需求完美匹配的交易界面。接下来的问题将会在下一页“选定网页设计师”中进行讨论。

网上服装店首页示例。

网上销售服装的优势

1. 杂项开支少——无须支付租赁黄金地段的场地费、供暖费、员工薪水等，可确保运营维持高标准等。

2. 完全掌控客户体验——无须担心陈列品被弄乱。

3. 无须担心存货位置——相反，经营实体店需要保证库房就在附近。

161.
选定网页设计师

不论你是自由职业者还是正在寻找全职工作、准备建立人际关系网或是经营自己的品牌，都可以把网站变成商店橱窗。也正因为如此，必须确保网站上的模特穿着漂亮、整洁。如果没有能力自己建设网站，那么就需要找到一位优秀的网页设计师来帮助你了。

如何找到优秀的网页设计师

1. 问问题、听答案——要找的人应该能说出自己的观点，偶尔质疑你，但仍能听取你的意见，而不是随心所欲。

2. 看响应速度——怎么能指望一个无法在新业务出现时快速响应的人，在你需要的时候做出紧急而重要的改善？

3. 四处寻找——Gumtree和领英(LinkedIn)网站上有非常好的资源。

4. 考察以往成果——是否具备你需要的能力和风格？

5. 尽可能与多位候选人面谈——通过对比，看出他们在各个方面的差别，从网站水平到专业水准。

6. 预算紧张的情况下可考虑选择年轻，但是经验不足的网页设计师——他们可能和你的情况相似，但是愿意付出更多努力以赢得机会，愿意为你设计网站。

162.
网站策划

选定网页设计师后，给设计师提出明确的指示非常重要，这样才能避免在网站建成后反复修改、重新设计的情况发生。

如何规划网站

1. 拟定合同、明确对网站的定位——例如，网站需要满足交易需求让人们可以直接购买产品吗？如果需要，则意味着要投入大量资金。或者网站的功能就像是在线的宣传图册，提供展示产品、提供联系信息。

2. 发送演示文稿给网页设计师——在演示文稿中展示出你喜欢的网站风格、你希望网站具备的特点或工具以及图像、字体、边框大小。这样双方都可以参考，有助于落实初步的想法。

3. 利用PPT之类的演示文稿软件——即使不会编程，也可以用这些软件来仿制网页。

4. 逐页网站策划——同样可以通过演示文件确保想法落实。

163. 呈现系列产品：T台走秀和静态展示

服装设计专业的学生一定有机会将自己的最终系列产品呈现出来。这是极为重要的场合，因为很多业内人士(包括潜在的雇主)都会出席。需要作出的选择是以哪种方式呈现：T台走秀或静态展示。这主要取决于产品类型。如果是配饰的展示，那么静态展示的可能性更大。但配饰设计师可以和服装设计师合作，共同展示作品。

即使你已创建了服装产品线，很多T台秀也会要求设计师制作出最低数量的单品。专业类或经典款系列可能需要或者更适合静态展示。

T台秀具有很强的仪式感，也能增加见识，但同时也涉及很多物流、造型方面的考虑。如果你希望以后通过T台秀展示作品，可以在大学开始学习最后一门课时，参与一次毕业大秀，积累宝贵的经验。

不论最终选择的是T台秀还是静态展示，这都是提升形象、提高声誉、聚集人气的绝好机会。在社交媒体上通过一切渠道宣传走秀活动。向朋友们展现自己真正有创意的一面，向他们展示自己的能力。如果有人不能出席，可以把图片、视频或网站链接发给他们，让他们了解你的作品。

一、秀场座位安排的学问

秀场的座位安排绝不简单。事实上，这是一项十分微妙、极其复杂的工作。有些座位是身份的象征，具有特殊的意义。因此，尽管看起来是小事，但一定要注意不要不小心冒犯了别人，要给重要人物留下好的印象。秀场或许并没有一线明星出席活动，但安排座位的时候，应该注意最具影响力的人及你希望感谢和留下好印象的人是谁。

二、第一排

所有重要的人物都要安排在第一排。他们必须有最好的视线，能够在任何媒体报道上都看到。具体安排在第一排什么位置也很重要。

T台尽头——当模特在T台尽头停留、摆动作、转身时，这个位置的视线最好。这里也适合拍照上传到社交媒体上，聚集更多人气。

T台中间——按照惯例，名气最大的人物都坐在第一排的中间位置。这意味着，很容易被拍到，是提升声誉的好方法。有时候名人参加走秀活动需要支付出场费。

T台起始位置——这里适合安排投资人。他们会很开心能坐在第一排，但不会关注到特别细节的问题，所以不必坐在最好的位置。

三、第二、三排

第二、三排和第一排的情况类似，只是重要性递减。秀场后排还会有站立的空间。

其他重要嘉宾

买家——潜力最大的买家要安排在前排。由于买家之间有竞争，所以买家之间应保持一定的距离。

赞助商、主办方——将赞助、主办活动的人安排在前排，以示感谢。

媒体——观看走秀活动的大部分人员都来自媒体，需要按影响力区分座席。最重要的媒体安排在前排，来自规模较小的出版物的新人可以安排在相对靠后的位置。有些设计师为了报复媒体的负面报道或是报道不力，将记者安排到不是特别受欢迎的位置。

左上图：上台前最后一次调整。
左下图：博柏利(Burberry)2015春夏伦敦时装周大秀终场。
右下图：彩妆师为模特化妆。

164.
选定模特

模特是走秀或拍摄活动必不可少的条件。模特对呈现效果的影响，可能比服装、地点和场景还要大。所以模特人选非常重要：模特必须能够代表品牌新一季产品的整体形象。

影响模特选择的因素如下：

一、成本

通过经纪公司寻找模特不仅成本高，而且涉及很多烦琐的问题，如照片使用权、照片使用期限等。而且，模特行业的现状就是价格和服务成正比。

二、利用资源

不要绝望。像对待团队建设一样对待选模特这件事。你要机智地利用身边的人才资源。先请人推荐，或是利用社交媒体。解释清楚自己的目的，询问是否有人认识有兴趣尝试的模特。

三、亲自寻找

注意观察，留意任何引起你注意的人。一开始，可以选择网上招聘公司，而不是模特经纪公司。类似Freelancer这样的网站都是特别好的平台，可以发布项目信息，招聘兼职人员。

四、组织选人活动

找到一些候选人之后，可以先组织选人活动。给每位模特15分钟左右的时间，看看她们的图册，选一两件系列产品让她们试穿，拍下她们的头部特写，用来帮助你做出最终决定。

在整个过程中，需要考虑目标受众和顾客的需求。也许你会遇到非常不错的模特，非常开朗活泼，但要拍摄的宣传图册是以暗黑色系为主的秋季系列，需要突显强势大气的风格。你的眼光要挑剔，不找到适合品牌的最佳人选决不罢休。

选人活动中拍摄的候选模特头部特写。

165.
打造创意团队

设计完整个系列，你也制定了完善的商业计划书，完成了市场调研。接下来就是展示系列产品，将产品呈现给目标受众了。可以带着整套产品奔赴每一个见面会，拖着满箱的衣服去找杂志编辑或有影响力的博主。但为了在更好的光线条件下展示服装，应该把模特穿上服装的照片，做成宣传图册。

每个品牌都有自己的宣传图册，里面包含了当季的系列产品。事实上，这就相当于品牌的作品集。

拍摄开始前，想一想图册的目标受众。是要送去杂志社给编辑看？是要用于说服买家购买产品？是要在网上呈现？还是要做成实体图册？

想成功地制作出宣传图册，团队很重要。需要找到一名或多名模特、一名摄影师、一名造型师(如果不亲自上阵)、多名发型师、彩妆师及一名助理。可以通过领英(LinkedIn)网站找到你需要的人。但必须指出，面试非常重要。见到本人后，可以看到他们的工作状态，判断出他们的理念、审美以及对拍摄工作的热情是否和你一样。

大学里可以找到充满激情的学生——摄影专业、造型专业、美发专业、彩妆专业等，他们很乐于抓住机会，参与拍摄工作。不一定需要投入很多资金。对团队中很多人来说，自掏腰包也是可以接受的，获得经验更重要。对新人来说，尤其如此。可以允许工作人员使用最终拍摄出的照片。考虑到拍摄资金由你负责，他们只是用时间和专业技术换取收入而已。因此，照片可以是共同财产，可以收进双方的作品当中。

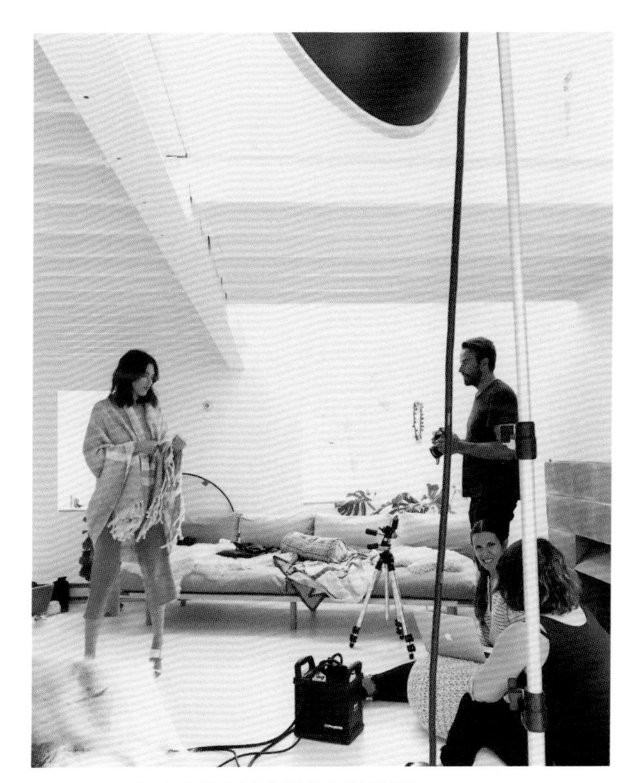

ELEVEN SIX针织系列宣传图册的创意团队。

166.
讲究方法

创意团队到位以后，接下来就是找到场地、选出模特、采购道具和配饰……似乎还要做很多事。准备宣传图册拍摄的方法无所谓好坏，黄金法则就是讲究方法。将每一个任务分解成具体的工作，就像建设团队一样去做这件事——有创意、每个人对最终结果都有清晰的认识。

一、工作室拍摄和外景拍摄

必须在工作室拍摄和外景拍摄之间做出选择。两者都各有利弊。

1.工作室拍摄

在工作室拍摄可能费用较高，但这并不意味着应该避免这么做。如果你希望呈现的效果需要在有背景和专业照明的人工环境中才能实现的话，有些镜头必须在工作室内完成。利用你的人脉打听一下是不是可以在工作室业务不繁忙的时候以低价租来使用。

2.外景拍摄

另一个选择是外景拍摄。地点没有限制，可以是起居室，也可以是纽约的地铁站。在网络上搜一搜废弃的建筑物或免费场地，应该可以发现一些可进行拍摄的地点。

显然，外景拍摄的一大优点就是成本低。不过，最好提前确认一下是否可以在某些公共场所进行拍摄。这种方式的缺点是很多因素不可控，例如日照时间、天气、人为干扰等。如果希望捕捉到太阳从废弃的工业建筑后面升起的瞬间，那么必须准时到达现场，利用好那30分钟左右的时间。如果已经找到了摄影师，可以咨询他(她)的意见。

二、道具

想清楚需要什么道具的辅助才能确保模特姿势达到理想状态。确定并采购家具或额外的设备。还要见机行事，找到最理想的供应商，然后进行谈判。很多时候，道具可以借来使用，只要在宣传图册中向供应商致谢就好。尽量和供应商面对面交流，如果以写电子邮件的方式寻求帮助，结果可能不尽如人意。

三、配饰

在系列产品中最好有鞋类和配饰。如果没有，可以考虑与配饰设计师合作，同样记得要在宣传图册中致谢，并允许该设计师使用拍摄的照片。避免在宣传图册中出现竞争品牌的产品，不要包含风格类似或目标受众一样的产品。选择合作伙伴一定要考虑周全。如果在拍摄中使用自家的鞋子，建议用胶带把鞋跟底部保护起来，这样拍摄完成之后，鞋子还可以正常销售。

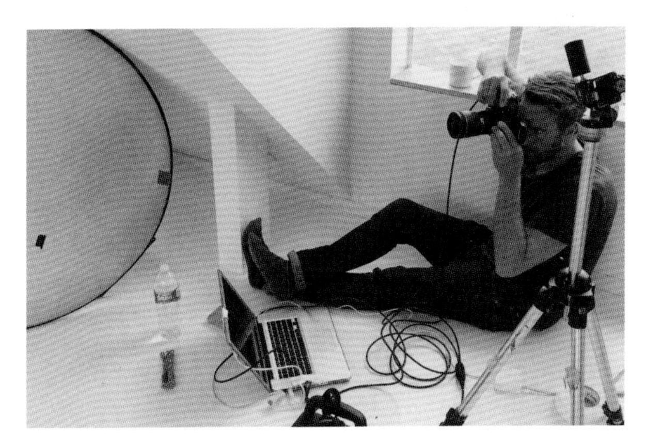

上图：摄影师正在工作室拍照。
左图：外景拍摄中模特化妆、调整发型。

167.
选择摄影师

照片拍摄的成功与摄影师、模特和造型师有很大的关系。摄影师不但要和设计师理念相同，而且需要在拍摄当天激发出模特的最佳状态。良好的工作关系是关键，哪怕是第一次共事。

在决定摄影师人选之前，你可以做很多基础性工作。比如和候选人面谈、向他们介绍自己的系列、和他们分享你搜集的图片和模特资料，明确自己喜欢及不喜欢的照片和效果。还可以请他们介绍自己的作品，注意观察他们的风格是否符合你的理念。了解他们曾经服务过的客户和参与的项目。你要找的人应该理解你的理念，并且能够贡献想法。双方应该相互激励，索取对方的材料进行进一步研究。

如果是外景拍摄，提前和摄影师一起踩点，可以多去几次。熟悉周围的环境，注意是否有异常情况或障碍。如果有的话，可以在拍摄前把问题解决掉。有时间的话，可以进行试拍。如果在工作室拍摄，确认摄影师是否曾经在那里拍摄过，是否对如何开展工作有意见和建议。

规划好摄影师当天的工作。确定打算拍摄的服装套数，双方确定最终的服装数量，然后开始规划一天的工作。每一组的拍摄时间都尽量具体化、安排专人(设计师的助理或摄影师的助理)、掌控时间、严格控制进度，还要确保摄影师带齐所有装备。

专业摄影师的基本配置。

168.
检查摄影装备及文件格式

寻找摄影师的时候，可参考右边的“重要装备”清单，确认候选人是否有拍摄宣传图册的基本配置。

小贴士：事先商量好费用事项——拍摄的费用及拍摄后的费用。拍摄结束后，会产生很多相关费用，例如从图片编辑到润色都需要钱。

一、文件格式

确定照片的文件格式——包括未编辑和经润色的图片。两种情况下，都应该同时要求有RAW(原始文件，比JPEG格式的文件更大、更清晰)格式和JPEG(可以和很多应用程序兼容的文件)格式的文件。还应该同时准备低分辨率和高分辨率的文件，分别用于电子邮件(网站)和打印。

二、权利

明确照片的使用权及所有权期限和使用条款。双方就这些问题进行协商——双方都可以从这些照片中获利，一定要事先拟定合同。这听起来让人感到不知所措，但事先约定好一切会省掉很多拍摄有可能出现的麻烦。

重要装备

1. 两台DSLR相机——可以用胶片相机，但数码相机更便宜。有些摄影师两种都用，或是用宝丽来(Polaroid)机型。

2. 至少四张SD存储卡——最低要求。

3. 各种镜头——呈现不同景深和拍摄效果。例如，50mm的定焦镜头非常适合拍人像和头部特写，但长焦镜头(大型偏重的白色镜头)更适合拍T台秀。

4. 三脚架。

5. 相机手柄。

6. 两台相机的备用电池。

7. 充电器。

8. 笔记本电脑。

9. 硬盘——用来存储备份照片。

10. 擦拭布——用来擦拭镜头上的灰尘。

11. 四脚梯——外景或工作室拍摄时可能用到。

12. 闪光设备。

13. 遮光罩。

14. 情绪板——用于拍摄中提供参考，可以提醒摄影师拍照数量(可以是实体，也可以在平板电脑或智能手机上)，方便回顾不同的拍摄景点。

169. 找对造型师

造型师的任务是将系列中的单品组合起来，突出时尚感。这是整个创意过程的最后一个环节，对于呈现品牌的审美情趣至关重要。

造型师是极具创意的人才，天生具有出色的审美能力。他们从多渠道获得信息，经过消化处理，对潮流趋势作出预测。造型本身也是一门艺术。优秀的造型师都有能力根据设计师或他们自己想要传达的信息，为整个系列增添不同的场景。这个过程就像是在拍摄时尚大片。

造型师必须完全理解并认同整个系列所体现的审美，想清楚目标受众是谁。是希望能够得到赞助商的支持还是激发人们的兴趣？时装大片的拍摄是为了呈献给杂志社还是为了引起媒体的注意？确保造型师对品牌审美的认同决定了系列的成功。

一、记下最爱的造型师

把打动你的造型师都记下来。每当在杂志上或网络上看到喜欢的大片，就记下其造型师的名字。这有助于你了解每位造型师的审美情趣。

准备一个布告板或者图册，上面是从杂志上剪下来的图片或者网上大片的截图。问自己两个问题：其中哪些部分打动了你？又有哪些部分你并不喜欢？后者也很重要。

如果项目和预算条件合适，你也许有幸和心仪的造型师共同工作。如果没那么幸运，通过这个方法，你也可以找到类似的人选或认同你观点的造型师。这也能帮助你了解自己喜欢的风格，必要时可以亲自上阵为大片造型。

二、利用资源

你认识的人当中有天生就对时尚敏感的人吗？有没有认识的造型课或其他课上的学生可以合作？这种合作对双方都有利。一方面可以分担工作量和成本，另一方面双方都可以使用照片的成品。

三、指导造型师

有效的沟通十分重要。不论是在大片拍摄前期还是拍摄中，你都应该能够对造型师进行指导。尽早让造型师参与进来。面对面沟通早期的想法，展示初始样品。定期开会，帮助造型师理解展示的信息。之后，可以让造型师出去采购服装、配饰，回来后和你沟通想法。把注意力集中在你对大片的根本定位上，要明白你的片子中最终要传递的信息是什么？

四、培养良好的工作关系

和造型师的关系保持沟通良好、坦诚、有创造力的状态。这项技能可能需要随着时间的推移慢慢提高，但必须尊重造型师的想法。在与造型师沟通理念的时候，要有开放的心态，给他们明确的信息。能够给出和得到有建设性的反馈都很重要。

170.
发挥造型的影响力

在处理与品牌相关的图像时，不论是宣传图册、市场推广用的照片，还是用于网店的图片，你都必须清醒地认识到，造型选择会影响人们对品牌的认识。

单品的组合方式有助于突显重要的趋势。而配饰的使用，不论是系列本身的产品，还是经典的单品，都能为品牌增添一丝特质。发型、彩妆及模特都能在这方面产生极大的影响(见第220页“选定模特”)。

把重点放在目标受众上，想一想他们的诉求。如果你设计的针织品针对的是相对成熟的客户群，那么造型风格不宜过于前卫或令人震撼，而是强化客户对品牌的现有认识。相反，如果你的品牌十分前卫，那么拍摄大片时，服装的呈现方式则需要打破常规、富于挑战性。

这张图片让人把关注的焦点放在大衣上，并没有在模特、造型或外景上提供更多信息。给人留下的印象是：这款产品容易驾驭、实用性强，特别适合主流市场。

*V*杂志中嘎嘎小姐(Lady Gaga)为纪念亚历山大·麦昆(Alexander McQueen)的设计作品和英国艺术家达芙妮·吉尼斯(Daphne Guinness)一起拍片。从模特的选择到造型指导都成就了这充满挑衅而又具有束缚意味的图片。

171.
宣传图册拍摄准备

到目前为止，我们讨论的都是创意类技能(打造创意团队)和方法类技能(谈判、分享成果及降低成本)。但能确保宣传图册的拍摄工作顺利完成的组织技能，并不是所有创意人才都具备的能力——自由的灵魂喜欢顺其自然。但正如老话说的，“不做准备等于准备失败”。

尽管你已经把成本控制在最低水平了，但时尚大片的拍摄和制作宣传图册的过程依然涉及很高的费用，而且还有你和创意团队为拍摄付出的时间和努力。这是压力极大且时间紧迫的一天。必须确保一切都顺利进行，才能拍出你最想要的照片。而要做到这一点，需要超强的组织能力。要大胆请求朋友的支援，拍摄当天会出现很多意想不到的问题。支援越多，问题就解决得越好。

一、日照时间

无论你想在白天或晚上拍摄，能够拍摄的日照时间都是有限的。当然，日照时间的长短和所在的月份和国家有关。这应该是你首先考虑的因素，因为这决定了一天之内可以拍摄的时长。如果是在工作室内拍摄，决定拍摄时长的很可能是成本。

二、使用造型师

像和摄影师共事那样和造型师相处。在创意阶段就让造型师参与进来。向造型师介绍整个系列，分享拍摄的参考资料。很可能他(她)所提议使用的配饰，是你在设计效果的时候没有想到的。因此，在拍摄之前尽可能多地和造型师交流，有助于在开拍之前完整设计每一个效果。

当然，和创意过程的其他大部分环节一样，拍摄当天必然会有变数(但都是些小变动)，绝不能在拍摄当天把时间浪费在临时造型上。确定了所有效果之后，把所有衣服都熨好，装在挂衣袋中悬挂起来。挂衣袋上应该注明编号。每种效果都可以考虑加入内衣(见右侧“造型工具包”)。

小贴士：为团队准备好食物，因为拍摄工作会持续很久，非常辛苦。人饿了心情就不好，所以要让每个人全程都有饭吃、有水喝、有暖风或冷气吹。

造型工具包

优秀的设计师和造型师都会随身带着造型工具包——基本包括拍摄当天需要用来做临时调整的一切东西。工具包应该至少包括以下内容：

1. 剪刀。

2. 针线。

3. 裁缝别针。

4. 安全别针。

5. 双面胶。

6. 大钢夹。

7. 强力胶。

8. 黏合胶带。

9. 绷带。

10. 熨斗、熨烫机(确认现场有没有电源)。

11. 移动式加热器。

12. 内衣——合适尺码的黑色、白色、裸色丁字裤，以及肩带可拆卸文胸。

13. 毯子。

172.
推广宣传图册

当你顺利完成了宣传图册的拍摄工作，且和摄影师一起完成后期编辑工作，选出了最终入册的照片后，接下来需要思考的问题是图册的呈现方式。是出电子版还是纸质书？如果出电子版，必须确保文件类型和大小可以被受众接受。最好不要在电子邮件中发送高分辨率的图片，而是发送链接。同时，需要写一封介绍自己和品牌的个性化邮件。

如果要出纸质书，建议选择好的印刷厂。每一个细节都要和印刷厂人员沟通，从纸张重量到纸质效果——未经过亚光处理的纸张，这种纸张十分光滑，让宣传图册呈现出不同的质感。

我个人更倾向于纸质书，而且里面要有手写的说明信。不幸的是，零售业的人都十分忙碌，电子宣传图册即使意图再好也有可能淹没在爆满的邮箱里。如果送纸质书，收到的人会立刻拿起来看一看。在丢弃之前一定会再三思考。而电子邮件却很容易被直接丢进垃圾箱。

另外，尽可能亲自送图册给客户。宣传图册对于品牌来说意义重大，一定要确保图册送到对的人手上。如果当面送不可行，要想清楚如何送，用旧的牛皮纸信封必然无法引起注意。送去后，一周左右可以发邮件给收到图册的人。

品牌ELEVEN SIX的2016秋冬季宣传图册。

173.
自我营销与品牌营销

服装行业竞争激烈，特别是对还没有建立起人脉的新人来说。对于该找谁、怎么找，你可能会有些不知所措。在后面的章节里会介绍一些自我营销、品牌营销时需要的重要技能：发展人脉、争取名人代言、与知名品牌合作进一步提升自己的品牌。

一、做自己的代言人

所有技能发挥作用的基石是设计师必须有风度、有魅力。你的目标是让人们喜欢你的品牌，相信它及关于它的故事。你就是故事的一部分，所以你必须能代表品牌，对自己正在推广的一切充满激情。如果你设计的是飘逸的波西米亚风长裙，那么在去健身房的路上身穿运动装，对维护品牌形象并没有多大帮助。

二、自我营销

媒体提供有偿服务，可利用他们的人脉推广你的品牌。但不必着急找媒体——没有人比你更懂自己的品牌，没有人比你对这个品牌更有激情。如果有可能，先进行自我营销。

三、懂得变通

直接和企业接触，或者和客户面对面交流时要懂得变通。如果收到图册的人对产品有兴趣，但只能安排下周二早上8点见面5分钟，应该立刻答应下来。这5分钟见面时间可以让他们正式了解你的品牌，是给客户留下持久印象的绝佳机会。

四、懂礼貌

最后一点，获得反馈或收到来信之后，一定要花点时间，手写一封感谢信。这些小事情将大大加深对方对你和你的品牌的印象。

174. 发展人脉

前面讲了自我营销、成为自己的代言人，以及发展人脉时懂得变通的好处。但如果完全没有人脉该怎么办？在服装行业发展重要的人际关系要花好多年的时间，但是有些方法可以加速这个过程，很快开始建立人脉网。

一、网上调研

通过简单的网上搜索，可以得到非常宝贵的信息，例如目标公司的通用邮件地址和组织结构。有了这些信息，你可以立即判断出应该去找目标公司的什么人沟通。但这种搜集信息的工作已经有公司在做了，你只需要把它们利用起来。

二、时尚与美丽追踪(网站)

“时尚与美丽追踪”是在媒体、公关、品牌联络人等方面领先的数据提供商，其全球数据库涵盖5万余名联络人信息。可以从这家网站入手，和记者、有影响力的博主、设计公司等取得联系。网站有一个月免费试用期，所以利用起来吧。

三、领英(LinkedIn)

还有一家很棒的平台是领英(LinkedIn)网站。网站在全球拥有超过3亿名会员，可以帮助你建立起自己的专业社交网络。建议注册领英账户，可以试试高级会员——高级账户具有高级功能。此网站也提供一个月免费试用服务。

使用领英网站的一大好处是帮助用户决定电子邮件格式。例如，你发现了一家公司很适合自己的品牌，十分希望接触他们的采购团队，但你并没有邮件地址。那么在网站上找到那家公司，和相关人员取得联系。只要有一个人接受了你的领英请求，就可以获得那家公司的电子邮件信息。

发展人脉时要记住

1. 保持简短——确保邮件主题简洁而有吸引力。

2. 定制内容——接触*Vogue*杂志的设计或采购总监和接触*People*杂志的人必然不同。根据受众定制邮件内容。

3. 思路清晰全面——创建电子表格文件，列出你所接触过的联络人以及具体方法和实践。第一次接触后，经过一定的时间，可以打电话听取反馈。

4. 坚持但不骚扰——在试图和某人取得联系或者获得反馈时，要坚持不懈，但不能纠缠不清。持续跟踪电子表格里记录的日期，防止联系过于频繁。但如果你相信自己的品牌及其价值，一定要坚持下去。

175.
争取名人代言

要成为成功的服装设计师或成功推出服装品牌，名人代言至关重要。当今社会，名人独霸新闻头条，而且越来越多的博主成为时尚达人，所以争取名人代言或引起时尚博主的关注对品牌的成功十分关键。名人代言意味着为产品打开了通向亿万受众的大门，这是你单打独斗时完全无法做到的。那么究竟需要怎么做呢?

一、使用Instagram

社交媒体在品牌创立及提高曝光率中的作用会在后面的章节详细讨论(见第236页“利用社交媒体”)。简单地说，现如今的网上社交平台，尤其是Instagram，应该是年轻服装设计师的新朋友，可通过这位朋友争取名人代言。

Instagram已经日益成为推出品牌的有效平台。这里有源源不断的灵感，有所有新品牌发布的信息，有一切关于时尚的信息。不仅如此，还可以通过Instagram接触到全球品牌的创意人员、行业巨头及博主、明星甚至是明星的造型师。

利用Instagram的方法和主动接触公司、发展人脉一样(见第232页“发展人脉”)。创建品牌简介，尽可能多地关注相关人士，或许他们会和你相互关注。每天上传新鲜有趣的内容，标记相关人士，引起其注意。Instagram可以免费使用，所以这相当于免费做广告。

更棒的是，你可以全权负责上传内容的创意。点击查看别人发布的你感兴趣的东西，看看他们都在图片中标记了哪些人，并关注这些人。这里同样应注意：不要骚扰别人、尽量和她们接触、寻求建立关系。

二、主动接近造型师

接下来要讲的内容十分重要。记住：有些名人并不会亲自发布内容，而且他们每天会收到上千条关注或标记他们的请求。

机灵一些，相信自己的直觉，反复查看目标名人发布的内容，找到有标记造型师的那条内容就好，这才是重点。关注这名造型师，并在自己发布的内容里标记他(她)。

还需要注意：不要纠缠不清。造型师是你成功争取名人代言的关键，因为他们对名人着装的影响力极大。为自己争取到对话的机会，向他们介绍自己的品牌，解释品牌如何与明星相匹配。顺利的话，这很有可能成为一段双赢关系的开始。造型师必然有服装需求，也会愿意接触新品牌。可以主动提出送去实物样品及一份宣传图册供参考。要懂得变通，不要错过任何和造型师见面、吸引他们注意力的机会。

176.
寻求合作

前面介绍了创立品牌的重要技能及发展人脉的重要性(见第230页“推广宣传图册”、第232页“发展人脉”)。对新兴服装设计师而言，还有一种增加品牌曝光率的途径，就是和现有或知名品牌合作。

合作形式有很多种。1993年，英国现代百货公司德本汉姆(Debenhams)推出了“德本汉姆设计师”计划，即与知名设计师合作生产经典系列产品，并以现代价位出售，为公司打开了全新的市场。时至今日，这项计划依然保持着强大的生命力，合作设计师源源不断。在美国，创新零售品牌“开幕式”无疑实现了最精彩的合作——近期合作对象包括罗达特(Rodarte)、阿迪达斯(Adidas)、科洛•塞维尼(Chloë Sevigny)等。

多渠道购物平台——ASOS网站支持新兴设计师开发创新项目，提供发布平台，其中包括从中央圣马丁学校毕业的莫莉•哥达德(Molly Goddard)。

合作对象不一定是零售巨头。可以是两个初创品牌之间的合作：双方具有互补性，通过营销合作，获得双倍效益。

设计师之间的合作可以打开很多未知市场。可以提高品牌曝光率，大多数情况下利润也很可观。设计师只需要在设计阶段一次性投入或前期支付少量费用，就可以分得每一笔交易的利润。有些品牌选择与规模更大、利润更高的品牌合作，为自己的内部新品展示会赢得更多资金。

选择合作伙伴时必须慎重。选错合作伙伴或合作过多会削弱品牌的影响力，反而会适得其反。

上图：时尚达人科洛•塞维尼(Chloë　Sevigny)与诸多品牌都有合作。
下图：卡尔•拉格斐(Karl Lagerfeld)为H&M做的广告。

177.
选定零售商

即便有很棒的想法、强大的品牌形象、最具吸引力的产品，但如果没有对的平台，同样无法推向市场。从设计阶段开始，还没画设计图之前，就应该确定是否能找到可以销售新产品的平台。

了解自己在市场中的位置，了解自己的目标客户，将产品推向目标客户。也许这个过程听起来就让人紧张不安。但如果明白自己应该怎么去做，就不会慌乱了。

一、了解自己在市场中的位置

在寻找零售平台时，先要列出所有和品牌目标受众相匹配的潜在合作对象，包括商场、零售商、电商等。通过制定商业计划书，确定销售价格，清晰地认识品牌在市场中的位置。

联系潜在合作对象时，先做市场调查。可以在网上调查，也可以实地考察。不论采用哪种方式，都必须了解自己在市场中的位置，以及产品在候选零售商的门店里所处的位置。

了解零售商目前的产品，找到不足的地方，问自己是否能补足缺失的部分。如果不能，也许这并不是你要找的平台。又或者，通过你的完美宣讲，成功入驻已经有类似品牌的门店，保证产品在零售商已有客户群中的曝光率。想一想。如果你是顾客，什么样的产品才能吸引你的眼球？

二、了解竞争对手

谁是你的竞争对手？他们都进驻什么店？你一定不是第一个有这些问题的人，所以需要寻找相关资料。找到竞争品牌的Instagram或者博客，看看他们在发布内容中标记的人都有谁，这些人是否和你的品牌有关。

三、全球思维

现在是全球购物的时代，所以产品必须实现全球供应。调查全球市场和零售商，实地或在网上考察潜在合作伙伴，确定自己的位置。找出在相关市场中的主要竞争对手。这个过程同样需要有效利用现有研究成果。电商Farfetch的网上商城容纳了300多家专卖店。最棒的是，在这里可以按国家寻找店铺。例如，要了解巴西的服装审美与美国最强品牌之间的差别，只需轻敲几下鼠标即可。

四、做好准备

在具体接触候选零售商之前，必须全面了解相关信息。尽可能与零售商面对面交流，介绍自己、懂得变通，见面之后过段时间要跟进回访。给人留下好印象的方式是，准备一页纸，上面简要说明自己进行的调研，解释双赢合作的必要性。

178. 利用社交媒体

随着社交媒体的兴起，品牌的创立和推广从未像今天这样容易。同样，竞争也从未像今天这样激烈。通过免费广告，有可能接触全球的消费者，但与此同时，你所传递的信息也有可能湮没在无数“噪声”中。

前面讨论了如何利用社交媒体建立关系、增加媒体曝光率(见第233页“争取名人代言”)，这项技能的侧重点在于内容创作。在社交媒体上的活动对于打造品牌形象来说十分重要。通过社交媒体，可以和目标顾客直接交流，影响他们对品牌的理解，对相关生活方式的理解。你可以完全掌控这种直接交流——按照自己喜欢的方式呈现页面，并小心经营公众形象。

很多品牌都雇人“点赞”“关注”。这种“点击率”已经成为衡量成功、判断消费者需求的重要标准。社交媒体的性质也意味着快速。你可以非常快地把信息传递给潜在客户，例如，在发布前提供抢先了解新品的机会。

一、建议使用的重要社交媒体平台

1.Instagram

这是一款在线分享照片、视频的App。对服装设计师来说，是入门级社交媒体平台。其视觉效果特征常常会吸引正在寻找灵感的创意人士。通过关注其他用户，可以与有共同爱好和相同品位的人建立联系。在Instagram上发布产品的美图，一定可以激发人们的想象。

2.汤博乐(Tumblr)

可轻松创建集图片、文本、视频、音乐于一体的博客。通过发布符合品牌价值观的其他内容，打造品牌形象。

3.Facebook

这是目前使用最广泛的社交媒体平台，用户数量极大。页面必须使用Facebook本身的模板，所以你没有办法完全控制创意的部分。显然，这个平台缺乏一些创造性，但其巨大的影响力不可忽视。

4.推特(Twitter)

用户可发布最多含140字的内容，可包含图片、视频或其他网页内容的链接。推特最大的优点是可实现快速推广和直接交流，例如用于客户服务。

5.Pinterest

在线分享图片、呈现趋势板(见第33页“线上情绪板”)的工具。用户可上传、整理、组织各类主题的布告板。从品牌的角度讲，这有利于展示想法，在特

Instagram、Tumblr、Facebook、Twitter及Pinterest的品牌标志。

定情境下展示产品，通过与其他创意品牌的联系打造品牌。

小贴士：有时候利用社交媒体，无所作为和有所作为同样重要。有些品牌更喜欢保持高冷的态度，不会和客户进行过多的互动。在多个平台频频“点赞”会显得太过主流、太平易近人，因而降低品牌的影响力。

二、强烈反应与争议

不幸的是，这些工具都有缺点。如果发布内容欠缺考虑，或是评论被误解，可能会给品牌带来麻烦。社交媒体上出现的强烈反应可能忽然发生，并且快速传播。一旦发生，就意味着需要进行危机管理(见第240页“媒体采访：如何准备”)。在这些平台上，一定要小心谨慎，本着负责任的态度交流。否则，后果将不堪设想。

消费者可能会在公共论坛里与品牌直接交流，也就意味着抱怨和投诉可能成为头条。这个时候，必须快速有效地进行处理。

179.
利用博客

最成功的时尚博主常常有上百万的粉丝，他们的影响力不可小觑。

设计师需要聘请这些博主来推广产品。他们常常收到各种礼品、出现在“大牌”名单上、被邀参加时装周，并且坐在前排看秀。他们令人艳羡的生活方式越来越受到粉丝们的追捧。据说，有些博主年收入可达几千万元。具体可参考关于如何引起知名博主注意的贴士(见第232页“发展人脉”、第233页“争取名人代言”)部分。他们的推荐可以让一个不知名品牌一夜之间变得家喻户晓。

可以每天跟进这些博主发布的内容。在Instagram、Tumblr等平台上关注你最喜欢的博主，他们每天的更新可能是你所感兴趣的，可能激发你的灵感。而通过关注最具影响力的博主，你可以真正了解主流服装界的情况。

开博客

如果为支持品牌而开通博客，需要平衡以下方面：

1. 基调——博客要有个性，避免过多分享私人生活的信息。

2. 频率——各种小事都发布一定会让人烦。而品牌博客如果更新频率过低，又会给人太过荒芜的感觉。

3. 定位——不论博客内容是关于自己还是品牌，都需要新鲜、与众不同。想想可以分享哪些特有的内容，比如关于品牌的内幕信息。

4. 目标客户——内容过于广泛没有任何意义。要取悦每个人是不可能做到的。想想目标客户是谁，他们会希望看到什么。然后将时尚、文化、电影、美食、音乐、旅行、生活方式、健康等相关元素糅合在一起，引起目标群体的认同感。这种认同感让他们感到“这个品牌真的懂我”，所以“这是我要的品牌”。

从左上顺时针方向：时尚博主吉赛尔•奥利维拉(Giselle Oliveira)在纽约；名人代言可能成就一个品牌，也可能毁了一个品牌；世界上最著名、最具影响力的时尚博主苏西(Susie Bubble)；时尚博主伊万杰琳•斯米罗塔基(Evangelie Smyrniotaki)和夏洛特•格林菲尔德(Charlotte Groeneveld)在巴黎时装周。

180. 媒体采访：如何准备

这项技能听起来可能给人做作、自恋的感觉。但无论你是在设计公司打工，还是创立自己的公司，你都是品牌代言人，都需要和媒体打交道。如果有可能(尽管听起来比较吓人)尽量选择现场采访，而不是以录音、电话采访或写报道的方式，这样可以减小被误传或误解的概率。

成功的采访取决于事前的准备。以下几条建议可以帮助你做好准备。

一、给自己5分钟时间

采访前，关掉所有电子设备，屏蔽一切干扰，给自己5～10分钟的时间。想想采访的主题、受众以及希望通过采访传达的关键信息。

二、明确受众

记住，受众不是记者。搞清楚读者或者观众是谁，尽量在回答问题时引起他们的注意。

三、总结关键信息

列出4点或5点希望传达的关键信息。接受采访时，尽量将关键点融入回答之中。

四、悔意、原因、补救

但愿接受采访是为了推广品牌，如果是为了处理危机事件，必须记住三大关键点：悔意、原因和补救。首先简单真诚地表达悔意。然后说明事情之所以发生的原因，注意不要指责任何人。最后，告诉受众为做出补救采取了什么措施及即将采取的行动，防止类似事件再次发生。

五、做好最坏的打算

准备好迎接最尖锐的问题。

六、举例说明

事先准备一些故事或轶事。有趣的例子比起数据或公司战略，往往更能长久吸引读者、观众的注意力。

七、着装得体

不论采访过程中有没有拍摄，一定不要穿戴任何可能冒犯他人的东西。记者可能会在报道中提及采访过程中的任何细节。

181.
媒体采访：如何表现

就采访本身而言，不论是现场采访，还是录音或电话采访，以下技能可以帮助你正确地表现自己，成功地接受媒体采访。

一、“破冰”

紧张不可避免，不紧张才奇怪。采访你的人同样紧张。所以，要保持微笑、有自信、享受过程。要相信你就是明星，他们之所以采访你，是因为希望听到你的故事或者你了解的情况及你的技能和专业知识。所以，让他们尽管问吧，你可以尽情享受谈论自己的过程。

二、开场白

就像做展示一样，这也需要提前练习开场白。成功说完开场白之后，就会做得很顺了。

三、表达清晰

听清楚被问的问题，想好怎么回答，再给出清晰、简洁的回答。

四、避免行话

机械式的回答或是叙述已经发布的公司数据会令人生厌。要表现出人性化的一面。

五、不说不该说的话

不幸的是，有些记者倾向于把采访弄得像非正式的聊天，给被采访人一种错误的安全感，希望能获取一些不宜公开的内容，千万不能掉入陷阱。

六、不说“无可奉告”

事先准备好一切尖锐问题的答案。

小贴士：在电视台录制时，尽量忽略演播室的干扰。把目光放在主持人身上，而不是摄像机，除非被要求直接对着镜头说话。

6

职业和专业技能

182.

书写完美简历及寻求面试机会

在求职过程中，简历是常见的应聘文件。简历通常用一页纸，简要介绍求职者的个人技能和工作经验。简历不一定非得按照时间先后的顺序书写，而应采用最能突显与应聘职位相关的个人技能和工作成就的顺序。

在本节中，我们将探讨书写完美简历及寻求面试机会的必备技能。在简历书写和面试中，不仅应关注专业性，还应突显个性。

一、书写完美简历

1.简明扼要

简历不要超出一页。实际上，HR通常的浏览不会超过30秒的时间，所以请简要书写。

2.针对岗位需求

了解招聘人员及应聘职位，根据具体岗位需求定制不同简历。

3.自我定位陈述

利用自我定位陈述，告知HR你的能力而非你的需求。例如，“拥有8年现代市场经验的时装设计师”。

4.侧重于招聘单位而非你个人

你有30秒的时间来吸引HR的关注，并说服他们将你视为公司的财富。明确告知HR你的才能及为何能够胜任该工作。

5.内容选择

只需涵盖相关的目标技能和工作成就，在面试阶段进一步详细阐述。可以创建一个相关技能和工作经验清单，在每次求职时从中选择相关内容。

6.利用布局设计引起关注

再次强调，HR查阅简历的时间不会超过30秒。当应聘设计岗位时，简历布局尤为重要，因为这些招聘人员视觉敏感，必须利用简历布局设计吸引他们的注意。务必保持布局简明扼要，突出主要的个人优势。

7.随附图片

随附一页图片。可以是针对应聘岗位需求的案例图片，亦可以是关于你所负责品牌的一页图片。

8.纸质简历

请将纸质简历递交给HR。采用电子邮件方式发送的简历，可以快速浏览，却会更快地被丢弃。因此，建议采用纸质简历，招聘单位会在丢弃之前反复考量。

内容

简历应包含以下内容：

1. 姓名和联系方式。

2. 现任职位和任职时限。

3. 定位陈述——产品或服务如何切合需求，找准定位并满足需求。

4. 引人注目而简明扼要的自我介绍——借此机会告诉招聘单位你适合该职位的原因。

5. 相关工作经验。

6. 相关业绩和成果。

7. 教育背景。

二、获得面试机会的公开途径

1.中介机构

与零售招聘中介签订合约。他们在为你介绍工作之前，通常倾向于与你面谈，并查阅你的作品集，以便了解你的风格并推荐合适的职位。请重视这次面谈，这与工作面试同等重要。

2.领英

创建一份个人简介，并与相关行业人士或企业建立联系(见第232页“发展人脉”)。

3.企业网站

访问你有意应聘的企业的网站，查看目前的招聘职位。

三、获得面试机会的隐性途径

1.口碑推荐

同行业的同学或同事可能会引荐或推荐工作。请告知他们你正在求职及期望的岗位。

2.关系网

从大学阶段到职业生涯，关系网都至关重要。请相信这个圈子很小，因此维护关系和良好声誉将有利于谋取职位。

3.目标企业

即便企业没有列出招聘职位，你仍然可以发送你的个人简历和最近的作品案例，引起企业的关注。当然，必须针对企业需求投递简历，盲目投递简历恐怕难以达成目的。

183.

准备代表作品集

在艺术设计生涯中，代表作品集是最重要的作品集合。它反映了你的个人风格、技能组合及你的潜力。代表作品集基本上包含你大学阶段和最近的职业生涯中的作品，选择最令人瞩目的突破性作品。你的代表作品集需要经过专业编排和呈现，清楚包含哪些作品以及采用何种排列顺序至关重要。

小贴士：你的代表作品集应该是主要作品的呈现——不要选入太多作品。在面试阶段你的时间有限，不要妄想用大量作品征服面试官。

1. 确定代表作品集中包含哪些内容

你的目的是向面试官展示你从创意到研究，再到最终设计的思维过程。因此，重要的是呈现设计的发展过程——如何从构建创意到实现最终设计。可以配合随附的速写本予以呈现，但务必保持简明扼要，重点突出呈现思维过程或实现最终设计的实验或缩略图设计的主要页面。

所包含的一切研究应面面俱到，涉及对文化各方面的影响，而不只是时装。应致力于包含4个或5个项目，表现一系列技能和工作过程，并在相关情况下包含速写本。

2. 包含插图、图纸和照片

包含时装插图和技术图纸或规格。前者一定是手绘图；后者可以是手绘或者是利用计算机辅助设计制作而成的，以展示计算机操作技能(见第78页“服装美工图vs工艺图”、第54页“规格表”)。

在代表作品集中，展示最终成品的照片也很重要，而且大家一向乐于看到实体的样本或样品。在日趋发展的数字时代，拥有纸质版本非常必要——时装和纺织品是有形资产，因此我们在代表作品集中应予以集中体现。

3. 确定代表作品集中的排列顺序

建议采用逆时间顺序(先罗列最近的工作)。在作品集的最后，可以附加专门针对应聘单位需求的项目。

184.

准备面试

没有比面试新职位更令人紧张的了，尤其是自己梦寐以求的职位。但是让我们改变一下这种状况。你已经成功获得面试机会，这也绝非易事——这意味着招聘单位通过简历看到了你的潜力，并希望与你面谈，加深了解。

面试阶段就是向招聘单位进一步阐述你在简历中书写的内容。面试时可以介绍你自己、你的资历及你对公司的价值，也是进一步了解招聘单位和应聘职位的机会。实际上，这是求职的必经阶段，顺其自然、享受过程。

在面试之前需要做的最重要的事情就是深入研究所应聘品牌。访问他们的店面，如为在线商户，则充分研究他们的网站。在面试全程中，确保了解产品。该品牌是否有使命说明？你需要加以了解并理解。阅读当前关于该品牌的新闻——了解其在市场中所处的地位及其竞争者。

一、思考你的最终印象

思考你想给面试官留下怎样的最终印象。从招聘单位的角度而言，我一向看重三个方面：

应聘者能否胜任工作？我会考察面试者的创造力和技术能力。

应聘者是否真想从事该工作？在此，我会考察应聘者的行为技能和动机。

应聘者是否适合团队？这是与以上两个考量同等重要的问题。

二、前期准备工作

除了准备你的代表作品集中的主要内容，花时间整理一下专门针对应聘单位的内容。可以为下一季的服装设计制作几个情绪板，或者分析目前的T台秀，以及如何与应聘品牌有所关联。这可以涉及公司品牌的发展空间——例如，“我认为，贵公司鞋履生产线非常棒。您是否考虑过与名人合作推广鞋履？”再强调一下，这些准备工作和加倍努力会让你从群体中脱颖而出。

三、通过着装加深印象

了解应聘单位的着装风格和品牌审美，但同时通过你的着装选择，突显自己的天然风格。

小贴士：在面试当日确保清楚面试地点。提前10～15分钟到达，表现出有备而来。建议携带多份简历，以备不时之需。

面试中的十大常见问题

下面列举的是我最常问的十大面试问题。准备你的答案，在面试之前，做足准备工作，认真思考问题答案，并进行反复演练，以便在面试中流畅表达你的主要观点。

1.你能简要地介绍一下自己及最近的经历吗？

正如在准备简历时一样，请谈及最相关的细节。你没必要谈及你的整个人生经历——只需涉及与你申请的职位有关的关键几点即可。

2.你能介绍一下你的代表作品集吗？

再次强调，简要介绍你作为设计师的代表作品集，作品可能不断变化，展示你的自然风格和技能组合(见第244页“准备代表作品集”)。

3.你对这份工作、客户和企业战略有何了解？

不要做任何假定。毕竟，他们的战略可能在前一天已经变更，而你又不得而知。所以要基于你对品牌和客户的调研来进行回答。

4.这份工作有什么吸引你的地方，以及你能为这一职位做出什么贡献？

仔细思考为何存在这一空缺职位及招聘单位有何需求，同时突显自己的个性。你是独一无二的，你身上有哪些品质明确切合招聘单位的需求？

5.你认为当前的产品线怎么样？

审慎回答：诚实、客观地回答。如果指出差距，请提出发展建议或解决方案。

6.你认为我们有哪些竞争者？

考虑零售商和电子商务零售商。这是面试官提出的关键问题，考察你是否知悉你面对的市场。同时指出你的潜在雇主在市场中的差异点，以表明你了解其优势。

7.你最适合什么样的工作环境？

诚实地回答你是适合在团队中发展，还是适合独立工作以取得更多成果。思考你所应聘单位的工作环境以及你如何在该环境中发挥作用。举出你能承受工作压力的例子。

8.你的主要优势和发展领域是什么？

不要害怕自夸。强调你的优势，包括技术和行为优势，同时进行自我批评，指出哪些方面还有发展空间。世界上没有完美之人。

向你的同事、朋友和家人询问他们所看到的你的优势和劣势。他们可能看到你自己察觉不到的方面。

9.你的灵感来源是什么？

这是个十分有价值的问题！这时需要你在面试中突显你的个性。避免泛泛而谈，应深入畅谈在职业生涯和工作之外的真正启发和灵感是什么。

10.如果我给你6498元，让你在巴尼斯释放自我，你最想成为哪一位设计师？

对于这些貌似漫不经心的问题，你可能感到猝不及防、毫无准备，但你可以说出你想到的第一个设计师。结合你所应聘品牌的审美观来思考答案。

185.

成功展示代表作品集

展示代表作品集是面试时的关键部分。确保依据下列要点以最佳方式展示你的作品和潜力。

一、考虑格式

你可自行决定采用电子格式或者纸质版本来展示你的代表作品集。实际上，你可以将两种方式相结合。例如，你有一个想要展示的网站，则只需在代表作品集后随附一张图表。如果你采用纸质版本展示你的作品，则尺寸不得大于21.5cm×28cm或28cm×43cm，且质量良好。

二、简明扼要

展示代表作品集时的黄金原则是精简。这不仅是尊重面试官的时间和安排，还显示出你有能力从海量作品中精简编辑出有效的代表作品集。

三、引导展示

在首次面试之后，面试官将要求查看你的代表作品集。这听起来容易，实际上代表作品集是针对他们，而非你自己。在此阶段，应告知面试官你打算向他们展示的作品量，包括速写本和实物样品，从而使他们知悉将要展示的作品量。“今天，我将向您展示四个项目、一份速写本、几份实体样品，以及专门针对本次面试准备的一个项目。”应该将此当做正式的介绍，引导展示过程，而不是静坐在那里等到面试官发问才开始畅谈。

四、熟能生巧

不断演练，谈论你的作品，突出影响你最终设计的研究和设计过程中的关键时刻，并留出时间展开讨论。强调你所掌握的技能和取得的成果。你也可以参加“大师课程”，审议和改进你的代表作品集，为面试阶段做好准备。

186.

面试时脱颖而出

至此，你已准备好面试，你已经熟知该品牌和市场定位，你已到达地点，衣着不俗。现在，你所需要做的就是现场发挥。按照以下建议，确保你能在面试中脱颖而出。

一、如何进行自我介绍

自我介绍听起来像老生常谈，但恰当的眼神交流、沉着有力的握手、传递一个微笑和保持自信的状态等都会给人留下深刻难忘的第一印象。

在面试全程中，做好自我、尽量放松，同时保持专业性。尽量在任何可能冷场的情况发生前先发制人，比如相互寒暄及正式面试之前的时间。面试官希望看到真正的你，因此可以展现一点你的个性。例如，在正式面试的最后，展开交谈并体现个性。在走出办公室之前，不要长舒一口气，像是感叹“终于结束了”。

二、与面试官互动

你可能是众多求职者中的一员，因此，就要努力脱颖而出，给面试官留下深刻的印象。准备与面试相关的故事或你遇到过的场景。一个故事或一段趣闻都会给人留下深刻的印象，让面试官容易记住你。同时，严格遵守面试官的时间限制。

三、携带样品

我一向喜欢面试者携带实体样品。再者，实体可见的样品显示出你考虑周到和准备充分，将会给人留下深刻的印象。

四、准备问题

准备在面试最后提出的问题。你将直接面对某领域的专家，这是多么好的提问机会。

五、留下作品样本

为招聘单位留下一份简历以及你所准备的任何作品打印件。这将有助于加深面试官对你面试内容的印象，帮助你在众多的求职者中脱颖而出。

六、跟进后续安排

虽然你急于知道反馈结果，但应尊重双方此前的约定，等约定期限过了之后再进行跟进。因为大家都很忙，没消息不一定是坏消息，给招聘单位留出一些时间面试其他求职者并给予反馈，但同时要确保你所投入的时间和精力能收到足够的反馈。

七、保持专业性

在准备和面试过程中，关键是保持专业性。在这个日益饱和的行业中，竞争异常激烈，保持专业性是需要提炼和展示的主要行为技能。

187.

实习计划

在当今高度竞争的零售行业，大多数零售商想要(并期望)拥有一定工作经验或实习经历的潜在员工。可以在大学阶段安排实习，大三时的“三明治”课程可以为你提供行业实习机会，实习完毕后再返回学校完成第四年的课程，即最后一年的学位课程。

如果你的教育课程中没有提供实习机会，建议你利用暑假或节假日自行寻找实习机会。实习不仅显示出你的动力和决心，还会有助于你在选择自己的职业路径之前全面了解时装和零售行业。

一、寻求实习机会

在本科层面，很多院校都与实习单位建立了联系。这些机会通常以项目为基础，有兴趣的同学可以参与公司的项目，以获得实习机会的奖励。尽量争取这种项目机会；即便最终没有获得实习机会，获得你的项目反馈也大有裨益。

如果你的大学未能提供实习机会，你应该像求职一样寻求实习机会。一些实习岗位有报酬，实质上属于公司的开支岗位。带薪职位需要应聘——这需要你在众多求职者中脱颖而出，才能获得职位。

先列出你最理想的工作单位清单，同时确保你拥有全面的经验。还可以考虑海外求职——虽然可能花费高昂，但是你会在时装行业拥有国际层面的工作经历。另外，准备好你的简历和作品样品，以便随时可以递交(见第242页“书写完美简历及寻求面试机会”、第245页“准备面试”、第248页“面试时脱颖而出”)。

二、时间规划

你的工作和实习期时间长短不一，短则一周，长则一年。在收到录用通知之前，你无法把你的时间全部排满用于实习。这就像一个拼图游戏，一方面你必须考虑企业希望你工作的时间，另一方面还要考虑你能够在不同的企业中获得丰富的实习经历。尝试利用你的时间空档，做出连续的实习安排，但要避免在本次实习期间申请下一个实习职位。

188.

在国外生活和工作

在求职时，拥有国外生活经历和时装从业经验将成为你的巨大优势。在本国之外的地区工作，可以比较本国与国外工作的区别。拥有国外生活和工作经历，可以向潜在雇主展示出你的动力和决心。尽管出国规划实施起来并不容易，但确实值得好好谋划。你将享受到国外工作的乐趣，同时获得非凡的体验。

在国外生活和工作必备的主要技能：

一、组织能力

善于组织、积极主动、提前规划至关重要。当你有出国机会时，就决定出去吧。

二、实用技能

在国外的生活和工作中经常涉及很多烦琐的手续。确保你拥有一份有效护照及所去国家的工作签证。留有充足的时间来安排住宿，你的工作单位会告诉你之前的员工是如何解决住宿问题的，并会向你提供住宿地点的建议。

确定你的薪酬币种，并申请相关银行账户，确保你在收到第一份薪酬之前有足够的生活费用。此外，你需要一部手机和可以正常工作的网络。

三、社交能力

你将离开自己的舒适区。你可能独自或者与一些并不熟悉的同学一起开启冒险历程。有时，你会感到被孤立，你应该尽力去结交朋友。这是你将面临的困难。记住，如果这很容易，人人都会去做了。

四、理解、尊重并参与当地文化

这可能是你游历别国的唯一机会，所以尽情感受吧。考虑学习当地语言，或至少是语言基础，这将有助于融入当地，能够向别人打招呼、致谢，适应新的环境。

五、专业技能

利用在国外的机会，构建国外关系网、加深印象、拓展新的人际关系。

189.

第一份工作：自由职业

如果零售商或供应商的设计工作不适合你，你还可以成为自由职业设计师。这项提议很诱人，你可以自己当老板，工作时间自由，工作中涉及大量不同的大纲、项目和品牌。

然而，缺点是不如全职及长期职位稳定(尤其是在英国等欧洲国家，设计师和雇员受固定期限合同和通知期限的保护)。自由职业者每天可以赚取比全职员工更高的费用，但是没有付薪假期和福利，而这些恰恰是全职工作的优点。自由职业有时也会发展为长期录用关系，我的第一份工作就是从自由职业做起的。

一、自由职业的主要技能

要想成为一名成功的自由职业设计师，主要依靠你的人际圈子和外在声誉。

二、打造人际关系网

99%的自由职业职位或基于项目的自由职业机会，均通过口碑推荐，而非职位招聘。从本科求学时起，就应努力建立牢固的人际关系网。利用领英等社交媒体，获取最新的人员流动及现在的职务情况。

三、树立良好声誉

毫无疑问，你的声誉会先于你作为设计师的身份而为人所知。一份内容丰富的代表作品集会展现你的才华，拓宽你的发展领域，专业性确保你是企业所需的人才。拥有诚实可靠、前后一致、易于共事的良好声誉至关重要。

四、建立工作场所

考虑一下你在什么地方能达到最佳工作状态以及在什么地方能超常发挥。自由职业是个孤独的岗位，它不属于团队的一部分，你可能长期独自在家办公。然而，这可能正适合你。

五、利用陈述技能

与在零售商或供应商处从事设计工作一样，自由职业者将项目交付雇主时同样需要良好的陈述和交流技能。

190.

第一份工作：担任供应商设计师

每一家零售巨头背后都有无数优质供应商。我们将考察开发与维护优质供应商关系所需的技能组合(见第256页“供应商与零售商的关系”)，但首先应清楚在供应商处担任设计师与在零售商处任职有何不同。

本质上，两者十分相似。零售商主要将供应商的内部设计团队用于以下两种终端用户：

(1)在零售商没有内部设计团队时，实现买方的创意，即设计、设定规格及制造样品。

(2)很多供应商设计和开发自己的流行趋势和产品线，并向其客户和零售商出售。

正是基于以上两点，担任供应商设计师与零售业设计师所要求的很多技能是相同的，从灵感阶段和设计开发到书写规格表。你甚至还可能会参加客户办公室的试穿会，亲眼看到产品走上T台，确认货样，最后等待订购。

供应商设计师的日常职责

我所认识的一些顶级设计师都是供应商培养的。零售业设计师和供应商设计师的日常职责的重要区别在于供应商设计师在办公桌前做设计的时间更多。对于大多数供应商设计师而言，他们较少参加会议，亦不会花费太多时间分析公司交易情况。他们更多地专注于设计的时间是否有利于快速提升和发展技能。对于零售业设计师而言，一周五天大概只有三天的有效设计时间；其他时间用来开会和承担更多管理职责。

由于工作单位不是那么有名，有些人会认为这份工作并不是那么光鲜，然而在供应商处的工作经历是宝贵的，因此建议从供应商处入行。

191.

第一份工作：担任零售业设计师

谋取第一份工作可能充满挑战。从创建自己的品牌(见第196页“树立品牌形象”)，到在供应商处任职(见第252页“第一份工作：担任供应商设计师”)，再到在零售业任职，不只是说你有很多选择，而是就具体而言，设计师的职责有所不同。在这一部分，我们一起探讨在零售业谋得第一份工作及事业成功必备的技能。

你已经创建了优秀的代表作品集并在面试阶段顺利交付，接下来就会收到第一份工作的录用通知。希望这是你梦寐以求的职位。然而，如果并非心中所愿，也别那么快就放弃。时装业圈子很小，职位供小于求。我所学的专业是针织，而我的第一份工作是设计沙滩配饰。后来我设计手袋，再后来才开始从事鞋类设计工作。鞋类设计逐渐成为我的专长，直到今天仍然是。我们都得从一个地方开始入行——乔治•阿玛尼(Giorgio Armani)曾经是一名橱窗陈列师，而拉尔夫•劳伦(Ralph Lauren)则是在布克兄弟(Brooks Brothers)的领带下从销售员开始干起的。

一、多面手

刚入行时，只要是你感兴趣的领域，在任何部门工作都可以。因为岗位在不断变化，尤其是在女装设计领域，好的设计师能够轻松跨越不同部门。从连衣裙到半身裙，或从运动产品到定制产品。而鞋履、包袋、珠宝、配饰、泳装和内衣产品技术性较强，这些领域的设计师可跨越的范围比较小。如果你从事这些领域的工作，日后你很有可能成为自己领域的专家，在该专业岗位上继续发展。但是，在谋取第一份工作的阶段，最好还是担任多面手，可以跨越不同部门开展工作，直到确定自己的专长。

二、管理预期

你的第一份工作很可能是担任设计助理或助理设计师。这两项工作都涉及多项职责，包括每月杂志订购管理、订购物资、为设计团队中更高级的成员填写报销单等。

此外，还涉及更多创造性的工作任务，包括帮助制作和完善情绪板、编排设计包视觉素材，如T台回顾或季节趋势册。这些工作可能偏行政，因为你只是起到辅助作用，而非主动开展工作。一定要坚持到底，不断提醒自己为何选择时装行业，将所有入门职位的工作都当做学习的过程。

你还将有机会开展更好的工作，即亲自设计。珍惜亲身实践的机会，遵从高级设计师的指导，在你的职责范围内尽可能地向前推进。

三、薪资谈判

在薪资谈判时，建议询问招聘单位拥有类似工作经验的在职人员的薪资范围。思考你能为该岗位带来哪些价值，该岗位又能教会你什么，以及其发展前景。评估整个薪酬情况后与招聘单位进行谈判，直到双方达成一致。

四、广泛学习

你的第一份工作将是你职业生涯中最令人激动和增长见识的经历。你将会学习很多东西——从最小的细节到大的全球战略，以及中间所有的东西。理解每项工作的任务、每个岗位的职责、每个设计流程的内容，从而形成你自己的风格，并开发你的特色产品。

192.

与买手和跟单员的关系

担任零售商设计师时，你所需要建立的最重要的关系是与买手和跟单员的关系。你的团队中的每一位成员的目标都是建立成功盈利的产品线。

一、买手

买手的工作是利用流行趋势、颜色、材料和通过你所给出的裁剪方式导向与设计建立一条成功的产品线。成功的衡量标准在于商业、导向和盈利层面。

你的职责是指导买手获得下一季的、新的、必备单品。此外，买手还负责与供应商协商价格及最后下订单。

二、跟单员

跟单员控制财务支出情况——他们在每季之前会收到一份销售计划，必须确保企业以适当的价格采购一定数量的、种类适当的产品，以完成销售计划。他们要确保买手的采购花费不会过多或过少。他们还会分析以往的采购记录，以确定哪些符合要求，哪些不符合。此外，他们还负责管理采购物品到达门店的方式。

三、建立关系

门店出现的产品线是设计师、买手和跟单员共同协作的结果，但有时大家意见不一。正如同你职业生涯中的很多关系一样，相互信任至关重要，需要时间来构建信任关系。每周大部分时间，你都会与买手共事。每天，你都会多次去对方办公桌前。你们会一起去世界各地出差寻找灵感和开发创意，类似的旅行可能会让你感到紧张、劳累，所以尽量让旅途充满乐趣。

拥有良好人际关系的设计师和买手将会创建最佳产品线，你们可以从产品中看到共同愿景及共同开发的乐趣。

只有经历一到两季的成功销售之后你们才会增强信心，建立相互信任的关系。如果你已经完成了所有的基础工作，包括趋势分析、颜色预测、材料采购及最重要的是你已经创造性地做完了全部能做的事，那么就应该相信自己和设计，继续维护这些关系。你们不会事事都有相同的想法，所以谨慎对待分歧。在不对最终产品或产品线作出大改动的前提下，倾听对方的意见，在你认为适当的情况下作出适当改变。

关于冒险和推动时尚发展的典型态度

设计师——推动发展，勇于冒险。

跟单员——谨慎，借鉴去年的交易记录，基于经验教训作出改进，立足于畅销品。

买手——维持两者的商业平衡。

193.

与工厂和供应商的关系

正如打样师和缝纫师须并肩合作那样，设计师和供应商亦是如此。你肯定会有大量供应商，且与一些主要供应商业务合作较多，而与另外一些次要供应商的业务合作可能时断时续，这取决于他们的产品是否与特定季节相关。

你可以直接与工厂合作，亦可以通过中介或供应商开展工作。

一、与供应商会面

一旦你完成设计，就可以安排与供应商会面了。如果你是直接与供应商一起工作，可以采用电子邮件发送设计；如果不是，建议亲自与供应商会面。最好是约在供应商的办公室或展厅会面，观看他们的内部系列，充分接触他们的面辅料库，这一点非常关键，这将会进一步激发你的灵感，然后向工厂交付最终设计。你要灵活安排，将该会面当成工作会议，如果他们拥有更好的板样创意或你此前未接触过的材料，不妨调整草图，尝试一下。

二、采购包和样品

除了设计和规格，将常规采购包交付给供应商(见第43页“行业采购包”)。如果你不能亲自考察全球面辅料市场，则供应商和工厂可成为你的桥梁。督促供应商采购你所需要的纱线、辅料、配件和构件，最好是在原产国采购，以减少货运费用。

一旦完成了第一份样品，供应商通常会亲自送到你的办公室，然后你们一起商量修改意见，或者在无须修改的情况下，你可以要求支付成本。第一份样品的制作阶段是设计过程的一部分，所以通常从初稿草案设计开始，你要不断改正错误。一旦就最终样品的审美达成一致，则交由买手和跟单员安排试装，确认最终货样，核定成本、数量和交付时间表。

三、建立关系

对于设计师而言，与供应商的关系可能难以维护。在多数情况下，供应商会配备买手和跟单员，由他们负责最终下订单。有时，你会感觉他们人多势众，但是回顾一下你与买手一起工作时学到的谈判技能，坚持你认为适合设计的方面。

供应商相当于你的眼睛和耳朵，他们会与很多客户合作，其中有一些会是你的竞争对手，所以就生意谈生意。询问他们一般经营的产品、畅销品，以及所历经的趋势或板样。供应商是时装业的核心，将他们与你的优势相结合。

194.
供应商与零售商的关系

当你担任供应商设计师时，你很可能是为委托的零售客户做设计。为这些客户工作的技能在于建立关系、理解和回应大纲，并依照相应参数进行设计。这种情况可能会让一些设计师感到疲惫，他们喜欢基于流行趋势分析和自由设计草案到产品线。然而，这是需要掌握的必备技能，不论是与供应商打交道还是在零售业中工作，这都是卓越设计师的标志，能基于不同的收费基准为很多不同客户设计。

你与客户之间建立相互信任不是一朝一夕的事情，不可避免地会出现分歧及设计过程中的创意理念的不同。

你要克服一切困难，认真地倾听客户的反馈，只有这样才能获得成功。一些客户只是想要约定数量的黑白规格式的设计，仅需要你添加些尺寸注解，然后交由他们选择材质和配色。在此阶段，你就移交了创造控制权。而另一种情况是，别人授予你完全控制权，你可以开展设计、制作调色板、交付设计，期望最终向客户展示出套装系列。

你的职责中重要的部分是向客户成功展示你的设计。这一点很关键，这可以给予他们信心，认可你的设计，进而订购样品和下订单。在供应商处从事设计工作时，自我营销和设计营销至关重要。

195.

与媒体宣传、市场营销和社交媒体团队的关系

当设计和建立产品线时，最重要的一点是设计师及其设计团队需与媒体宣传、市场营销和社交媒体团队密切合作。

一、媒体宣传团队

媒体宣传团队与杂志等媒体合作，以进行植入广告，确保品牌宣传力度。通过新品发布会(主要是春夏和秋冬新品发布秀)来展示下一个系列。

二、市场营销团队

市场营销团队通过很多途径(包括广告)来宣传产品和主要信息。零售电商则通过其主页和网站内容进行宣传推广。

三、社交媒体团队

社交媒体团队通过Instagram和Twitter等社交平台与客户进行互动，以此宣传产品和主要信息。他们可以通过这些平台上传独特的定制内容，利用社交平台尤其有助于了解客户的喜好。

四、共同合作

共同合作是跨部门合作的阶段，所以要利用你与其他职能部门建立关系时所使用的技能，例如与买手、跟单员、供应商和客户等共同合作。然而，最终交由媒体宣传、市场营销或社交媒体团队宣传推广的是产品。

在思考流行趋势的过程中与这些团队保持沟通。包括在任何讨论会中，从安排流行趋势展示会、宣传该季的主要单品，到关于“你认为怎么样”及影响你的参照、展示和系列的非正式交谈。调动这些团队对下一季服装设计的积极性,激发其灵感，并从他们为你提供的参照中汲取设计创意。

建议采用新的导向型产品展示方式，可以是新品发布中的实物道具，具有启发性的在线内容的电子参考。你可以寻找某位新兴的音乐家或名人认可你的设计，或联系一个热门博主来宣传你的产品或开展合作。

最终，你须受邀提供报价或接受采访，以此宣传产品。更多信息，参见第240页“媒体采访：如何准备”。

196.

旅行建议

时尚和旅行密不可分，不论是为了采买、获取灵感、抓住流行趋势，还是拜访供应商和工厂。旅行会让人感到兴奋，这当然是这份工作的特权，但同时又具有挑战性。从适应时差到各处找路，下面我提供几点旅行建议，帮助你掌握轻松出差的重要技能。

一、准备工作

你将很快成为行李箱装卸专家。在一年之中的某些时候，你可能要进行接连不断的旅行，以寻找灵感和开发创意。当时间紧张，你不得不仓促打包行李时，我建议你先写下主要事务(即行程清单)。记住，只要你带了护照、签证和信用卡，基本上其他遗忘的东西都可以到达时再补，但请注意查看当地的天气预报，并询问周围的人士最近是否去过你将要到达的目的地及有何建议，这将影响你所带的行装。

行程清单

1. 冷热天气服装。
2. 鞋。
3. 化妆品。
4. 内衣裤。
5. 睡衣、家居服。
6. 运动服。
7. 头戴式耳机。
8. 耳塞。
9. 眼罩。
10. 墨镜。
11. 护照。
12. 签证。
13. 票。
14. 手机、平板、笔记本电脑及充电器。

二、健康和精力

经过跨时区旅行、缺乏睡眠和长时间工作，你会感到筋疲力尽。多喝水，适当补充营养或携带维生素补充剂，以及在时间允许的情况下，安排适当的时间进行身体锻炼。

三、适应时差

当你踏上旅程，应立即将手表设置成目的地的时间，并按当地时间饮食和作息。这将有助于你适应时差，至少减少时差反应。再次提醒，建议飞行中多喝水、舒展身体和涂抹润肤膏。

四、信用卡和手机

在出发之前，致电你的信用卡公司和手机服务提供商，告知他们你的旅行日期。即便如此，建议携带2张或3张信用卡，因为信用卡公司会怀疑是欺诈交易而拒绝交易，直到确定并非欺诈交易时才允许正常使用。当你准备踏上寻找灵感的采买之旅时，检查是否有足够的资金购买样品。你还需要打开数据漫游，确保旅途中手机正常使用。

五、食品

旅途中你可以品尝到美味的食物，但是如果你不想冒险品尝新奇的食物或容易过敏，不妨打包些零食，以备不时之需。

197.

采买目的地和指南

时尚热点地区一直在不断变化，正如世界各地的流行趋势也在不断变化。还有一些不变的时尚之都，是设计师热衷到访的目的地。下面介绍行业内几个主要的灵感之旅目的地。

一、伦敦

建议采买时间：4 天。

伦敦因囊括了高端店、现代店和古着店，以及街头风格而闻名。

(1) 百货商店主要包括塞尔福里奇 (Selfridges)、哈维·尼克斯 (Harvey Nichols)、哈罗德 (Harrods) 和利伯提 (Liberty)。

(2) 现代店位于牛津街 (Oxford Street)、肯辛顿商业街 (High Street Kensington)、牧羊人的丛林 (Shepherd's Bush) 的韦斯特菲尔德 (Westfield) 购物中心，以及斯特拉福德 (Stratford)。

(3) 伦敦东区是逛古着店和独立精品店的好去处，特别是红砖巷 (Brick Lane)、哈克尼 (Hackney) 和达斯顿 (Dalston) 附近。

(4) 高端精品店主要位于伦敦西区，尤其是国王路 (Kings Road) 和斯隆广场 (Sloane Square)。

(5) 梅菲尔 (Mayfair) 也有一些高端精品店，例如芮欧百货店 (Acne) 和维多利亚·贝克汉姆店 (Victoria Beckham)。

(6) 逛伦敦必去丹佛街 (Dover Street) 市场，这是日本品牌 Comme des Garçons 创始人川久保玲 (Rei Kawakubo) 创建的一家多层概念店。

(7) 主要集市有波特贝洛市场 (Portobello) 和斯毕塔菲尔德市场 (Spitalfields)。

二、巴黎

建议采买时间：3 天。

巴黎是首屈一指的时尚之都。高端设计师云集于此，同时这里的古着店和热闹市场也很有名。

(1) 提到巴黎，首先想到玛莱区 (Le Marais)，这里云集了小型精品店和设计师品牌。

(2) 玛莱北部拥有众多品牌和概念店。玛莱中部的圣东日街 (Rue de Saintonge) 是一条老街，但仍然繁荣活跃且日趋时尚，拥有不少精品店和设计店。

(3) 圣殿老妇街 (Rue Vieille du Temple) 经营各种鞋履。

(4) 在巴士底狱 (Bastille) 地区，可以逛凯勒街 (Rue Keller)，这里经营女装和经济型设计品牌，如伊莎贝尔·玛兰 (Isabel Marant)。

(5) 可以逛艾蒂安·马赛 (Etienne Marcel) 的古着店，其中包括 Kiliwatch。

(6) 在蒙马特街 (Rue Montmarte)，58M 店经营鞋履和配饰。

(7) 大型百货商店老佛爷百货 (Galleries Lafayette) 和春天百货 (Printemps) 都紧邻巴黎歌剧院。

(8) 香榭丽舍 (Champs-Élysées) 大街堪比伦敦的牛津街，云集了经济型的现代品牌。

(9) 圣奥诺雷郊区街 (Rue du Faubourg Saint-Honoré) 拥有必逛的奢侈品设计师概念店——柯莱特时尚店 (Colette)。

(10) 玛德琳商场 (Madeleine) 云集了奢侈品设计师店，包括古驰 (Gucci) 旗舰店。

(11) 阿贝斯 (Abbesses) 是购买现代经济型独特品牌产品的理想地区。

(12) 瓦凡 (Vavin) 是著名的巴黎童装经营区。

(13) 跳蚤市场：克利尼扬古尔门 (Porte de Clignancourt) 经营珠宝和印花；蒙特勒伊门 (Porte de Montreuil) 经营古着店等。

三、米兰

建议采买时间：3 天。

米兰是四大时尚之都中最为奢华的一个，有众多奢侈品牌和百货商店。这里流行设计师商品。正因为如此，品牌直销店如曼尼 (Marni) 备受欢迎。米兰没有真正的古着店或跳蚤市场。

(1) 拿破仑大街 (Via Montenapoleone)，是米兰黄金四角区之一，大概是米兰最著名的购物大街。这里云集了设计师品牌，如古驰 (Gucci) 与普拉达 (Prada)，以及奢侈皮革配饰品牌，包括芬迪 (Fendi) 和葆蝶家 (Bottega Veneta)。

(2) 形成鲜明对比的是 Corso Como，尤其是靠近米兰和加里波第的科莫街十号店 (10 Corso Como) 是在线购物和直接购物的买手必逛之地。

(3) 文艺复兴百货 (La Rinascente) 位于教堂对面，是米兰最大的百货商店。

(4) 主教座堂广场 (Piazza del Duomo)、托里奥·埃马努埃莱二世大街 (Corso Vittorio Emmanuele) 和布宜诺斯艾利斯大街 (Corso Buenos Aires)，有现代和中档品牌及青年时装。

(5) 博泰提契诺大街 (Corso di Porta Ticinese) 主要为二手服装店和独立设计师精品店，同时还经营牛仔布。类似伦敦的波特贝洛路。

(6) 纳维利区 (Navigli) 每月举办的古着集市也值得一去。

(7)Il Salvagente 折扣店有设计师折扣，这里的服装按照批发价销售。不要错过 Highline 奥特莱斯 (位于托里奥·埃马努埃莱二世大街 30 号)，这里有打折的男、女装和配饰。

四、斯德哥尔摩

建议采买时间：1 ~ 2 天。

斯德哥尔摩主要由设计师和中等时尚人群引领潮流，拥有一些独立的精品店。在这里好好感受斯堪的纳维亚风格的纯净审美吧。

斯德哥尔摩是艾克妮 (Acne Studios) 的所在地。

五、圣特罗佩 (St.Tropez)、戛纳 (Cannes)、马尔贝拉 (Marbella) 和伊比萨 (Ibiza)

建议采买时间：2 ~ 3 天。

这些地点都有助于你观察大众和洞察流行趋势，尤其是有关泳装、沙滩装和沙滩配饰方面。来这里有利于激发夏季服饰和节假日流行趋势的灵感。

六、柏林

建议采买时间：1 ~ 2 天。

在柏林，你几乎可以买到所有想买的商品，一切商品应有尽有。柏林布局分散，为了可以有效地逛街，建议你骑自行车，或如果逛得太累就乘坐出租车。

(1) 中心区 (Mitte) 或夏洛腾堡区 (Charlottenburg) 是逛精品店和古着店的好地方。

(2) 卡迪威 (KaDeWe)：卡迪威相当于德国的塞尔福里奇百货 (Selfridges)。

(3) 建议逛一下柏林比基尼泳装商场，这是一家概念店。

(4) 跳蚤市场：柏林墙公园跳蚤市场 (Flohmarkt im Mauerpark，位于 Strasse des 17.Juni，靠近 Tiergarten)，是专营服装和家具的最大的跳蚤市场。新克尔恩区跳蚤市场 (Flowmarkt,Neukölln) 经营服装、家居和配饰。

(5) 位于约翰肯尼迪广场舍恩贝格区政府 (Rathaus Schöneberg) 的跳蚤市场也经营一些服装，但主营家居、书籍和唱片。

七、纽约

建议采买时间：5 天。

纽约应有尽有，这里融合了高端设计师、现代品牌和古着店。同时，纽约也为洞察街头风格和流行趋势提供了宝贵资源。

(1) 在住宅区，有布鲁明戴尔百货 (Bloomingdales)、萨克斯第五大道精品百货店 (Saks Fifth Avenue)、巴尼斯纽约精品店 (Barneys)、波道夫·古德曼百货 (Bergdorf

Goodman）以及很多其他高端时尚百货商店。

（2）大多数现代店位于市中心区。

（3）在曼哈顿商业区和下东区，可以发现不少古着店。

（4）布鲁克林（Brooklyn）成为设计师的必逛之地。威廉斯堡（Williamsburg）和绿点区（Greenpoint）有很多不错的古着店和独立精品店，云集了很多年轻的设计师。此外，布鲁克林跳蚤市场也值得一去。

八、洛杉矶

建议采买时间：3 ~ 4 天。

由于洛杉矶是美国第二大城市，仅次于纽约，因此你可能需要一辆汽车才能逛遍整个城市。如果你准备按区采购，那么你将有丰厚的收获。

（1）梅尔罗斯大道（Melrose Ave.）：这里云集了高端精品店以及中低端独立商店。

（2）西好莱坞（West Hollywood）：去罗伯逊大道（Robertson Blvd.）逛经济型商店，例如基特森（Kitson）和麦迪逊（Madison）。

（3）比弗利山庄（Beverly Hills）：这里的罗迪欧大道（Rodeo Drive）是逛街达人必逛之地。街道两旁云集了各大高端百货商店，例如巴尼斯精品店（Barneys）、尼曼（Neiman Marcus）和萨克斯第五大道精品百货店（Saks Fifth Avenue）。

（4）市中心商业区是潮流达人的经济之选。周五有样品销售，届时设计师将开放自己的展示厅，按照零售价打折销售样品。

（5）玫瑰碗（Rosebowl）：每月第二个周日举办古着跳蚤市场。来这里可以搜罗古着服饰、珠宝、面料、高级时装等商品。

九、得克萨斯州奥斯汀

建议采买时间：1 ~ 2 天。

鼓励游客“让奥斯汀一直怪下去”，奥斯汀是个独立、个性、年轻、休闲、放松的城市。

（1）南一大街区（South 1st Street）附近的街道有一些超棒的古着店。

（2）可在跨越南一大街区和南国会区（South Congress）两者之间的街区中，寻找古着店和廉价旧货店。

（3）第二大街区（2nd Street District）有很棒的独立精品店和当地珠宝品牌。

（4）东六大街区（East 6th Street）代表了时髦与创意，这是购买独一无二的配饰和珠宝的绝佳之地。

（5）“The Drag”又被称为瓜达卢普（Guadalupe），因其艺术市场中有各种独特配饰和珠宝而备受学生欢迎。

十、迈阿密

建议采买时间：2 ~ 3 天。

如果你钟爱奢侈时尚店，来迈阿密设计区就对了。这是个发展迅速的新兴区域，拥有众多品牌，包括普拉达（Prada）、曼尼（Marni）、朗雯（Lanvin）、瑞克·欧文斯（Rick Owens）和路易威登（Louis Vuitton）。

（1）南海滩（South Beach）集合了现代店、独立店和设计师概念店，如韦伯斯特（The Webster）等。

(2) 如果你想逛百货商店，那么建议你去阿文图拉购物中心 (Aventura Mall) 看看。

(3) 保罗哈博 (Bal Harbour) 是集合高端品牌的购物商场，还有尼曼 (Neiman Marcus) 和萨克斯第五大道精品百货店 (Saks Fifth Avenue)，在这里足以成就灵感买手。

(4) 如果你想逛古着店，建议去比斯坎 (Biscayne) 大道的玛德琳 (C. Madeleine's) 和福莱精品店 (Fly Boutique)。

十一、巴西

建议采买时间：每个城市各 1 ~ 2 天。

巴西的两大购物地点分别为里约和圣保罗。

里约

(1) 里约是购买沙滩装的好去处，可以去逛波西尼亚社区的圣塔泰瑞莎 (Santa Teresa)。

(2) 里约伊帕内玛 (Ipanema) 的 Rua Visconde de Pirajá 有不少商业品牌，记得同时逛一逛附近的商业街。

(3) 莱伯伦 (Leblon) 有不少城市精品店，还有一家设计师商场——莱伯伦商场。

圣保罗

(1) 维拉马达莱纳 (Vila Madalena) 是一条集合独立品牌和精品店的长街，是波西米亚风、休闲潮客的聚集地。

(2) 圣保罗伊瓜特米购物中心 (Iguatemi) 融合了不同设计师的作品和独立品牌。

十二、东京和首尔

东京和首尔似乎是不夜城。这里有大量大型多层的百货商店，每层（或半层）都设置了时装店。一些是由独立的供应商经营，直到早晨五点才闭店，只留出几个小时重新补货的时间。去这些地方可能感到吵闹、迷惑、混乱、疲惫……但是会令你感到惊喜。东京和首尔有在世界上其他地方见不到的零售存货的独立品牌。

但同时也要注意设计师仿品和假货。首尔有很棒的面辅料和男式服饰用品市场。

东京

建议采买时间：2 天。

(1) 涩谷 109 百货 (Shibuya 109)、Parco 和 La Foret 都是非常热闹的百货商店，每层都设置有青年时装店，但是注意价格并不便宜。

(2) 原宿是日本青年文化和时尚的中心，你可以寻找小街、竹下通 (Takeshita Dori) 和猫街 (Cat Street)。开幕式 (Opening Ceremony) 和拉格泰姆古着店 (Ragtime Vintage) 也是设计师的必逛之地。

(3) 代官山 (Daikanyama) 有经济型独立高端精品店和古着店。这里相当于东京中心区的布鲁克林。

首尔

建议采买时间：4 天。

(1) 乐天百货 (Lotte)、现代百货 (Hyundai)、都塔 (Doota) 免税店都规模宏大，是必逛的独立品牌店。

(2) 建议逛一下格乐利雅名品馆 (Galleria)。

(3) 弘大是学生聚集区，是个值得一去的地方。

(4) 首尔江南区的林荫路是个好地方，在这里有很多创意工作者和艺术家，他们的设计结合了传统与现代风格。这个地方类似于纽约的苏豪区。潮流达人来这里淘宝，可以节省费用，这里的简特慕 (Gentle Monster) 是有名的墨镜品牌。

(5) 建议逛一下罗德欧 (Rodeo) 大街，那里有便宜的独立品牌。

(6) 在离开之前，千万要去逛一下艾兰得 (Aland)，它在弘大、林荫道和明洞都有门店。

(7) 东大门市场以面料和配件而闻名。

(8) 南大门市场是首尔出售从时尚到家居的各种商品的最大零售市场之一。

十三、中国

建议采买时间：2 ~ 3 天。

中国的香港充满了设计师和中等品牌。

(1) 香港两大百货商店，即位于九龙的海港城和香港国际金融中心商场。可以乘坐天星小轮往返两地。

(2) 在加连威老道上，你会找到很多有趣的独立门店，同时这里还是 Rise 购物中心所在地。

(3) 庙街夜市也很有趣。对于游客来说更是感到有趣!

198.

采买建议：内行指南

在一家零售品牌任职，出差去某个地方一次性采买20万元左右非常常见，而相应地你也担负着重大的责任。这个工作听起来光鲜亮丽，实际上却非常辛苦，需要长时间长途跋涉，赶赴多个地点。下面介绍几点正确采买的建议。

一、展开调研

预算的限制导致行程紧凑、时间紧迫。做好每一天的出行计划，知悉你所赶赴的地点、店铺营业时间及新店开设情况。

可下载非常有用的“Superfuture”指南。它并不是常规的旅行指南，而是专门针对时尚和设计定制的，并且定期更新。出色的识别地图的能力也是设计师的必备技能。

二、做出规划

规划在一个城市的行程路线，按地区逛街采买很重要。你的部分行程路线需要根据店面的营业时间设定，尤其是集市一周内可能只有某几天开放。

三、讲究策略

你不能买下所有激发你灵感的样品，因此，你需要学会一项技能，悄悄地在店内拍下照片而不被店员察觉。不要担心！对于这项技能，你会熟能生巧。一些古着店可以外借一些单品，甚至你可以借数月之久，而支付的费用远远低于直接买入的价格。

四、善于决断

当你到达目的地后，你可能只有5分钟的时间考虑是否花费20万元买一件外套。对于同一个地方来说，你没有时间再来一趟，因此，你需要在看到单品的同时果断决定是否买下它(参见第258页“旅行建议”)。

五、擦亮眼睛，大量拍照

尽可能地多拍照，商店橱窗和街头风格与样品一样有助于你挖掘流行趋势。

六、观察大众

观察在青年文化中新兴的流行趋势。如果所有的年轻人都在穿马丁靴(Dr.Martens)，则考虑一下你是否应该通过一件物品或骑手靴来诠释这一流行趋势。

七、回顾品评

当你回到酒店，拿出采买的物品，将它们放置在一起、分门别类时，观察是否出现任何连贯的流行趋势。如果你是按照产品大类进行采买，则寻找是否存在你需要填补的空白。

八、与人交谈

通过与店员交谈，你可以了解很多当今流行的信息，并获取关于其他门店的建议。有些时候，你不能说明你的身份及工作单位，因为一些品牌会担心你抄袭他们。在一些古着店，如果他们知道你正为一家大型企业来店里采买，他们可能还会漫天要价。

九、勿伤脊背

尽量使用购物车，避免随身背负所有物品。携带笨重包袋不仅让你在飞机上耗费大量时间，还会伤害脊柱。因此一定要注意。

199.

采买建议：实用技能

很遗憾，采买旅行并不一定都能带来灵感——对此同样需要重视管理。下面介绍几点重要的小贴士。

一、条理清晰

在购买时，请对每项单品进行拍照。这样做是出于两点考虑：首先，如果你需要填写报销单，你必须提交照片，在采买时就拍下照片，就不用回家一件件打开再拍摄了；其次，一旦你的行李在转机时丢失，至少已留下单品记录。

二、管理预算

明确你的预算。用手机下载一款汇率转换器，计算花费情况。

三、保留收据

这是报销的关键，否则你需要自掏腰包。在继续采买时，我认为最好按天提交收据，并且对收据进行拍照，以防丢失。采买时，在每张收据上简要标注单品描述。当然，收据上的描述内容可以使用代号或采用外语。

正如旅行建议(见第258页“旅行建议”)中提及的那样，你可能在全程中使用不同的卡进行付账，所以请写明哪张卡支付了哪一项单品的费用，此举可以帮助你对应单品来核对信用卡对账单和汇率。

四、遵守海关法律

实质上你是在进口货物，所以请作出必要安排，确保在回国时进行货物申报并支付必要的进口税费。

200.

享受工作！

当你决定从事时装设计工作，为了追随梦想而努力求学或从事业内工作时，都会时常感到巨大的压力。面对压力，你可能会感到沮丧，而有时会遇到创意障碍。

你应该享受你的工作，时常回想一下自己为何想成为时装设计师，这一点至关重要。下面为你提供一些克服创意障碍、确保自己享受工作的小贴士。

一、回顾过去，充满自豪

回顾一下你最值得骄傲的早期项目之一。回想该项目的特别之处，并找出亮点，记住你当时的感受。尝试回顾并体会当时的心情，以便改善当前的状态。

二、随身携带速写本

请随身携带速写本，一旦有了灵感就可记录下来。

三、乐于街拍

请随身携带相机或智能手机，拍下所有在视觉上吸引你的事物。这些拍摄能重新激发你的想象力。

四、革新旧款式

回顾这些年来你所钟爱的服装，并对其进行重新构造。那些5年前、10年前、15年前，甚至20年前看起来很酷的服装照片，如今看起来是否有点奇怪呢。找找哪些地方可以加以改进，或者可以开发出哪些新的细节。

五、选取不同的工作路径

额外抽出些时间，探索和观察周围的一切。改变常规工作路径、观察新事物，可能会对你有所帮助。

六、尝试新鲜事物

可能有一些你不常参与的文化活动，也许是歌剧或戏剧表演，请大胆尝试！这其中司空见惯的一些创意和灵感，可能恰恰能够激发你的无限创意。

七、充分调动大脑中的不同部分

做一些让你放松、分散注意力和启发灵感的事情，例如去听演奏会。时尚和音乐是完美的组合，在音乐会现场能带给你活力和影响，并帮助宣泄压力。

八、安心睡觉，第二天再解决

有时看起来棘手的问题，等睡醒之后重新审视这些问题时，又觉得如此简单。同样，不要低估足够休息的作用，它可以帮助你厘清思路，并将压力控制在可控水平。通过熬夜来获取灵感的做法并不可取。

九、开展社交

和与设计领域不相干的人士畅谈，以此获得不同的思路。有时，与同事交谈可能会限制你的眼界，使你陷入问题不可自拔。

十、跑步锻炼

运动非常有利于减轻压力、厘清思路，让你正确地看待事物。

术语表

抽象设计——设计的一部分，尤其是指花样，在视觉上并不类似于任何具体的事物。

美学——在哲学中，美学是关于令人赏心悦目的美好事物的研究。

在时装设计中，“设计师的美学”是设计师进行相关设计创造所遵循的一系列价值观，例如“简洁美学”。

贴布——将一片布料附加在另一片布料的表面。

工作室——设计师的工作间或工作室，该术语经常用于指代设计公司。

后帮衬——鞋跟之上鞋面和鞋里之间的、用于保持鞋形的内衬。

后领宽(BNW)——服装上领孔一侧到另一侧之间的空隙尺寸。

回针——一种牢固的直线车缝，通过往回缝与前面的车缝重叠来加固。

定制——按照订单制作的服装，通常量身定做。

斜纹——布料的布纹(经纱线)，与服装中前线呈45°。由于布料重量本身的重力作用，使得布料更长更窄。

包边——通常用于服装、鞋包结构，是处理面料的两个毛边的方式，在两毛边外面再包裹一层面料，然后两边各自缝合。用以隐藏和保护毛边。

模块——打样师可用作打样的基础的标准化模板。

衣服大身部分——连衣裙的大身部分，不含衣袖。

大纲——设计师必须遵守的一套标准。在教育课程中，可以为一个项目；在服装行业内，可以为一些设计要求。

买手——也被称为“策划”，负责确定预算、预测销售情况、管理库存、确保库存在适当时间出现于适当的地方。

CAD——计算机辅助设计软件。

白棉布——一种棉布，通常为白色或原色。相对便宜，是制作坯布的好选择。

经典系列——核心、重要的服装单品，可跨越季节，且不易过时。与季节单品形成互补。

起针——在针织中，该术语是指编织第一排。

收针——在针织中，是指编织最后一排，以防止脱线。

猫步时装秀——英国的T台时装秀说法。

着色——在黑白设计上添加颜色。

配色——在同一底色设计上应用不同的颜色组合，以呈现同一系列的不同变化。例如，一件横条纹的毛衣可以采用两种配色：黑白条或红白条。

系列——由某一设计师或品牌制造的一季系列的服装或配饰。

调色板——一个有限的颜色组合，用以规范系列之间明暗渐变，有助于避免颜色冲突，营造协调一致感。

概念——在设计过程的早期阶段，“某一理念”通常被称为“某一概念”。

现代连锁店——在大多数城镇和购物商场中都设有的一种时装连锁店。这些连锁店的服装通常符合主流和大众审美，因此对于主要时装流行趋势具有巨大影响。

著作权——一款特定设计的排他性合法使用权，属于知识产权的一部分，用以保护设计师和品牌，并防止擅自抄袭、复制或假冒商品。

鞋匠——“制鞋人”的传统说法。

成本核算——核算某产品项目制作成本的过程。

关键路径——关键路径用于指导产品投放之前的工作，确保各阶段进度符合时间节点。也可称之为“时间-行动日程表”或“流程图”。

剪样(如连衣裙)——一件单品的轮廓或剪影。

裁剪成型针织品——将针织面料平铺，按照梭织面料常用的方法裁剪成片。

省——用于去除服装多余面料的三角形省道；通过捏进和折叠面料边缘，使服装呈现适合体形的立体效果。

设计公司——该术语用于指一个时装品牌、标签或设计标签。主要用于指高级时装的承办商。

成衣直接印花(DTG)——利用数码印花技术在成衣上直接印制。这与传统印花技术不同，传统上是先在布料上印花，然后构造服装。

垂坠、垂坠感——服装或面料垂坠。拥有良好垂坠感的面料可以利用自身重量垂直悬挂。

草拟——在纸上画出大致的设计草图。

绣花——在面料上用针、线或纱构造装饰性的设计图案。

零售电商——只在线经营的零售商。

挂面——衣里边缘所用的一片处理面料。

时尚前沿——该术语用于描述方向性、快速反应的当代服装品牌。

扣件——部件，如纽扣、魔术贴（Velcro®）或拉链，嵌入衣服，以便于穿脱及保持稳固。亦被称为“门襟”。

毕业设计——服装专业最后一年制作的毕业设计系列。可以采用T台走秀或静态展示。有很多业内人士参加，因此对于树立自身声誉至关重要。

试装模特——身体各项尺寸完全符合行业标准尺码的模特。

试装——检查和调整衣服大小以确保尺码正确的过程。

平面图——显示服装平铺状态的工艺图。

四面弹力面料——在垂直和水平两个方向均有弹力的面料，例如氨纶纤维或氯丁橡胶。

自由职业设计师——依据短期合同工作的设计师，他们通常约定每日的工资。

全成型针织品——由针织而成的衣片组合成正确用途及形状的服装，可以使用裁剪和缝纫的方法制作。

推挡——按比例放大或缩小板样尺寸的过程。

布纹——服装结构布料中线的走向。其影响布料的性能以及在剪样前在布料上如何铺排样片。

三角片——缝入服装的一片面料，以扩大或加固服装的一部分。对于手袋而言，通常作为包底。

五金配件——包袋上使用的金属配件，如钩扣、圆环或标志。

高级时装——属于最昂贵和最高端的市场，其单品通常在顶级设计公司定制完成。

底边——服装的底边，通过内折与缝纫呈现出干净、牢固的边缘。

横纹——布纹(经纱线)，与服装中前线成90°，通常作为衬衫的袖口和过肩。

鞋楦——在制鞋过程中使用的足形模具。

排料——在一定长度的布料上，确定废料最少的、最有效的样片裁剪方式的流程。

宣传图册——通过最佳方式汇集某品牌或系列的图片，以用于宣传的纸质图册或电子图册。

人台——服装制作台，用于服装制作和改进。

跟单员——也被称为“业务员”或“协调员”，负责根据设计师的作品决定跟单员预算花费情况。

最低起订量——供应商可接受的订购的服装、材料或配件的最低数量。

情绪板——设计师在构建和表达设计创意时的主要工具；通过搜集一系列形象，以汲取创意、主题、产品、颜色和灵感。

革新——现有设计或产品的革新，通过更新部分元素使设计用于新季或应用新的流行趋势。

灵感——传统意义上，是指启发艺术家的事物。在现代时装业中，灵感的定义稍有变化。一些设计师会将一个模特或名人作为其“灵感之神”，在其内在风格的基础上设计时装系列。灵感成为时装系列精神的体现。对于名人而言，他们还为推广时装系列形象起到重要作用。

平纹细布——轻薄的平纹棉布。

选项——系列或范围内的任何一件独特的服装，包括同一款式的不同颜色。

彩通——用于规范颜色的颜色配色系统，尤其有助于向供应商表达颜色要求。

代表作品集——向潜在雇主提供的可以展示个人技能的代表作品视觉组合。

预测——预计流行趋势的行为，使设计出的服装在产出并在门店销售时符合当时的流行趋势。一般基于广泛使用的高端时尚元素进行预测。

早秋——在主要秋季时装秀之前。3月：秋季时装秀。5月、6月：度假时装秀(对春夏服装进行尝试)。9月：春夏时装秀。12月、1月：早秋时装秀（对秋季服装进行尝试）。

PU——一种合成材料，多作为人造皮革用于制作鞋包。

采购订单——依法规范和确定向供应商所下订单的文件。

反针——在针织中，反针是一般针法的反向织法。正针和反针结合的织法可以用于构造板样。

实现——在毕业前的最后一年逐件规划你的系列。

红色封印——在一件样衣上附有红色标签，意味着衣服需要修改。连同试穿意见一并送回打样部门或工厂。

缝头——缝头是指在每片布料边缘和针线之间留出的窄条余量，以便与其他布料相缝合。

季（季节）——某服装系列设计并穿着的时期。大多数设计公司和品牌一年两季（季节）：春夏和秋冬。

镶边——梭织面料的边缘处理方式，防止散开。

软配饰——帽子、手套、围巾和袜子等针织或梭织配饰等。

采购包——一份实体或电子版图片或参考集，供应商可根据采购包为服装采购正确的材料或组件。

规格表——交付给供应商的技术文件，列明设计和所需材料的重要细节。

直纹——布纹（经纱线）与服装前中线平行排列。经纱线是垂直走线，保持稳定性；纬纱线是水平走线，有一定弹性。

供应商——采购服装或配件的生产商。通常是中介，通过他们可以与生产工厂联络。

小样——一块样品，多为布样，用于向供应商传达材料要求。在针织中，“小样”多用于测量规格。

撕下的图片——从杂志、报纸等资料上撕下的图片，通常用于情绪板。

针寸数——在针织中，每英寸针的数量。术语简称GG，亦被称为“密度”。其影响面料的外观和性能。

鞋喉线——鞋上连接鞋面前端和鞋腰的部分。

缩略图——创意或系列创意的速写草图。

鞋头衬——在鞋面和内里材料之间夹塞的内衬，以构建鞋头形状。

鞋头翘度——鞋底圆形部位与鞋尖之间的翘度。

坯布——采用比成品材质更为廉价的面料制成的试验版服装。用于改进设计，而不会浪费更昂贵的面料。

公差——订单中允许的尺寸或数量偏差。公差经常构成合同条款的一部分，采用百分数来表示。

鞋口——鞋面的开口，用于双脚的穿入。

明缝——面料表面或正面的明显缝线。通常为装饰性的，也可以加在靠近底边处以明确边缘。

双面弹力面料——在一个方向有弹力的面料，通常只是纬编。

本科生——获得学士学位的学生。

独特卖点——产品或品牌拥有的区别于其他产品或品牌的特点。

图片——图像。

经纱——在梭织面料中，织布机上固定着的纱线，是织物的纵线。其更加稳定，缺少弹力。

穿着试验——一种测试服装的方式，安排人们在日常情况下穿着并给予诚实的反馈意见。

纬纱——在梭织面料中，以正确的角度穿过经纱并相互穿套。纬纱更有弹力和弹性。

钻研——构建创意。

致谢

在本书完成之际，谨向为此作出贡献的下列才华卓越人士致以谢意：感谢Dennic Chunman Lo、Hayley Pritchard、Linette Moses和Orlagh McCloskey的热情帮助和宝贵见解！感谢Catherine Carnevale、Jane Haigh、Leandra O' Sullivan、Maria Robinson和Rebecca Owen提供的专业知识！感谢Jo Hunt、Nicola Rolston、Rowena Chalmers、Sian Ryan、Andy Grant和Vanessa Spence对问题的快速回应，同时感谢Instagram图片大咖Debbie Shasanya、Ema Excell和Sophie Rhind提供的启发性美图！

感谢Mark Searle提供了非常棒的出版机会，愿我们的友谊长存！感谢Caroline Elliker对本书提供的专业指导、专注投入和无私奉献！感谢Jo Turner提供的启发性指导和鼓励，我从中也感受到了你的幽默感。感谢Steven Faerm的鼓励和指导！

感谢伦敦、纽约、维多利亚公园和音乐，为我提供了无限创作灵感！

我在此感谢我的父母、Sinéad、Gráinne、Fergus及Ursula，谢谢你们的鼓励和热情，同时让我们彼此保持独立和个性！在此对孩子们说：Stevie、Posy、Molly、Malachy、Monty、Sebastian、Alex和Bridget Gráinne，下一代的孩子们，期望在出版物中看到你们的名字，实现你们自身的梦想！感谢Eileen阿姨、Tina阿姨及家族中的女裁缝师和其他有才之人。Chris、Alan和Emma，感谢你们全程的支持、欢笑和鼓励。

Matt，如果不是你，这本书不可能完成。我该如何感谢你呢？合作署名远远不够。您智慧超群、谦虚谨慎、富有耐心，而且一直保持幽默感！非常感谢！

谨以此书献给Gráinne，本书在你的鼓励下才得以成功问世。

图片来源

Alamy图片库：EDB Image Archive 108；david pearson 184；Image Source 200

Getty Images图片库：Victor VIRGILE 6；Francois Durand 9；Bertrand Rindoff Petroff 9；HUGO PHILPOTT 10；Steve Pyke 10；Eamonn M. McCormack 15；Kay-巴黎 Fernandes 19；Virginia Turbett 25；KAMMERMAN 25；Pascal Le Segretain 27；Jacopo Raule 27；Victor Chavez 27；Victor VIRGILE 27；Stefan Gosatti 27；Tristan Fewings 29；iconogenic 31；Naomi Yang/Figarophoto 31；Justin Hollar 31；Philippe Biancotto/Figarophoto 31；Andrea Klarin/Figarophoto 31；Paul Rousteau/Figarophoto 31；Michael Tran 33；kyphoto 34；Mike Marsland 37；Stephen Lovekin 38；Kirstin Sinclair 50；Ethan Miller 61；Asia Images 75；Morsa Images 87；Laetitia Hotte/Figarophoto 91；Timur Emek 95；Stefania D' Alessandro 103；Atlantide Phototravel 105；DAJ 106；Shana Novak 106；Rocio Dominguez / EyeEm 106；Ben Monk 107；John Phillips 108；David M. Benett 109；Victor VIRGILE 109；Rasmus Mogensen/Figarophoto 109；Randy Brooke 110；Victor VIRGILE 110；Antonio de Moraes Barros Filho 111；Daniel Zuchnik 113；Antonio de Moraes Barros Filho 115；Antonio de Moraes Barros Filho 117；Naomi Yang/Figarophoto 117；Julian Ungano 117；Arkan Zakharov 117；Stuart C. Wilson 121；Steve Granitz 121；Samir Hussein 121；Norman Wong 145；Paul Farrell 145；Jacopo Raule 145；Benni Valsson/Figarophoto 145；Christophe Cufos/Figarophoto 146；Vittorio Zunino Celotto 146；Arun Nevader 146；Wendelin Spiess/Figarophoto 146；Victor VIRGILE 146；Andrew McCaul 148；C. M. Kimber 150；Lew Robertson 155；Victor VIRGILE 163；Emulsion London Limited 165；Victor VIRGILE 165；Don Freeman 169；Malina Corpadean 183；Venturelli 184；Timur Emek 193；Richard Drury 207；Naomi Yang/ Figarophoto 216；Magnus & Mads/Figarophoto 216；Gallo Images 219；J. Clarke 219；Samir Hussein 219；Ian Gavan 220；GM Zimmermann/ Figarophoto 222；Willie Maldonado 229；Olivier Saillard/Figarophoto 229；Sean Gallup 234；Monica Mcklinski 239；Daniel Zuchnik 239；Christian Vierig 239；Thomas Barwick 264

LOLA制作图片库（LOLA Production）：Steven Klein 227

iStock图片库：David_Ahn 24

Shutterstock图片库：Dahabian 22；Yulia Reznikov 26；FashionStock.com 28；Evgeniya Porechenskaya 31；FashionStock.com 31；FashionStock.com 32；enchanted_fairy 32；Maxim Kovich 32；Chirkov 32；Marilyn Volan 32；Nata Sha 32；Thanwa Intasen 32；Aepsilon 32；Photoman29 32；Gromovataya 32；Flat Design 33；Elaine Nadiv 33；Dmitry_Tsvetkov 33；coka 33；RaSveta 34；1000 Words 37；ishkov sergey 37；FashionStock.com 37；eClick 37；Christos Siatos 37；a katz 37；Hadrian 37；taviphoto 37；Anna Chelnokova 44；Dragon Images 52；Comaniciu Dan 52；Asia Images 75；Lole 80；sylber 80；Eternalfeelings 87；FashionStock.com 88；dvoevnore 89；YamabikaY 89；conrado 91；Evgeniya Porechenskaya 91；FashionStock.com 91；Fresh Stock 91；indira' s work 91；Mykola Komarovskyy 93；liviatana 95；ultimathule 96；FashionStock.com 108；Photoman29 108；Ovidiu Hrubaru 110；FashionStock.com 116；Savvapanf Photo 116；FashionStock.com 117；V.Kuntsman 121；Catwalk Photos 135；andersphoto 141；Greenseas 150；Vlad Ozerov 150；Sergey Goruppa 151；tdee photo cm 151；Neo Tribbiani 151；Ovidiu Hrubaru 163；FashionStock.com 165；catwalker 215；wrangler 227；Carsten Reisinger 229；Charts and BG 230；Everett 系列 234；Featureflash Photo Agency 239；Songquan Deng 250；Ditty_about_summer 250；Kiev.Victor 260；Northfoto 261；Alberto Stocco 261